Hatto Schneider · Auswuchttechnik

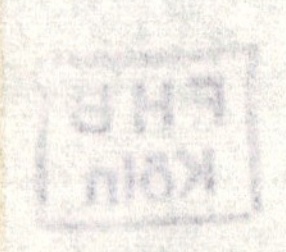

Auswuchttechnik

Dipl.-Ing. Hatto Schneider

Dritte, neubearbeitete und erweiterte Auflage
des VDI-Taschenbuches T 29

VDI-Verlag GmbH
Verlag des Vereins Deutscher Ingenieure · Düsseldorf

CIP-Kurztitelaufnahme der Deutschen Bibliothek

Schneider, Hatto:
Auswuchttechnik/Hatto Schneider. – 3. neubearb. u. erw. Aufl. – Düsseldorf: VDI-Verlag, 1981.
1. u. 2. Aufl. als: VDI-Taschenbücher; T 29
ISBN 3-18-400497-X

Printed in Germany
ISBN 3-18-400497-X

Vorwort

Nahezu alles, was rotiert oder drehbar gelagert ist, wird heute ausgewuchtet. Die Palette der Körper reicht von Turbinen für den Bohrer des Zahnarztes bis zu Turbinen für Großkraftwerke, von Antriebsmotoren in Cassettenrecordern bis zu Satelliten für die weltweite Nachrichtenübermittlung.

Beim Auswuchten eines Körpers ergeben sich typische Aufgaben, die durch Konstruktion, Herstellverfahren, Stückzahl, Servicebedingungen, Abnahmevorschriften usw. noch variiert werden. Bei der optimalen Lösung dieser vielfältigen Aufgaben helfen keine Patentrezepte, sondern nur ein fundiertes Wissen über den theoretischen Hintergrund des Auswuchtens und über die praktische Durchführung und die Leistungsfähigkeit der Auswuchtmaschinen.

Neun Jahre nach dem ersten Erscheinen dieses Buches in der Reihe VDI-Taschenbücher T 29 ist dies die dritte, neubearbeitete und erweiterte Auflage. Ebenso wie die früheren Auflagen soll sie sowohl dem Neuling dienen, der sich in die Auswuchttechnik einarbeitet als auch dem Erfahrenen in Konstruktion, Maschinenbeschaffung, Arbeitsvorbereitung, Fertigung und Versuch, der in seiner täglichen Arbeit immer wieder vor neue Probleme gestellt wird.

Heppenheim, September 1981 *Hatto Schneider*

Inhalt

Formelzeichen

Wenn nicht ausdrücklich anders vermerkt, werden die Formelzeichen mit folgender Bedeutung verwendet:

$\vec{F}$	Kraft, Fliehkraft in N
$\vec{F}_{A,B}$	fliehkraftbedingte Lagerkräfte in N, bezogen auf die Lagerebene A bzw. B
G	Gewichtskraft einer Masse auf der Erde in N
$G_{A,B}$	Lagerkräfte infolge der Gewichtskraft eines Rotors in N, bezogen auf die Lagerebene A bzw. B
J	Massenträgheitsmoment in kg m^2
L	Lagerabstand in mm
$\vec{M}$	Drehmoment in N m
$\vec{M}_u$	Unwuchtmoment, Fliehkraftmoment in N m
P	Leistung in N m/s
T	Periodendauer in s
$\vec{U}$	Unwucht in g mm
$U_{1,2}$	Komponenten der Unwucht in Richtung 1 bzw. 2 in g mm
$\vec{U}_{I,II}$	Unwuchten in den Ebenen I bzw. II bei einem starren Rotor: komplementäre Unwuchten in g mm
$\vec{U}_{A,B}$	Unwuchten in den Lagerebenen A bzw. B in g mm
$\vec{U}_a$	Ausgleichsunwucht in g mm
$\vec{U}_m$	Momentenunwucht in g mm^2
$\vec{U}_q$	quasistatische Unwucht in g mm
$\vec{U}_s$	statische Unwucht in g mm
$\vec{U}_t$	Testunwucht in g mm
$U_{zul\,I,II}$	zulässige Restunwucht je Ausgleichsebene I bzw. II in g mm

$U_{zul\,m}$	zulässige Restunwucht als Momentenunwucht in g mm²
$U_{zul\,s}$	zulässige Restunwucht als statische Unwucht in g mm
W	Arbeit, Energie in N m
$\vec{a}$	Beschleunigung in m/s²
a	Ausgleichsebenenabstand in mm
b	Bogenlänge in m
c	Abstand der Ausgleichebene I vom Schwerpunkt in mm
d	Abstand der Ausgleichebene II vom Schwerpunkt in mm
$\vec{e}$	Schwerpunktexzentrizität, bezogene Unwucht in μm
e_{zul}	zulässige bezogene Restunwucht in μm
f	Abstand des Schwerpunktes von einer Lagerebene in mm
g	Abstand der Ausgleichebene I von der Lagerebene A in mm
h	Abstand der Ausgleichebene II von der Lagerebene B in mm
ℓ	Hebelarm der Momentenunwucht in mm
m	Masse, Rotormasse in kg
n	Drehzahl in $\min^{-1}$
$\vec{r}$	Radius in m
$\vec{r}_a$	Ausgleichradius in mm
r_i	Trägheitsradius in m
$\vec{s}$	Weg in m
t	Zeit in s
u	Unwuchtmasse in g
u_a	Ausgleichmasse in g
$u_{a\,I,\,II}$	Ausgleichmassen in den Ebenen I bzw. II
$\vec{v}$	Geschwindigkeit in m/s
x	Momentanwert des Schwingweges in m
$\hat{x}$	Amplitude des Schwingweges in m
$\vec{\alpha}$	ebener Winkel in rad
$\vec{\epsilon}$	Winkelbeschleunigung in rad/s²

ϑ	Dämpfungsgrad
φ	Phasenwinkel in rad
φ_0	Nullphasenwinkel in rad
$\vec{\omega}$	Winkelfrequenz in rad/s
ω_e	Eigenwinkelfrequenz in rad/s

Indizes

1, 2, 3	Komponenten in den Richtungen 1, 2, 3
I bis V	auf die Ausgleichebenen I bis V bezogen
A, B	auf die Lagerebenen bezogen
a	Ausgleich
m	Moment
s	statisch
x, y, z	auf rechtwinklige Koordinaten bezogen

1. Einleitung

Bei nahezu allen Rotoren wird heute das Auswuchten als unbedingt notwendig angesehen, sei es, um die Lebensdauer der Maschine zu verlängern, ihre Funktion zu verbessern oder um durch den schwingungsarmen Lauf ein zusätzliches Verkaufsargument zu erhalten. Obwohl viele Verantwortliche von seiner Notwendigkeit überzeugt sind, wird der Arbeitsgang „Auswuchten“ nur selten harmonisch in den Fertigungsablauf eingegliedert. Meist – ausgenommen in der Großserienfertigung – wird der Auswuchtprozeß als unumgängliches und kostspieliges Übel betrachtet, irgendwo angehängt und dadurch unnötig teuer.

Während für andere Arbeitsgänge, wie z. B. Drehen, häufig die Werkzeugmaschine, die Aufnahme für das Werkstück, der Drehstahl, Schnittgeschwindigkeit, Vorschub, Spantiefe und Stückzeit vorgegeben werden, überläßt man beim Auswuchten meist alles dem Wuchter oder dem Meister, die oft aus dem Gefühl heraus entscheiden müssen, was und wie es getan werden soll. Dies liegt hauptsächlich daran, daß trotz aller Informations- und Normungsarbeit, die Ingenieure und Techniker seit etwa 20 Jahren auf diesem Gebiet leisteten, das Grundlagenwissen der Auswuchttechnik noch nicht Allgemeingut geworden ist.

Kein geübter Konstrukteur wird heute ein Maschinenteil entwerfen, ohne die Fertigungsmöglichkeiten zu berücksichtigen und sachgemäße Toleranzen festzulegen. Das Auswuchten wird dabei häufig ausgenommen, obwohl die wesentlichen Voraussetzungen für einen kostengünstigen Auswuchtgang bereits im Konstruktionsbüro geschaffen werden müssen.

Ebenso besteht weitgehend Unklarheit darüber, welche Möglichkeiten der Auswuchtmaschinenmarkt bietet und wie die verschiedenen Auswuchtprobleme am zweckmäßigsten gelöst werden. Dieses Buch soll zum Verständnis der Auswuchttechnik beitragen und vor allem dem Praktiker in der Industrie eine selbständige Beurteilung der anstehenden Auswuchtprobleme ermöglichen.

1.1. Entwicklung der Auswuchttechnik

Man kann annehmen, daß die Aufgabe „Auswuchten" mit den ersten rein rotatorischen (und damit schnellaufenden) Maschinen auftrat und mit dem Aufkommen der Dampfturbinen, Generatoren, Elektromotoren, Kreisel- pumpen und -kompressoren immer ausgeprägter wurde. Die konstruktiv vorgesehene Symmetrie der Massen reichte nicht mehr aus; die Rotoren mußten mit viel Geschick und Einfühlungsvermögen auf Schneiden oder Rollen „ausgependelt" und oft im Betriebszustand noch weiter korrigiert werden, um einen ruhigen und störungsfreien Lauf zu erreichen.

Das vermutlich erste Patent, das sich auf eine Auswuchtmaschine bezog, wurde 1870 (also vier Jahre nach Erfindung der Dynamomaschine durch *Siemens*) in Kanada von *Martinson* angemeldet, Bild 1. Es handelte sich offensichtlich um das Modell einer Auswuchtmaschine, das noch nicht auf die Belange der Industrie abgestimmt war. Um die Jahrhundertwende erhielt die Auswuchttechnik neue Impulse von *Akimoff* in den USA und *Stodola* in der Schweiz, aber erst 1907 wurde durch *Lawaczek,* Darmstadt, eine Maschine zum Auswuchten in zwei Ebenen zum Patent angemeldet und auch – modifiziert – bei C. Schenck gebaut und industriell eingesetzt.

Maschinen aus den zwanziger Jahren, noch heute hier und dort anzutreffen und im Einsatz (!), sind zwar als Auswuchtmaschinen zu erkennen, aber sie haben fast keine Gemeinsamkeiten mehr mit modernen Auswuchtmaschinen: Auch damals mußte der Rotor eingelagert und angetrieben werden – im Grunde mit den gleichen Elementen wie heute –, aber die elektrische Meßtechnik steckte noch in den Kinderschuhen; man war für die industrielle Nutzung auf rein mechanische Meßmittel angewiesen. Um die Meßempfindlichkeit zu steigern, wurde während des Auslaufs in der Abstützungsresonanz gemessen, wobei als Nebenprodukt eine recht gute Frequenzselektivität anfiel. Über die Winkellage konnten anfangs aber nur Vermutungen angestellt werden, und eine exakte Zuordnung der Meßwerte zu den gewünschten Ausgleichebenen (Ebenentrennung) war ebenfalls noch nicht möglich. Mit einer Fülle von neuen Ideen und Patenten wurden in den folgenden Jahrzehnten die Maschinen vervollständigt und verbessert, Varianten oder neue Systeme entwickelt. Wesentlicher Gesichtspunkt dabei war immer eine Erhöhung der Wirtschaftlichkeit, die sich vor allem durch Kürzung der Stückzeiten erreichen ließ. Der ganze Aufwand mußte damals auf der Maschinenbauseite getrieben werden. Dies änderte sich erst mit der Einführung der mechanisch elektrischen Meßwertwandler; die grundlegende Wandlung kam nach dem Zweiten Weltkrieg mit der raschen Entwicklung

United States Patent Office.

HENRY MARTINSON, OF HAWKSVILLE, CANADA.

Letters Patent No. 110,259, dated December 20, 1870.

IMPROVEMENT IN THE MODE OF BALANCING SHAFTS.

The Schedule referred to in these Letters Patent and making part of the same.

To all whom it may concern:

Be it known that I, HENRY MARTINSON, of Waterloo, in the Province of Ontario and Dominion of Canada, have invented a new and improved Balance for Shafting, Cylinders, &c.; and I do hereby declare that the following is a full, clear, and exact description thereof, which will enable others skilled in the art to make and use the same, reference being had to the accompanying drawing forming part of this specification, in which—

Figure 1 represents a plan view, partly in section, of my invention.

Figure 2 is a transverse section of the same, *x x* being the section-line.

Similar letters of reference indicate corresponding parts.

This invention has for its object so to hang and balance shafting, drums, cylinders, and other rotary machinery, that the same may be properly tested while running, to ascertain whether the center of gravity is properly distributed along their axes.

The chief difficulty hitherto experienced in balancing cylindrical rotary bodies consists in the disproportionate inequality at the opposite ends of the cylinder, the balancing of one end leaving the other end, and thereby the entire body, usually as inaccurate as though not at all balanced.

My invention overcomes this difficulty by providing for the simultaneous balancing of both ends, and thereby the entire body of the cylinder.

My invention consists in the application of yielding bearings for both ends of the cylindrical body to be balanced, and in the connection therewith of a jointed driving-shaft, which will allow the adjustment and oscillation of the driven end of said cylinder.

a a are the journal-boxes or bearings for the two ends of the shaft A, that carries the cylinder or drum B, or other heavy rotating device to be tested.

Each of said bearings or boxes *a* is arranged between four, more or less, springs or cushions, C C.

These springs are made of coiled metal, or other suitable material, and are secured in the stationary frame D, and disposed around the bearings to evenly balance the same between them.

The drum, cylinder, or other weight on the shaft, will, if unevenly balanced or weighted, so as to be heavier on one side than on the other, at one or both ends, cause the oscillating movement of the said cylinder in and with its bearings, the springs yielding to such motion.

The amount of oscillation can be readily ascertained at either end by a pencil, chalk, or other marker, and the balance adjusted in accordance with such marks.

The shaft A is, by universal joints *b b*, connected with the driving-shaft E, whereby that end of the cylinder to which the power is applied will be allowed to swing as well as its other end.

Having thus described my invention,

I claim as new and desire to secure by Letters Patent—

The balance for cylindrical bodies, composed of the springs C C and bearings *a a*, and combined with the jointed driving-shaft, substantially as herein shown and described.

HENRY MARTINSON.

Witnesses:
WILLIAM BROCK,
J. HUGHES.

H. Martinson,
Shaft Coupling.
No. 110,259. Patented Dec. 20. 1870.

Fig. 1.

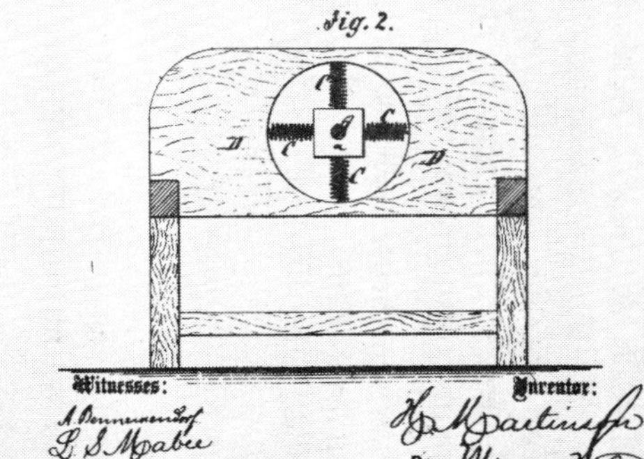

Fig. 2.

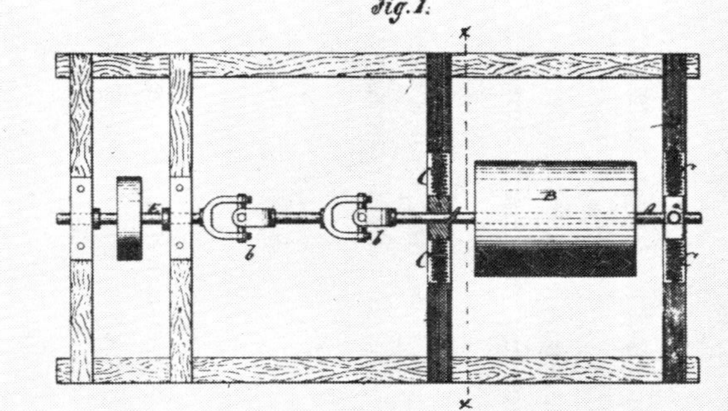

Witnesses:
A. Bennerscheidt
L. S. Mabee

Inventor:
H. Martinson
Per Munn & Co
Attorneys.

Bild 1. Patent Martinson. Das vermutlich erste Patent auf eine Auswuchtmaschine.

der elektronischen Meßtechnik. Mit der stärkeren Betonung der Meßseite konnte die Mechanik der Auswuchtmaschine wieder einfacher werden und hat, abgesehen von Sondermaschinen, wieder zu der übersichtlichen Bauweise der frühen Jahre zurückgefunden. Alle Aufgaben der Empfindlichkeit, Frequenzselektion, Ebenentrennung usw. werden heute von der Meßeinrichtung übernommen.

Auch wenn heute noch gelegentlich Auswuchtmaschinen älterer Bauart auf den Markt kommen, sind im folgenden nur neuzeitliche Konzeptionen zugrunde gelegt worden.

1.2. Normungsarbeit

Die ersten Bestrebungen, einheitliche Maßstäbe zu erhalten, setzten bei der Beurteilung von Maschinenschwingungen ein. In der Bundesrepublik Deutschland begann Mitte der fünfziger Jahre ein Arbeitsausschuß der VDI-Fachgruppe Schwingungstechnik eine Arbeit, die in der Richtlinie VDI 2056 „Beurteilungsmaßstäbe für mechanische Schwingungen von Maschinen" [1] ihren Niederschlag fand. Bei der Festlegung des Maßstabes – effektive Schnelle – beachtete man Arbeiten der Amerikaner *Yates* und *Rathbone* aus der Zeit vor dem Zweiten Weltkrieg sowie amerikanische Standards, die zu Beginn der fünfziger Jahre geschaffen wurden, und legte durch sorgfältiges Auswerten von Erfahrungsunterlagen der Hersteller und Benutzer von Kraft- und Arbeitsmaschinen die Schwingstärkestufen für wesentliche Maschinengruppen fest.

Auf der Basis dieser VDI-Richtlinie entstanden einige DIN-Normen, von denen in diesem Zusammenhang vor allem DIN 45665 „Schwingstärke von elektrischen Maschinen der Baugrößen 80 bis 315" [2] und DIN 45666 [3], in der die Anforderungen an ein „Schwingstärkemeßgerät" präzisiert wurden, von Interesse sind.

Die Arbeiten für eine Beurteilung des Auswuchtzustandes von Rotoren begannen 1960 und führten zu der Richtlinie VDI 2060 „Beurteilungsmaßstäbe für den Auswuchtzustand rotierender starrer Körper" [4].

Die beiden VDI-Richtlinien wurden dem zuständigen ISO-Sekretariat (International Organization for Standardization) als Vorschläge eingereicht. Die Richtlinie VDI 2056 beeinflußte maßgeblich die ISO 2372 „Mechanical vibration of machines with operating speeds from 10 to 200 rev/s – Basis for specifying evaluation standards" [5], die Richtlinie VDI 2060 war wesentliche Grundlage für die ISO 1940 „Balance quality of rotating rigid bodies" [6].

Für die Verständigung auf dem Gebiet der Auswuchttechnik – auch international – ist die ISO 1925 „Balancing-Vocabulary“ [7] eine wesentliche Hilfe. In ihr sind alle wesentlichen Begriffe der Auswuchttechnik festgelegt und definiert.

Eine Anleitung für die vollständige Beschreibung und richtige Beurteilung von Auswuchtmaschinen gibt die ISO 2953 „Balancing machines – Description and evaluation“ [8].

Auf internationaler Ebene in Vorbereitung sind einige weitere grundlegende Arbeiten, die wichtigsten über das Auswuchten nachgiebiger Rotoren [9] und über Betriebsauswuchtgeräte [10].

Nach den Jahren, in denen jedes Land seine eigenen Maßstäbe und Klassifizierungen aufgestellt hat, folgt nun die richtungweisende Arbeit auf internationaler Ebene – getragen von den wesentlichen Industrieländern –, so daß die Verständigung auch auf diesem Gebiet einfacher wird.

2. Theorie der Auswuchttechnik

Die Auswuchttechnik basiert in ihrer Theorie auf den allgemeinen physikalischen Grundlagen. Damit nicht aus anderen Büchern die einzelnen Ableitungen und Erklärungen mühsam zusammengesucht werden müssen, wurden die für das Auswuchten wichtigsten Punkte in den nächsten Abschnitten zusammengestellt. Dann folgen die Abschnitte über Unwucht, Auswuchten und nachgiebige Rotoren.

2.1. Physikalische Grundlagen

2.1.1. Physikalische Größen

Physikalische Sachverhalte werden durch Gleichungen zwischen physikalischen Größen beschrieben. Wesentliches Merkmal einer Größe ist ihre Meßbarkeit. Man unterscheidet Grundgrößen, die nicht durch Gleichungen auf andere, bereits festgelegte Größen zurückgeführt werden, und abgeleitete Größen, die aus der Verbindung der Grundgrößen untereinander entstehen.

Jede physikalische Größe ist aus Zahlenwert und Einheit zusammengesetzt, z. B.:

s	=	12	m
Kurzzeichen für die Größe (Weg)		Zahlenwert	Einheit

Die Einheit ist eine willkürlich gewählte und vereinbarte Bezugsgröße für die physikalische Größe. Damit die Zahlenwerte nicht zu groß oder zu klein werden, verwendet man dekadische Vielfache und dezimale Teile der Einheiten, z. B. km und mm (s. Abschn. 5.2). Nur bei Vielfachen der Zeiteinheit s sind nicht dekadische Vielfache (Minute, Stunde, Tag, Jahr) zugelassen.

2.1.2. Skalar und Vektor

Es gibt ungerichtete Größen, die Skalare, und gerichtete Größen, die Vektoren. Ein typischer Skalar ist die Masse: Die Angabe „7,5 kg" ist zur Beschreibung der Sachlage ausreichend. Die Eigenschaft eines Vektors kann man sich

z. B. am Weg klarmachen: Die Angabe „12 m“ ist nicht ausreichend. In der Umgangssprache setzt man meistens hinzu: hoch, lang, weit o. ä., bei einem gegebenen Objekt oder Vorgang bedeutet dies eine Richtungsangabe. Zur Veranschaulichung physikalischer Sachverhalte oder Vorgänge verwendet man Koordinatensysteme (Bezugssysteme) und gibt die Lage der Vektoren darin an. Vektoren werden am besten durch Pfeile dargestellt, die in die gewünschte Richtung weisen, wobei die Länge dem Betrag entspricht. In Gleichungen werden Vektoren mit einem querliegenden Pfeil über dem Kurzzeichen gekennzeichnet, also $\vec{s}$.

Beim Rechnen mit Skalaren und Vektoren zeigen sich wesentliche Unterschiede:

Addition: Nur Größen mit der gleichen Einheit dürfen addiert oder subtrahiert werden. Während aber bei den Skalaren die Maßzahlen nur unter Berücksichtigung des Vorzeichens miteinander verrechnet werden (3 kg + 9 kg = 12 kg), müssen die Vektoren „vektoriell“ addiert werden: An den Endpunkt des Vektors $\vec{s}_1$ wird der Vektor $\vec{s}_2$ angefügt, die vektorielle Summe ist der Vektor vom Anfang des Vektors $\vec{s}_1$ zum Ende des Vektors $\vec{s}_2$, Bild 2a).

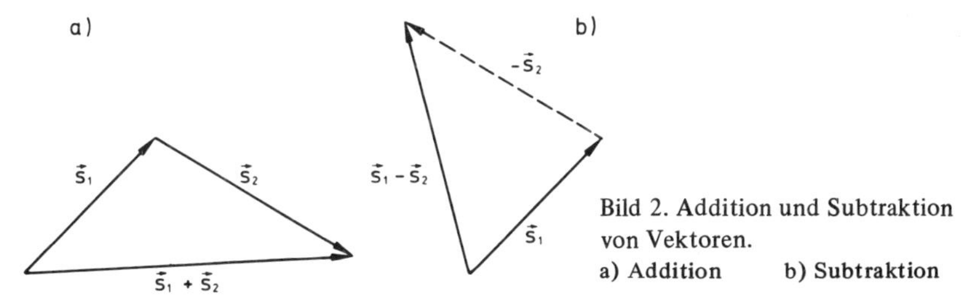

Bild 2. Addition und Subtraktion von Vektoren.
a) Addition b) Subtraktion

Die Differenz $\vec{s}_1 - \vec{s}_2$ wird gebildet, indem $\vec{s}_2$ in der entgegengesetzten Richtung angetragen und nach dem gleichen Schema verfahren wird, also: $\vec{s}_1 + (-\vec{s}_2)$, Bild 2b).

Multiplikation: Aus der Multiplikation eines Skalars mit einem anderen Skalar entsteht wieder ein Skalar, z. B.

$P\,t = W$; Leistung · Zeit = Arbeit.

Wird ein Skalar mit einem Vektor multipliziert, so entsteht ein neuer Vektor, der im allgemeinen einen anderen Betrag, aber immer die gleiche Richtung hat wie der ursprüngliche Vektor, z. B.

$\vec{v}\,t = \vec{s}$; Geschwindigkeit · Zeit = Weg.

Bei der Multiplikation zweier Vektoren gibt es dagegen zwei grundsätzlich verschiedene Formen:

Das *skalare Produkt* hat, wie der Name schon sagt, einen Skalar als Ergebnis, die Gleichung lautet z. B.

$\vec{F}\ \vec{s} = W$; Kraft · Weg = Arbeit.

Solange die Kraft mit dem Weg in einer Linie liegt, kann man dafür auch schreiben: $F\,s = W$, ohne den Vektorcharakter der Kraft und des Weges zu berücksichtigen. Steht die Kraft senkrecht auf dem Weg, so ist die Arbeit gleich null. Es ist daher nur die Komponente in Richtung des Weges zu berücksichtigen, also allgemein $F \cos\alpha\, s = W$, Bild 3.

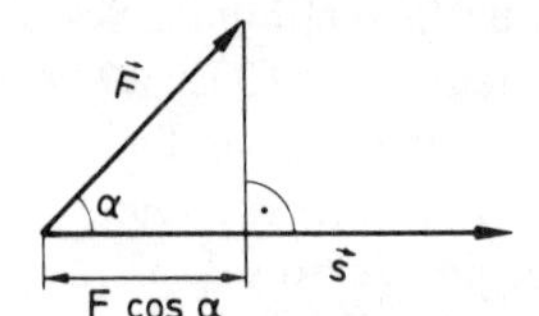

Bild 3. Beispiel für ein skalares Produkt: Arbeit ist Kraft · Weg.

In diesem Fall werden die Größen wie Skalare behandelt.

Beim *Vektorprodukt* erhält man als Ergebnis wieder einen Vektor, der eine bestimmte Lage zu den ursprünglichen Vektoren einnimmt, geschrieben wird z. B.

$\vec{r} \times \vec{F} = \vec{M}$; Radius „kreuz" Kraft = Drehmoment.

Entgegengesetzt zu dem skalaren Produkt ist dabei das Ergebnis besonders groß, wenn zwischen Radius- und Kraft-Vektor ein rechter Winkel ist; das Ergebnis ist null, wenn beide Vektoren in die gleiche Richtung weisen. Zahlenmäßig bedeutet dies

$r\,F \sin\alpha = M.$

Die Richtung, in der man den Radiusvektor drehen muß, um ihn auf dem kürzesten Wege in die gleiche Richtung zu bringen wie den Kraftvektor, gibt den Drehsinn des Momentes an, Bild 4. Der Vektor des Drehmomentes steht senkrecht auf der Ebene, in der $\vec{r}$ und $\vec{F}$ liegen (also hier die Bildebene), die Spitze zeigt nach unten, man sieht also auf sein Rückende (man sagt auch, daß er die Bewegungsrichtung einer Rechtsschraube unter der Drehung des Momentes angibt).

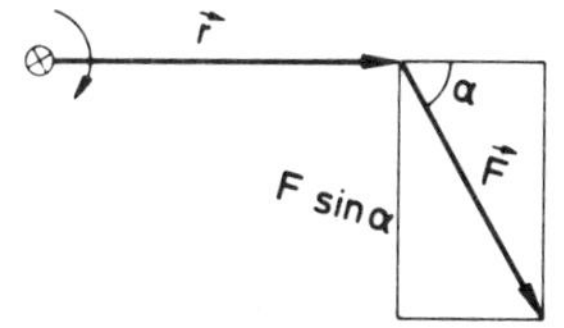

Bild 4. Beispiel für ein Vektorprodukt: Drehmoment ist Kraft X Hebelarm.

Daraus ergibt sich, daß $\vec{r}$ und $\vec{F}$ nicht einfach vertauscht werden dürfen (da sich ein anderer Drehsinn ergeben würde); als Gleichung geschrieben ergibt sich

$$\vec{r} \times \vec{F} = -\vec{F} \times \vec{r}.$$

Die Angabe des Drehmomentvektors enthält drei Aussagen: die Drehachse, die Größe und die Drehrichtung des Momentes.

2.1.3. Maßsystem

Von den sechs im Internationalen Einheitensystem [11 bis 13] festgelegten *Grundgrößen* interessieren uns hier folgende:

Weg	$\vec{s}$	mit der Einheit Meter	m,
Zeit	t	mit der Einheit Sekunde	s,
Masse	m	mit der Einheit Kilogramm	kg.

Während Weg und Zeit schon lange in dieser Weise benutzt werden, muß die dritte Grundgröße etwas näher erläutert werden. Die Masse ist eine Körpereigenschaft, ortsunabhängig und kann in diesem Zusammenhang als konstant angenommen werden. Eine Masse wird gemessen in kg oder als Volumen in m^3. Nach DIN 1305 [14] können folgende Formulierungen benutzt werden:

Ein Körper
- wiegt 5 kg,
- hat eine Masse von 5 kg,
- hat ein Gewicht von 5 kg (Wägeergebnis),
- hat eine Waren- oder Stoffmenge von 5 kg.

Wesentliche *abgeleitete* Größen sind:

Geschwindigkeit $\vec{v} = \vec{s}/t$ in m/s als Quotient aus dem zurückgelegten Weg und der dazu benötigten Zeit. Ist die Geschwindigkeit $\vec{v}$ nicht konstant, entspricht dieser Wert der Durchschnittsgeschwindigkeit. Soll die Momentangeschwindigkeit angegeben werden, so muß geschrieben werden $\vec{v} = d\vec{s}/dt$. Unter $d\vec{s}$ und dt sind unendlich kurze Weg- und Zeitintervalle zu verstehen. Geschwindigkeits- und Wegvektor haben stets die gleiche Richtung.

Beschleunigung $\vec{a} = d\vec{v}/dt$ in (m/s)/s bzw. m/s^2 gibt an, wie schnell sich die Geschwindigkeit ändert. Wird die Geschwindigkeit größer, dann wird $\vec{a}$ positiv, verringert sie sich, so wird $\vec{a}$ negativ, Bild 5.

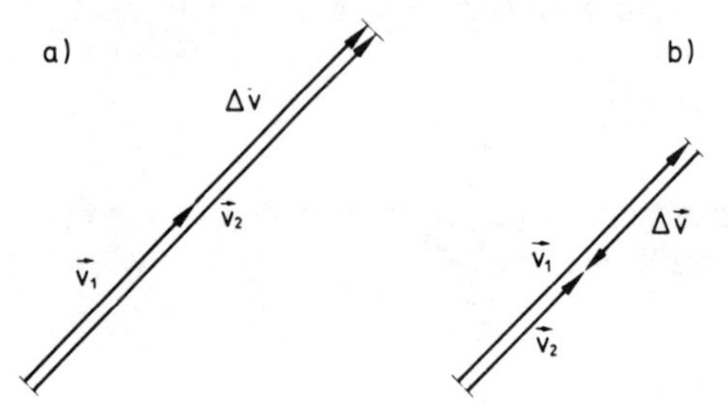

Bild 5. Lage der Geschwindigkeitsvektoren.
a) Beim Beschleunigen, wobei $\Delta\vec{v}$ positiv ist (gleichgerichtet mit $\vec{v}_1$) und damit $\vec{a}$ positiv wird;
b) beim Bremsen, wobei $\Delta\vec{v}$ und $\vec{a}$ negativ werden.

In der Umgangssprache wird dieser Vorgang im einen Fall mit Beschleunigen, im anderen mit Bremsen bezeichnet.

2.1.4. Physikalische Gesetze

Zum Verständnis der Theorie der Auswuchttechnik sind zwei physikalische Gesetze wesentlich:

Das dynamische Bewegungsgesetz (die dynamische Grundgleichung) lautet

$$\vec{F} = m\frac{d\vec{v}}{dt} = m\,\vec{a}; \text{ Kraft = Masse} \cdot \text{Beschleunigung} \qquad (1).$$

Bei einem Körper mit der Masse m ändert sich der Geschwindigkeitsvektor auf Grund einer angreifenden Kraft F. Die Kraft ist ein Vektor und hat die gleiche Richtung wie $d\vec{v}$ bzw. $\vec{a}$. Die Bezugsgröße (Einheit) der Kraft ergibt sich, wenn eine Masse von 1 kg mit 1 m/s^2 beschleunigt wird, sie wird Newton genannt:

$$1\ \text{kg} \cdot 1\ \frac{m}{s^2} = 1\ \text{N (Newton)} \qquad (2).$$

Die Kraft, die unter der Erdbeschleunigung $\vec{g} = 9{,}81\ m/s^2$ auf einen Körper einwirkt, nennen wir seine Gewichtskraft $\vec{G}$:

$$\vec{G} = m\,\vec{g} \qquad (3).$$

Die Gewichtskraft einer Masse von 1 kg ist

$$G = 1\ \text{kg} \cdot 9{,}81\ \text{m/s}^2 = 9{,}81\ \text{N} \qquad (4).$$

Für Näherungsrechnungen kann $g \approx 10\ \text{m/s}^2$ gesetzt werden, so daß die Gewichtskraft G einer Masse von 1 kg $\approx$ 10 N ist.

Die Erdanziehung und damit die Gewichtskraft ist ein Sonderfall des Massenanziehungsgesetzes, wonach sich zwei Massen gegenseitig anziehen; es ergibt sich

$$F = a \frac{m_1\, m_2}{r^2} \text{ (a ist eine Konstante in N m}^2\text{/kg}^2\text{)} \qquad (5).$$

Dabei sind m_1 und m_2 die beiden Massen und r der Abstand zwischen ihren Schwerpunkten. Mit der Masse des Körpers m_1 und der Erde m_2 wird deutlich, daß die Gewichtskraft auf der Erde anders als z. B. auf dem Mond ist, also keine Konstante des Körpers sein kann.

2.1.5. Kreisbewegung

Alle Körper, für die das Auswuchten von Bedeutung ist, rotieren oder sind zumindest drehbar gelagert. Die Drehbewegung und alle mit ihr zusammenhängenden Begriffe und Formeln sind also für die Auswuchttechnik sehr wichtig.

2.1.5.1. Ebener Winkel

Bewegt sich in Bild 6 ein Punkt auf einer Kreisbahn mit dem Radius r von 1 nach 2, so hat er den Weg b zurückgelegt. Der Quotient

$$\frac{b}{r} = \alpha \qquad (6)$$

wird als ebener Winkel bezeichnet. Er wird in Radiant (rad) gemessen.

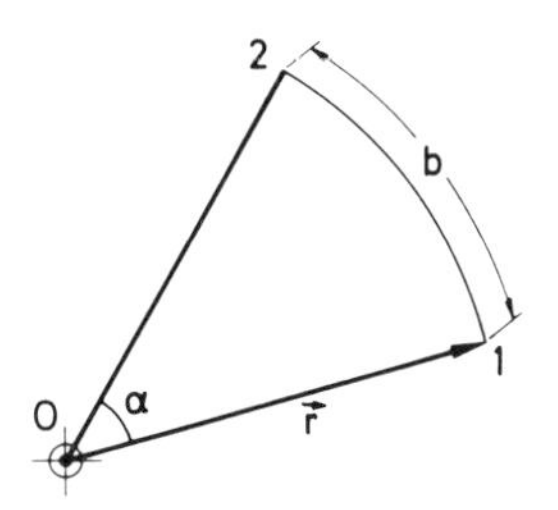

Bild 6. Zusammenhang zwischen Bogen b, Radius r und Winkel α.

Der ebene Winkel ist ein Vektor, der gleichzeitig die Drehachse, den Drehsinn und den Drehwinkel festlegt[1]). Im Bild 6 weist er im Mittelpunkt 0 aus der Bildebene nach vorn (Rechtsschraube). Für b = r wird $\alpha = 1$ rad, für einen vollen Umlauf ergibt sich $b = 2\pi r$ und damit $\alpha = 2\pi$ rad. Es ist ersichtlich, daß der ebene Winkel eine analoge Angabe zum Winkel in Grad ist: Beide Bezeichnungen geben auf unterschiedliche Art an, welche Drehung der Strahl vom Kreismittelpunkt 0 zum Punkt während dessen Wanderung von 1 nach 2 durchgeführt hat. In Winkelgraden ausgedrückt, ist eine volle Umdrehung 360°, als ebener Winkel 2π rad; daraus folgt

$$1 \text{ rad} = \frac{360^\circ}{2\pi} \approx 57{,}3^\circ.$$

Wird Gl. (6) nach b aufgelöst und als Vektorprodukt geschrieben, so erhält man mit

$$\vec{b} = \vec{\alpha} \times \vec{r} \tag{7}$$

eine sehr einfache Berechnungsmöglichkeit für die auf dem Radius zurückgelegte Strecke.

2.1.5.2. Winkelfrequenz

Bei einer gleichförmigen Kreisbewegung vergrößert sich der Vektor $\vec{\alpha}$ stetig. Teilt man den ebenen Winkel $\vec{\alpha}$ durch die Zeit, die während der Drehung vergeht, so erhält man die Winkelfrequenz $\vec{\omega}$ zu

$$\vec{\omega} = \frac{\vec{\alpha}}{t} \tag{8}$$

mit rad/s als Einheit.

Bei einer ungleichförmigen Kreisbewegung ändert sich die Winkelfrequenz dauernd. Um den Momentanwert der Winkelfrequenz zu erfassen, müssen unendlich kleine Bewegungen und Zeiten zugrunde gelegt werden, also

---

1) In der ISO 1000 [11] wird durchaus richtig dem ebenen Winkel eine Dimension gegeben. Das Maßsystem ist aber noch nicht ganz einheitlich, denn die Dimension „rad" wird bei später folgenden Rechengängen wieder fallengelassen (s. Bahngeschwindigkeit, -beschleunigung usw.). Deshalb wird der ebene Winkel als Ergänzungseinheit bezeichnet. DIN 1301, die sonst weitgehend mit der ISO 1000 übereinstimmt, ordnet den ebenen Winkel unter die abgeleiteten Einheiten ein. Die Handhabung der Dimension rad ist aber gleich.

$$\vec{\omega} = \frac{d\vec{\alpha}}{dt} \qquad (9).$$

Die Winkelfrequenz $\vec{\omega}$ gibt also an, wieviel Radiant je Sekunde zurückgelegt wird und entspricht damit in der Aussage der Drehzahl n, die die Umdrehungen je Minute beschreibt (min^{-1}), sowie der Frequenz f, die angibt, wie viele Umdrehungen in der Sekunde (s^{-1}) erfolgen. Der formelmäßige Zusammenhang ist leicht herzustellen: Gl. (8) gilt allgemein, also auch für eine volle Umdrehung, bei der sich $\alpha = 2\pi$ und $t = T$ (mit T als Periodendauer) ergibt. Somit ist $\omega = \frac{2\pi}{T}$. Die Periodendauer T ist umgekehrt proportional der Frequenz f, also $T = 1/f$, und damit

$$\omega = 2\pi f \qquad (10).$$

Die im Maschinenbau übliche Angabe ist die Drehzahl n; $n = 60\,f$ oder $f = n/60$:

$$\omega = \frac{2\pi n}{60} = \frac{\pi n}{30} \approx \frac{n}{10} \qquad (11).$$

Der Näherungswert n/10 ist für alle Überschlagrechnungen hinreichend genau.

Außer der Größe sind in dem Vektor $\vec{\omega}$ auch noch die Lage der Drehachse und der Drehsinn enthalten.

2.1.5.3. Bahngeschwindigkeit

Wird Gl. (7) durch die Zeit geteilt, so erhält man

$$\frac{\vec{b}}{t} = \frac{\vec{\alpha}}{t} \times \vec{r}$$

oder mit Gl. (8)

$$\frac{\vec{b}}{t} = \vec{\omega} \times \vec{r}.$$

Hierbei wird der zurückgelegte Bogen $\vec{b}$ durch die erforderliche Zeit t geteilt; es ergibt sich die Bahngeschwindigkeit $\vec{v}$ des Punktes zu

$$\vec{v} = \vec{\omega} \times \vec{r} \qquad (12).$$

Beispiel: Gesucht ist die Bahngeschwindigkeit v eines Punktes auf dem Radius r = 1,5 m bei der Drehzahl n = 1 000 min^{-1}

Lösung: $\omega \approx 100$ rad/s nach Gl. (11); $v \approx 100 \cdot 1{,}5 = 150$ m/s[1]).

2.1.5.4. Winkelbeschleunigung

Ändert sich die Winkelfrequenz mit der Zeit, z. B. beim Hochfahren oder Abbremsen einer Maschine, so kann in jedem Moment die Winkelbeschleunigung $\vec{\epsilon}$ ermittelt werden zu

$$\vec{\epsilon} = \frac{d\vec{\omega}}{dt} \qquad (13)$$

mit rad/s^2 als Einheit.

2.1.5.5. Bahnbeschleunigung

Analog zu Gl. (12) ergibt sich die Bahnbeschleunigung des Punktes zu

$$\vec{a} = \vec{\epsilon} \times \vec{r} \quad m/s^2 \text{ }^{1)} \qquad (14);$$

$\vec{a}$ wird bei der Kreisbewegung auch als Tangentialbeschleunigung $\vec{a}_t$ bezeichnet.

Beispiel: Der Punkt auf dem Radius 1,5 m wird gleichmäßig so beschleunigt, daß die Drehzahl 1000 min^{-1} in einer Zeit von 5 s erreicht wird.

Lösung: $\omega \approx 100$ rad/s nach Gl. (11); $\epsilon \approx \frac{100}{5} = 20$ rad/s^2 Gl. (13);
$a_t \approx 20 \cdot 1{,}5 = 30$ m/s^2 [1]).

2.1.5.6. Antriebsdrehmoment

Hat der Punkt eine Masse m, so muß vom Antrieb her eine Umfangskraft $\vec{F}$ auf ihn einwirken, um ihn zu beschleunigen. Mit $\vec{F} = m\,\vec{a}$ und Gl. (14) wird daraus:

$$\vec{F} = m\,(\vec{\epsilon} \times \vec{r}).$$

Diese Kraft wirkt auf den Radius $\vec{r}$, so daß das Drehmoment

$$\vec{M} = \vec{r} \times \vec{F} = m\,\vec{\epsilon}\,r^2 \qquad (15)$$

wird.

---

1) s. Anm. zu Abschn. 2.1.5.1

Dabei ist $m r^2$ das Massenträgheitsmoment des Punktes, bezogen auf die Drehachse. Für einen allgemeinen Rotor mit dem Massenträgheitsmoment J ergibt sich

$$\vec{M} = J \vec{\epsilon} \quad (16).$$

Beispiel: In dem in Abschn. 2.1.5.5 angegebenen Beispiel beträgt die Masse des Punktes 1 kg.

Lösung: Entsprechend Gl. (15) $\vec{M} \approx 1 \cdot 20 \cdot 1{,}5^2 = 45$ Nm[1])

2.1.5.7. Massenträgheitsmoment

Das axiale Massenträgheitsmoment gibt an, welchen Widerstand ein Rotor auf Grund seiner Massenverteilung einer Drehzahländerung (Winkelbeschleunigung) entgegensetzt. Es entspricht damit der Wirkung der Masse eines Körpers bei translatorischer (geradliniger) Bewegung. Die Gln. (1) und (16) sind daher ganz ähnlich aufgebaut. Für einen allgemeinen Körper ergibt sich das Massenträgheitsmoment aus der Summe der Produkte aller Massenteile mit dem Quadrat ihres Abstandes zur Drehachse zu

$$J = \int r^2 \, dm \quad \text{in kg m}^2 \quad (17).$$

Zum leichteren Verständnis kann man sich vorstellen, daß die ganze Masse des Körpers in einen schmalen Ring mit dem Radius r_i (Trägheitsradius) zusammengezogen wird, ohne dabei das Massenträgheitsmoment zu verändern. Dann wird aus Gl. (17)

$$J = m r_i^2 \quad (18).$$

Der Zahlenwert ist dabei um den Faktor 4 kleiner als bei der früher üblichen Angabe des Schwungmomentes GD^2.

2.1.5.8. Radialbeschleunigung

Die Aussage in Gl. (1) kann so beschrieben werden: Jeder Körper verharrt im Zustand der Ruhe oder der gleichförmigen Bewegung in geradliniger Bahn, solange keine äußere Kraft auf ihn einwirkt.

Bei einer Kreisbahn mit konstanter Winkelfrequenz ändert sich zwar nicht die Größe der Bahngeschwindigkeit der punktförmigen Masse, Gl. (10), aber ihre Richtung. Der Geschwindigkeitsvektor, der immer auf dem Radius

---

1) s. Anm. zu Abschn. 2.1.5.1

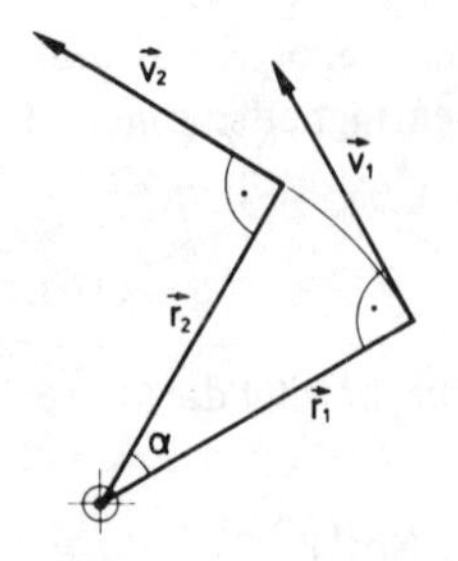

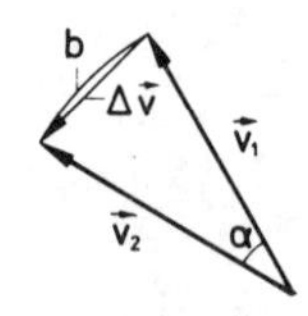

Bild 7. Ableitung der Radialbeschleunigung.

senkrecht steht, also tangential zur Kreisbahn, ändert sich stetig; es tritt eine Beschleunigung auf, Bild 7.

Hierin sind $\vec{r}_1$ und $\vec{v}_1$ Radius und Geschwindigkeit im Zeitpunkt 1, $\vec{r}_2$ und $\vec{v}_2$ im Zeitpunkt 2. Der Unterschied zwischen $\vec{v}_1$ und $\vec{v}_2$ ist $\Delta\vec{v}$, der Bogen $\vec{b}$ ist: $\vec{b} = \vec{\alpha} \times \vec{v}_1$. Für sehr kleine Winkel $d\,\vec{\alpha}$ ist der Bogen hinreichend genau gleich der Sehne $d\vec{v}$, so daß man $d\vec{v} = d\,\vec{\alpha} \times \vec{v}_1$ schreiben kann.

Mit dt, der benötigten Zeit, wird daraus

$$\vec{a} = \frac{d\vec{v}}{dt} = \frac{d\,\vec{\alpha} \times \vec{v}_1}{dt} = \vec{\omega} \times \vec{v}_1 .$$

Mit Gl. (12) ergibt sich die Radialbeschleunigung zu

$$\vec{a}_r = \vec{\omega} \times (\vec{\omega} \times \vec{r}) = -\,\omega^2\,\vec{r} \quad \mathrm{m/s^2}\ ^{1)} \tag{19}$$

oder zu

$$a_r = \frac{v^2}{r} \tag{20}$$

Die Kraft, die diese Beschleunigung hervorruft, ist zur Achse hin gerichtet; sie heißt Zentripetalkraft.

2.1.5.9. Fliehkraft

Die entgegengesetzt gleichgroße Kraft, die Trägheitskraft der Masse, wird Fliehkraft genannt, sie ist:

$$\vec{F} = -\,m\,\vec{a}_r = m\,\vec{r}\,\omega^2 \tag{21}$$

---

1) s. Anm. zu Abschn. 2.1.5.1

oder

$$F = m \frac{v^2}{r}.$$

Beispiel: Fliehkraft einer Masse von 1 kg auf dem Radius 1,5 m bei 1000 min^{-1}.

Lösung: $\omega \approx 100$ rad/s; $F \approx 1 \cdot 1{,}5 \cdot 100^2 = 15000$ N.

2.1.6. Schwingungen

Die Veränderung einer physikalischen Größe mit der Zeit wird Schwingung genannt.

Von den verschiedenen Arten der Schwingungen sind im Zusammenhang mit der Auswuchttechnik vor allem die periodischen Schwingungen interessant. Bei ihnen ändert sich eine physikalische Größe mit der Zeit so, daß nach der Periodendauer T der gleiche Änderungsverlauf wieder beginnt. Der einfachste Fall einer periodischen Schwingung ist die harmonische Schwingung, bei der sich die zeitliche Änderung der physikalischen Größe mit einer Sinus-Gleichung beschreiben läßt: $x = \hat{x} \sin(\omega t + \varphi_0)$. Die harmonische Schwingung kann man sich durch Projektion einer gleichförmigen Kreisbewegung auf eine (in der Ebene der Kreisbewegung liegende) Achse entstanden denken. Alle anderen periodischen Schwingungen lassen sich durch eine endliche Zahl sich überlagernder Sinus-Schwingungen unterschiedlicher Frequenz hinreichend genau beschreiben.

2.1.6.1. Einmassenschwinger mit Fliehkraftanregung

Eine Masse m ist so geführt, daß sie sich nur in der Richtung x bewegen kann, außerdem ist sie über eine Feder mit der Steifigkeit c und einen geschwindigkeitsproportionalen Dämpfer mit dem Dämpfungsgrad ϑ abgestützt. Läuft an der Masse eine Unwucht u r mit der veränderlichen Winkelfrequenz ω um, Bild 8, so hat die Amplitude der Masse folgenden charakteristischen Verlauf, Bild 9: Für $\vartheta = 0$ steigt die bezogene Amplitude $\frac{\hat{x}}{u \cdot r/m}$ von dem Wert 0 erst quadratisch mit der Drehzahl, dann schneller wachsend an, wird unendlich, fällt dann wieder ab und nähert sich langsam dem Wert 1. Die drei Gebiete werden „unterkritisch“, „kritisch“ (Resonanzgebiet) und „überkritisch“ genannt; $\omega_e = \sqrt{c/m}$ ist die Eigenwinkelfrequenz des freischwingenden, ungedämpften Systems. Mit wachsendem Dämpfungsgrad verschiebt sich die maximale Amplitude von $\omega/\omega_e = 1$ zu höheren

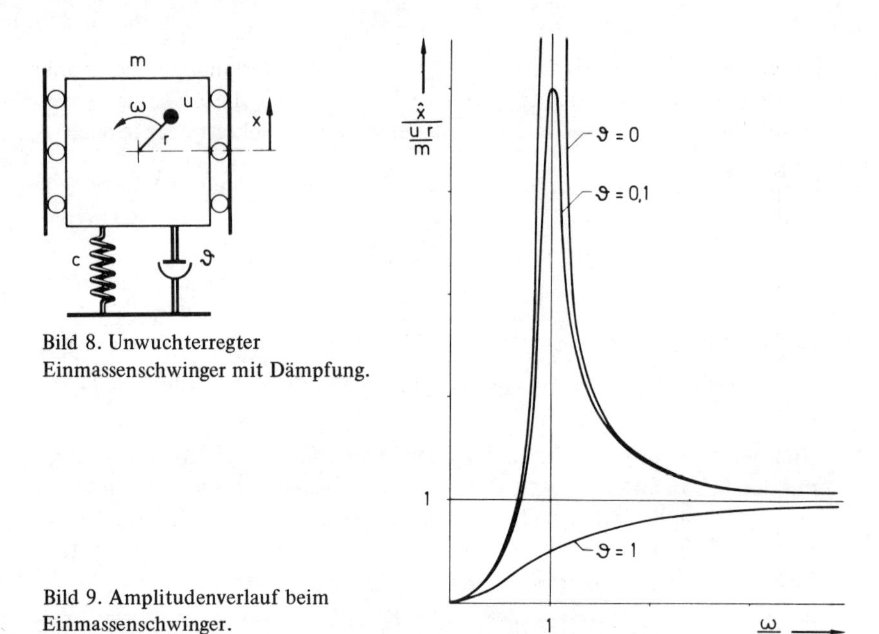

Bild 8. Unwuchterregter Einmassenschwinger mit Dämpfung.

Bild 9. Amplitudenverlauf beim Einmassenschwinger.

Werten. Bei zunehmender Winkelfrequenz ändert sich auch die Winkellage zwischen der erregenden Fliehkraft und der Schwingung, Bild 10, die Schwingung eilt der Erregung um den jeweiligen Phasenverschiebungswinkel φ nach.

Bild 11 ist eine Zusammenfassung von Bild 9 und 10; es ist die Darstellung in Polarkoordinaten, und zwar für zwei verschiedene Dämpfungsgrade. Die

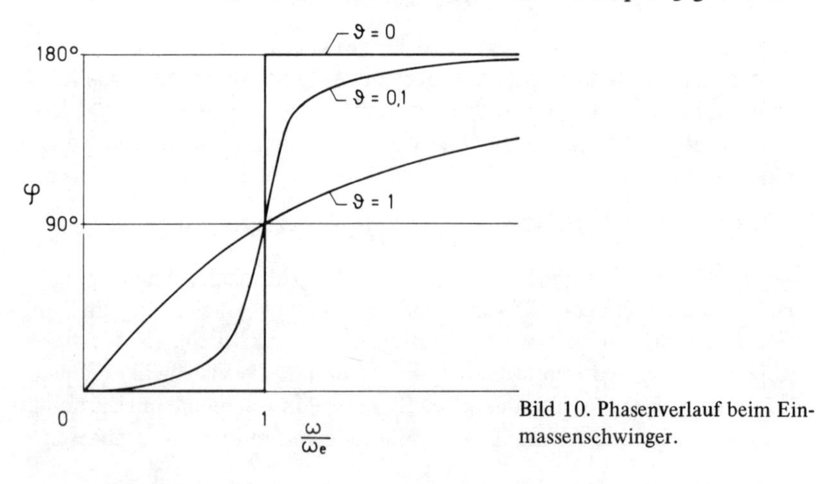

Bild 10. Phasenverlauf beim Einmassenschwinger.

Zahlen an den Kurven sind die Werte für ω/ω_e. Der Abstand vom Nullpunkt zu einem Kurvenpunkt gibt die bezogene Amplitude und die Richtung dieser Verbindungslinie die Phasenlage an (die erregende Fliehkraft liegt in Rich-

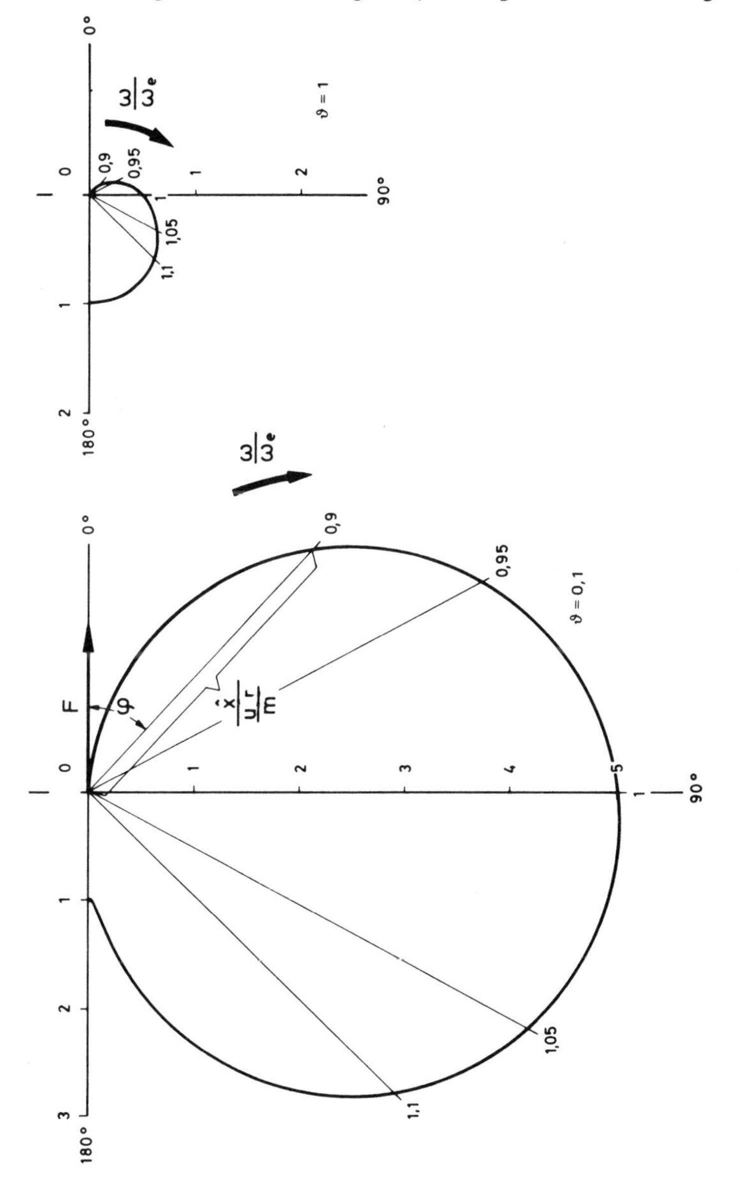

Bild 11. Ortskurven (polare Darstellung des Amplituden- und Phasenverlaufs) eines Einmassenschwingers für zwei unterschiedliche Dämpfungsgrade.

tung 0°). Aus diesen Darstellungen können wir zwei wesentliche Merkmale entnehmen:

– In der Resonanz ($\omega = \omega_e$) beträgt der Phasenunterschied immer 90°, und zwar unabhängig von der Dämpfung;
– der Phasenumschlag von 0° auf 180° zieht sich mit wachsender Dämpfung über einen längeren Frequenzbereich hin.

Die allgemeinen Gleichungen für die bezogene Schwingamplitude und den Phasenverschiebungswinkel bei Fliehkrafterregung ($F = u\,r\,\omega^2$) lauten:

$$\frac{\hat{x}}{\frac{u\,r}{m}} = \frac{\left(\frac{\omega}{\omega_e}\right)^2}{\sqrt{\left[1 - \left(\frac{\omega}{\omega_e}\right)^2\right]^2 + 4\,\vartheta^2 \left(\frac{\omega}{\omega_e}\right)^2}} \quad (22),$$

$$\varphi = \arctan \frac{2\,\vartheta\,\frac{\omega}{\omega_e}}{1 - \left(\frac{\omega}{\omega_e}\right)^2} \quad (23).$$

Um prinzipielle Zusammenhänge zu erkennen, setzt man den Dämpfungsgrad $\vartheta = 0$; aus Gl. (22) wird dann

$$\frac{\hat{x}}{\frac{u\,r}{m}} = \frac{\left(\frac{\omega}{\omega_e}\right)^2}{1 - \left(\frac{\omega}{\omega_e}\right)^2} \quad (24).$$

2.1.6.1.1. Unterkritisches Gebiet

Für kleine Erregerfrequenzen gegenüber der Eigenfrequenz (also $\omega \ll \omega_e$) kann im Nenner $(\omega/\omega_e)^2$ gegen 1 vernachlässigt werden, also

$$\frac{\hat{x}}{\frac{u\,r}{m}} = \frac{\omega^2}{\omega_e^2}; \quad \text{mit } \omega_e^2 = \frac{c}{m} \text{ wird: } \frac{\hat{x}}{\frac{u\,r}{m}} = \frac{\omega^2 m}{c}; \quad \hat{x} = \frac{u\,r\,\omega^2}{c} = \frac{F}{c}.$$

Die Auslenkung $\hat{x}$ entspricht also der Fliehkraft, geteilt durch die Steifigkeit – genauso, als ob nicht eine Wechselkraft, sondern eine statische (gleichbleibende) Kraft angreifen würde. In Gl. (23) wird für sehr kleines ϑ und $\omega < \omega_e$ der arctan (Bogen des durch den Tangens gegebenen Winkels) eines sehr kleinen positiven Wertes gesucht, also $\varphi \approx 0°$:

Erregung und Schwingung haben im unterkritischen Gebiet die gleiche Phasenlage.

2.1.6.1.2. Resonanzgebiet

Ist die Erregerfrequenz gleich der Eigenfrequenz, also $\omega = \omega_e$, dann wird der Nenner in Gl. (24) zu null, der Quotient – und damit die Amplitude des Schwingers – unendlich groß. Das Argument des arctan ist unbestimmt und damit auch der Phasenverschiebungswinkel: Er springt an dieser Stelle von 0° auf 180°. Ist eine Dämpfung vorhanden, kann der Nenner in Gl. (22) nie null werden, die Amplitude ist auf endliche Werte begrenzt. Der Phasenverschiebungswinkel ergibt sich aus Gl. (23) zu $\varphi = \arctan \infty = 90°$, und zwar unabhängig von der Größe des Dämpfungsmaßes ϑ. Der Phasenunterschied von 90° zwischen Erregung und Schwingung kann deshalb als typisches Merkmal der Resonanz angesehen werden (und nicht etwa das Amplitudenmaximum).

2.1.6.1.3. Überkritisches Gebiet

Wenn die Erregerfrequenz wesentlich größer ist als die Eigenfrequenz, also $\omega \gg \omega_e$, kann im Nenner von Gl. (24) die 1 gegenüber $(\omega/\omega_e)^2$ vernachlässigt werden:

$$\frac{\hat{x}}{\frac{u\,r}{m}} = -1; \quad \hat{x} = -\frac{u\,r}{m}$$

Das System schwingt dann mit einer konstanten Amplitude, unabhängig von der Drehzahl. Umgeformt und erweitert zu

$$\hat{x}\,m\,\omega^2 = -\,u\,r\,\omega^2 \tag{25}$$

kann man erkennen, daß sich im überkritischen Bereich die Massenkraft des bewegten Systems und die unwuchtbedingte Fliehkraft die Waage halten.

Bei der Berechnung des Phasenverschiebungswinkels wird bei kleinem ϑ der arctan eines sehr kleinen, negativen Wertes gesucht, also wird $\varphi \approx 180°$.

Der überkritische Zustand kann auch folgendermaßen beschrieben werden: Der Gesamtschwerpunkt der Massen m und u bleibt in Ruhe, von ihm aus gesehen, liegen die Schwerpunkte der Massen m und u in entgegengesetzter Richtung – daher die Phasenverschiebungswinkel von 180° zwischen den Bewegungen der Massen m und u.

2.1.6.2. Freiheitsgrade

Die Masse m, Bild 8, hat nur eine Bewegungsmöglichkeit, sie läßt sich in Richtung der x-Achse verschieben. Man sagt, sie hat *einen* Freiheitsgrad. Ist zu der Verschiebung z. B. noch eine Drehung möglich, so sind zwei Freiheitsgrade vorhanden. Ein starrer Körper kann im Raum maximal in drei voneinander unabhängigen Richtungen verschoben werden und um drei voneinander unabhängige Achsen gedreht werden; er hat also sechs Freiheitsgrade. Ist der Körper nicht starr, sondern besteht er aus mehreren, durch Federelemente verbundene Massen, so wächst die Anzahl der Freiheitsgrade entsprechend. Ist er sogar ein kontinuierliches Gebilde (gemeinsame Verteilung von Massen und Steifigkeiten), so wird die Anzahl der Freiheitsgrade unendlich.

Wichtig ist die Frage nach der Anzahl der Freiheitsgrade hauptsächlich, weil damit die Anzahl der Eigenfrequenzen relativ leicht bestimmt werden kann. Jedes System hat stets genauso viele Eigenfrequenzen wie Freiheitsgrade vorhanden sind. Im allgemeinen sind aber nur *die* Eigenfrequenzen interessant, die in der Praxis erregt werden.

2.1.6.3. Dynamische Steifigkeit

Analog zur statischen Steifigkeit ist die dynamische Steifigkeit der Quotient aus Wechselkraftamplitude und verursachter Schwingwegamplitude. Gl. (24) muß dazu mit $m = c/\omega_e^2$ umgeformt werden (für $\vartheta = 0$) zu

$$\frac{\hat{x}}{u\,r}\,\frac{c}{\omega_e^2} = \frac{\left(\frac{\omega}{\omega_e}\right)^2}{1-\left(\frac{\omega}{\omega_e}\right)^2}\;;\quad \frac{\hat{x}\,c}{u\,r} = \frac{\omega^2}{1-\left(\frac{\omega}{\omega_e}\right)^2}\;;\quad \frac{u\,r\,\omega^2}{\hat{x}} = c\left[1-\left(\frac{\omega}{\omega_e}\right)^2\right] \quad (26).$$

Daraus ist zu ersehen, daß im unterkritischen Gebiet für $\omega \ll \omega_e$ die Steifigkeit konstant und etwa gleich der statischen Steifigkeit c ist, im Resonanzgebiet für $\omega = \omega_e$ die dynamische Steifigkeit null wird und im überkritischen Gebiet für $\omega \gg \omega_e$ die dynamische Steifigkeit etwa quadratisch mit der Winkelfrequenz ansteigt, Bild 12.

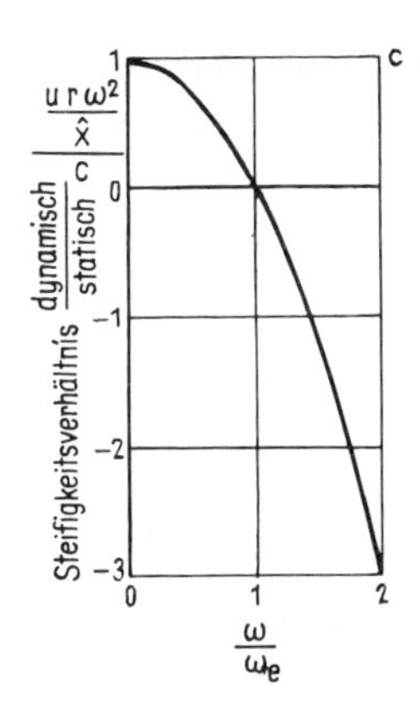

Bild 12. Verlauf der dynamischen Steifigkeit über der Drehzahl.

2.2. Unwucht

Für viele, die noch keinen oder nur wenig Kontakt mit der Auswuchttechnik gehabt haben, ist das Wort „Unwucht" etwas so Geheimnisvolles, daß sie erst gar keinen Versuch unternehmen, der Sache auf den Grund zu kommen. Dabei ist das physikalische Phänomen, nur unter anderer Blickrichtung, allen bekannt. In Abschn. 2.1.5 ist rekapituliert, daß eine Masse m, die auf einem Radius $\vec{r}$ mit der Winkelfrequenz $\vec{\omega}$ umläuft, eine *Fliehkraft* $\vec{F}$ erzeugt. Nach ISO-Definition ist in einem rotierenden System (Rotor) dann eine Unwucht vorhanden, wenn als Folge von nichtausgeglichenen *Fliehkräften* Schwingkräfte oder Schwingbewegungen auf die Lager übertragen werden.

Das die Fliehkraft nach Richtung und Betrag bestimmende Glied ist das Produkt m $\vec{r}$, in der Auswuchttechnik Unwucht $\vec{U}$ genannt und folgendermaßen beschrieben:

$$\vec{U} = u\,\vec{r} \qquad (27);$$

dabei ist

- $\vec{U}$ Unwucht, ein Vektor, Einheit g mm,
- u Unwuchtmasse, ein Skalar, Einheit g,
- $\vec{r}$ Radius, Abstand des Schwerpunktes der Unwuchtmasse von der Schaftachse (s. Abschn. 2.2.1), ein Vektor, Einheit mm.

Die Unwucht ist also ein Vektor und hat stets die gleiche Richtung wie der Radius-Vektor der Unwuchtmasse. Die Unwucht ist unabhängig von der Drehzahl (n oder ω sind in der Gleichung nicht enthalten) unter der Voraussetzung, daß der Radius r konstant ist (starrer Rotor).

Beispiel: Wie groß ist die Unwucht U, die durch eine Unwuchtmasse $u = 24$ g auf einem Radius $r = 500$ mm erzeugt wird?

Lösung: $U = u\,r = 24 \cdot 500 = 12000$ g mm.

2.2.1. Definitionen und Erläuterungen

Einige Begriffe müssen noch näher erläutert werden (s. a. Abschn. 5):

Rotor

Nach ISO-Definition ist ein rotierender Körper mit Lagerzapfen, die in Lagern gehalten werden, ein Rotor. Ein Körper ohne eigene Lagerzapfen wird erst dann zu einem Rotor, wenn durch zusätzliche Teile Lagerzapfen fest mit ihm verbunden werden (z. B. ein scheibenförmiger Körper mit Bohrung durch Aufstecken auf eine Welle).

Schaftachse

Die Achse, zu der der Radius der Unwuchtmasse gemessen wird, muß genau definiert werden: Es ist die Schaftachse, d. h. die Verbindungslinie zwischen den Lagerzapfenmittelpunkten. Die Schaftachse ist eine rotorfeste Achse, sie macht alle Bewegungen des Rotors mit.

Starrer Rotor

Die meisten Rotoren sind so aufgebaut, daß sich der Unwuchtzustand bis zu der Betriebsdrehzahl des Rotors nicht merkbar oder nur unwesentlich ändert. Man bezeichnet diese Rotoren als starre Rotoren. Dies bedeutet, daß die Unwucht des Rotors als eine feste Größe angegeben werden kann, ohne sie an eine bestimmte Drehzahl zu binden, und daß sie bei einer beliebigen Drehzahl unterhalb der Betriebsdrehzahl ausgeglichen werden kann.

Ausgleich

Der Unwuchtausgleich ist ein Vorgang, durch den die Massenverteilung des Rotors korrigiert wird. Die Korrektur geschieht meistens durch Ansetzen oder Wegnehmen von Material am Rotor, und zwar so, daß die Summe der Fliehkräfte – und damit die Summe der Unwuchten – null wird: $\vec{U} + u_a \cdot \vec{r}_a = 0$.

Betrachtet man zuerst die Beträge der beiden Unwuchten, so sieht man, daß das *Produkt* der Ausgleichsmasse u_a mit dem Ausgleichsradius r_a gleich der Unwucht U des Rotors sein muß (nicht die Ausgleichsmasse gleich der Unwuchtmasse). Wird die Richtung mitberücksichtigt, so wird klar, daß der

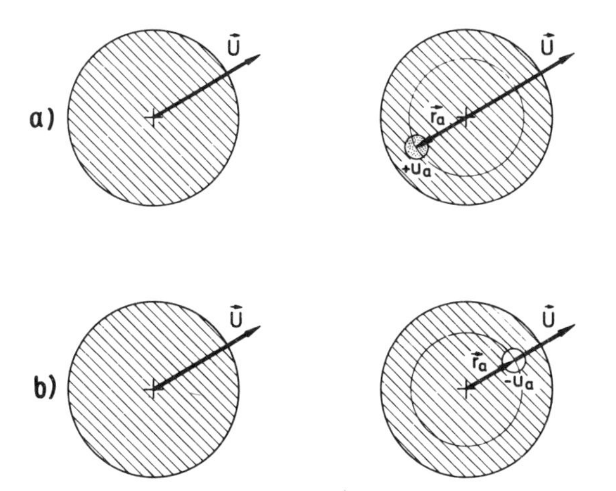

Bild 13. Ausgleich der Unwucht $\vec{U}$.

a) **Ansetzen von Material – Ausgleichmasse positiv – auf der gegenüberliegenden Seite.**

b) **Wegnehmen von Material – Ausgleichmasse negativ – auf der gleichen Seite.**

Ausgleich nur in der gleichen Winkellage wie die Unwucht oder aber entgegengesetzt erfolgen kann; dementsprechend ist Material wegzunehmen (Ausgleichsmasse negativ) oder hinzuzufügen (Ausgleichsmasse positiv), Bild 13.

Dies bedeutet:

a) Der Ausgleichsradius kann beliebig gewählt werden, die Ausgleichsmasse wird dann entsprechend berechnet:

$$u_a = \frac{U}{r_a}$$

b) Die Unwucht U wird ausgeglichen durch
   Ansetzen von Material auf der gegenüberliegenden Seite,
   Wegnehmen von Material auf der gleichen Seite.

Beispiel: Die Unwucht U = 12000 g mm soll auf dem Ausgleichsradius r_a = 300 mm ausgeglichen werden. Wie groß ist die Ausgleichsmasse?

Lösung: $u_a = \frac{U}{r_a} = \frac{12000}{300} = 40$ g.

Diese Art des Ausgleichs, bei der entsprechend der Unwucht jeder Winkel benutzt werden kann, heißt *polarer Ausgleich.* Kann wegen der Eigenart des

Rotors oder der Art des Ausgleichs nur in bestimmten Richtungen korrigiert werden, so spricht man von Festortausgleich. Die Unwucht des Rotors wird dabei entsprechend den möglichen Ausgleichrichtungen in Komponenten zerlegt und jede Komponente für sich ausgeglichen, Bild 14.

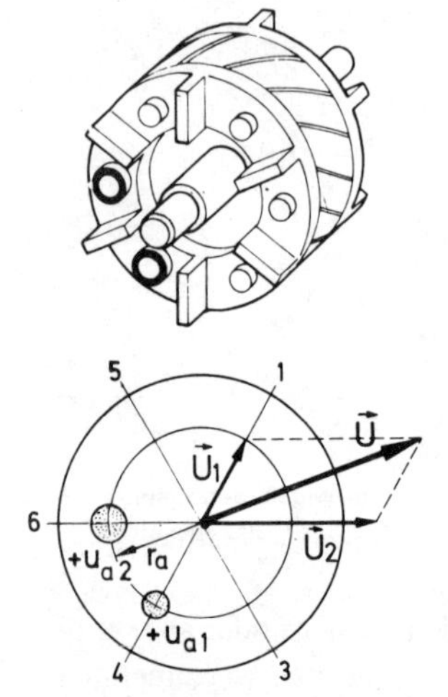

Bild 14. Zerlegen der Unwucht $\vec{U}$ in die Komponenten $\vec{U}_1$ und $\vec{U}_2$ für Festortausgleich durch Ansetzen von Material u_{a1} und u_{a2}.

Ausgleichebene

Darunter versteht man eine Ebene senkrecht zur Schaftachse des Rotors, in der der Unwuchtausgleich durchgeführt wird. Die Lage der Ausgleichebene ist beliebig wählbar, nur müssen die Besonderheiten des betreffenden Rotors beachtet werden.

2.2.2. Unwucht eines scheibenförmigen Rotors

Bis jetzt wurde die Unwucht auf einen theoretischen Fall bezogen, d. h. wenn der Radius und die Achse selbst keine Masse haben. Wie sieht es nun bei einem wirklichen Rotor mit der Masse m aus? Der einfachste Fall ist ein scheibenförmiger Rotor, der senkrecht auf der Schaftachse sitzt. Dreht sich der Rotor mit der Winkelfrequenz $\vec{\omega}$, so erzeugt jedes Masseteilchen m_i auf dem jeweiligen Radius $\vec{r}_i$ eine Fliehkraft

$$\vec{F}_i = m_i \, \vec{r}_i \, \omega^2 .$$

Die Vektorsumme der Fliehkräfte aller Einzelelemente ist die Fliehkraft, die auf die Lagerung wirkt, und zwar

$$\vec{F} = \sum_{i=1}^{n} m_i \vec{r}_i \omega^2 \qquad (28).$$

Dabei ergeben sich zwei Möglichkeiten:

$\vec{F} = 0$: Es wirkt keine Fliehkraft, der Rotor ist also unwuchtfrei, ein „vollkommen ausgewuchteter Rotor".

$\vec{F} \neq 0$: Der Rotor ist unwuchtig.

Es stellt sich nun die Frage, wie der Unwuchtzustand am besten ausgedrückt werden kann. Die verbleibende Fliehkraft kann man sich auch aus *einer* Unwucht u $\vec{r}$ entstanden denken:

$$\vec{F} = \sum_{i=1}^{n} m_i \vec{r}_i \omega^2 = u \vec{r} \omega^2; \text{ oder } \sum_{i=1}^{n} m_i \vec{r}_i = u \vec{r} = \vec{U} \qquad (29).$$

Dies bedeutet:

a) Der Unwuchtzustand eines scheibenförmigen, starren (senkrechtstehenden) Rotors kann durch *einen* Unwuchtvektor vollständig beschrieben werden.

b) Der Ausgleich der Unwucht erfordert nur eine Korrektur in *einer* Ebene.

2.2.3. Unwucht eines allgemeinen Rotors

Bei einem starren Rotor mit größerer axialer Erstreckung, z. B. einem walzenförmigen Rotor, ergeben sich ganz andere Probleme als bei einem Scheibenrotor, aber man kann den scheibenförmigen Rotor und die dort gewonnenen Erkenntnisse zu Hilfe nehmen.

Man denkt sich den walzenförmigen Rotor in viele dünne Scheiben aufgeteilt, die alle senkrecht auf der Schaftachse stehen. Für jede Scheibe läßt sich dann entsprechend Abschn. 2.2.2 eine Unwucht ermitteln, die den Unwuchtzustand dieser Scheibe repräsentiert. Der Unwuchtzustand des walzenförmi-

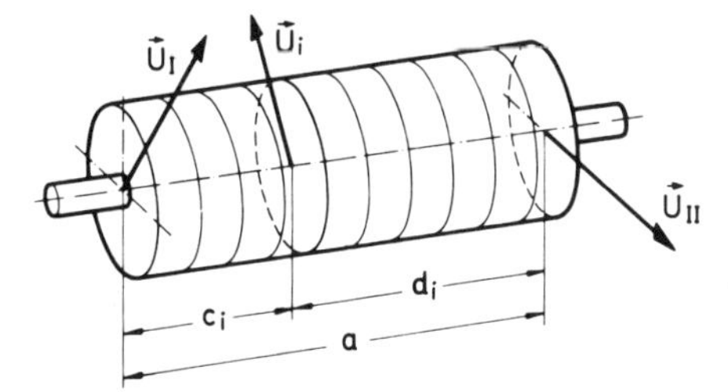

Bild 15. Die Unwuchten $\vec{U}_i$ des in Scheiben aufgeteilten walzenförmigen Rotors werden in die Endebenen umgerechnet: die komplementären Unwuchten in diesen Ausgleichsebenen I und II sind $\vec{U}_I$ und $\vec{U}_{II}$.

gen Rotors ist also durch die vielen Einzelunwuchten in den verschiedenen Radialebenen gegeben. Nach den Gesetzen der Statik können die unwuchtbedingten Einzelfliehkräfte in zwei beliebig wählbaren Ebenen I und II (z. B. den Endebenen) zusammengefaßt und dort wieder in entsprechende Unwuchten umgeformt werden, Bild 15.

$$\left.\begin{aligned}
\vec{F}_I &= \frac{\sum_{i=1}^{n} \vec{U}_i\, d_i\, \omega^2}{a} = \vec{U}_I\, \omega^2; \quad \frac{\sum_{i=1}^{n} \vec{U}_i\, d_i}{a} = \vec{U}_I \\
\vec{F}_{II} &= \frac{\sum_{i=1}^{n} \vec{U}_i\, c_i\, \omega^2}{a} = \vec{U}_{II}\, \omega^2; \quad \frac{\sum_{i=1}^{n} \vec{U}_i\, c_i}{a} = \vec{U}_{II}
\end{aligned}\right\} \quad (30).$$

Das gleiche gilt auch für den beliebig geformten starren Rotor; $\vec{U}_I$ und $\vec{U}_{II}$ werden komplementäre Unwuchten genannt, weil sie sich so ergänzen, daß sie den Unwuchtzustand des Rotors vollständig angeben. Im allgemeinen sind Betrag und Winkel der beiden Unwuchtvektoren abhängig von der Lage der Ausgleichebenen. Besonders wichtig ist dabei, daß sich *beide* Unwuchtvektoren verändern, wenn *eine* Ausgleichebene anders gewählt wird.

Dies bedeutet:

a) Der Unwuchtzustand eines beliebig geformten, starren Rotors kann durch *zwei* komplementäre Unwuchten in zwei beliebig gewählten Ebenen vollständig beschrieben werden.

b) Der Ausgleich der Unwucht eines solchen Rotors erfordert im allgemeinen Fall je eine Korrektur in *zwei* Ebenen.

2.2.4. Statische Unwucht

Wird an einem vollkommen ausgewuchteten Rotor eine Unwucht in der Radialebene angebracht, in der sein Schwerpunkt liegt, so spricht man von einer statischen Unwucht $\vec{U}_s$, Bild 16.

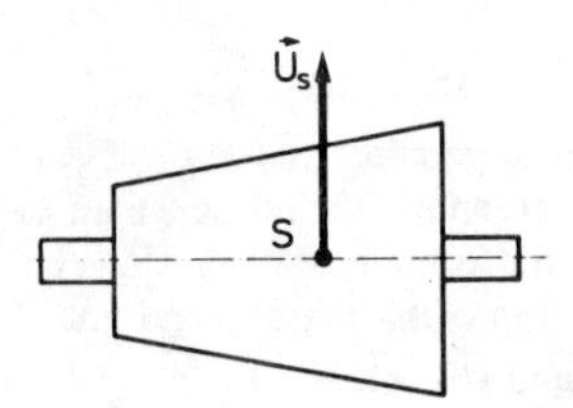

Bild 16. Statische Unwucht infolge einer im Schwerpunkt S angreifenden Unwucht $\vec{U}_s$.

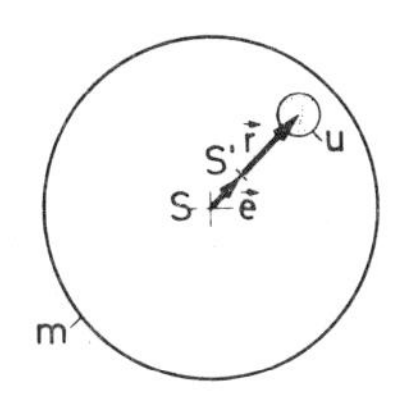

Bild 17. Der Querschnitt durch den Rotor in Bild 16 zeigt, wie infolge der Unwuchtmasse u auf dem Radius $\vec{r}$ der neue Gesamtschwerpunkt S' mit der Exzentrizität $\vec{e}$ von der Schaftachse entsteht.

An Hand eines Querschnitts durch den Rotor an dieser Stelle, Bild 17, kann man sich leicht klarmachen, daß

- beim vollkommen ausgewuchteten Rotor der Schwerpunkt auf der Schaftachse liegt (andernfalls würde eine Fliehkraft wirken),
- infolge der hinzukommenden Unwuchtmasse der Schwerpunkt von der Schaftachse wegwandert.

Die Gleichgewichtsbedingung ergibt

$$(m + u)\,\vec{e} = u\,\vec{r} \quad \text{oder}\; \vec{e} = \frac{u\,\vec{r}}{m + u}$$

Da die Unwuchtmasse u in fast allen Fällen wesentlich kleiner ist als die Rotormasse m, wird sie üblicherweise im Nenner vernachlässigt, so daß sich ergibt

$$\vec{e} = \frac{u\,\vec{r}}{m} \tag{31}$$

Dabei gibt $\vec{e}$ an, wie weit und in welche Richtung (Winkel) der Schwerpunkt aus der Schaftachse verlagert ist und wird deshalb Schwerpunktexzentrizität genannt. Im allgemeinen ist $\vec{e}$ sehr viel kleiner als $\vec{r}$, die zweckmäßige Einheit ist deshalb μm. Wenn z. B. u in Gramm, m in Kilogramm und r in Millimeter eingesetzt werden, erhält man e in Mikrometer:

$$1\;\mu\text{m} = 1\,\frac{\text{g mm}}{\text{kg}}.$$

Beispiel: Ein Rotor mit m = 600 kg hat eine statische Unwucht U_S = 12000 g mm. Wie groß ist seine Schwerpunktexzentrizität?

Lösung: $e = \frac{u\,r}{m} = \frac{U_S}{m} = \frac{12000}{600} = 20\;\mu\text{m}.$

Die Fliehkraft infolge der statischen Unwucht greift im Schwerpunkt an. Bei einem symmetrisch gelagerten Rotor sind die Kräfte in beiden Lagern gleich groß und gleichgerichtet.

Beispiel: Wie groß sind die unwuchtbedingten Lagerkräfte F_A und F_B an diesem Rotor bei einer Drehzahl $n = 1000\ \text{min}^{-1}$?

Lösung: Fliehkraft $F = U\,\omega^2 \approx 0{,}012 \cdot 100^2 = 120$ N (Newton). (Die Unwucht U muß dabei in kg m eingesetzt werden, s. Abschn. 2.1.5). Weiterhin ist $F_A = F_B$;

$$F_A + F_B = F;\ \text{also}\ F_A = F_B = \frac{F}{2} \approx 60\ \text{N}.$$

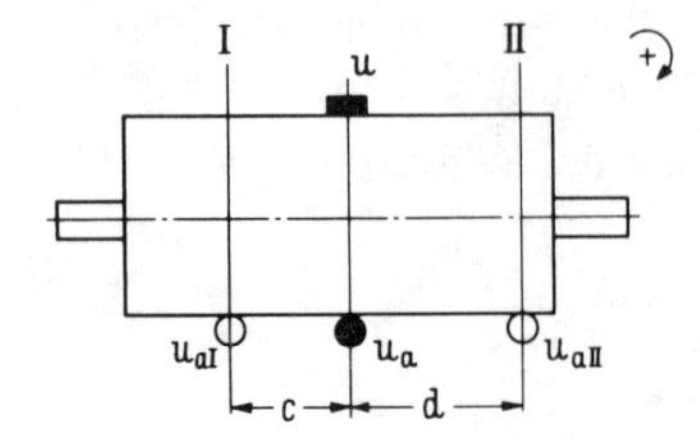

Bild 18. Aufteilen der Ausgleichmasse u_a auf die Ausgleichebenen I und II.

Zum Ausgleich der statischen Unwucht ist nur eine Ausgleichebene erforderlich, die Schwerpunktebene. Falls in dieser Ebene nicht korrigiert werden kann, ist die Ausgleichmasse so auf zwei Ebenen zu verteilen, daß die Wirkung einer einzelnen Masse in der Schwerpunktebene ensteht, Bild 18. Aus

$$u_{aI} + u_{aII} = u_a$$

und

$$u_{aI}\, c + u_{aII}\, d = 0$$

erhält man:

$$u_{aI} = u_a \frac{d}{-c + d};\quad u_{aII} = u_a \frac{-c}{-c + d} \qquad (32).$$

Diese Gleichungen gelten für beliebige Lagen der Ausgleichebenen I und II, beim Einsetzen der Zahlenwerte für die Hebelarme c und d ist der gewählte positive Drehsinn zu beachten; die Werte sind positiv, wenn der Drehsinn übereinstimmt, negativ, wenn er entgegenläuft.

Beispiel: Ein Rotor soll durch eine Ausgleichmasse $u_a = 40$ g ausgeglichen werden. Die Abstände der Ausgleichebenen I und II von der Schwerpunktebene betragen gemäß Bild 18 $c = -150$ mm, $d = 250$ mm.
Wie groß sind die erforderlichen Ausgleichmassen u_{aI} und u_{aII}?

Lösung: $u_{aI} = u_a \dfrac{d}{-c+d} = 40 \dfrac{250}{150+250} = 25$ g;

$$u_{aII} = u_a \frac{-c}{-c+d} = 40 \frac{150}{150+250} = 15 \text{ g.}$$

Beispiel: Der gleiche Rotor soll ausgeglichen werden, wobei c = 200 mm und d = 600 mm festgelegt sind, Bild 19.

Lösung: $u_{aI} = 40 \dfrac{600}{400} = 60$ g;

$$u_{aII} = 40 \frac{-200}{400} = -20 \text{ g.}$$

Für u_{aII} wird entweder in der gleichen Winkellage wie u_a Material weggenommen oder aber auf der entgegengesetzten Seite hinzugefügt.

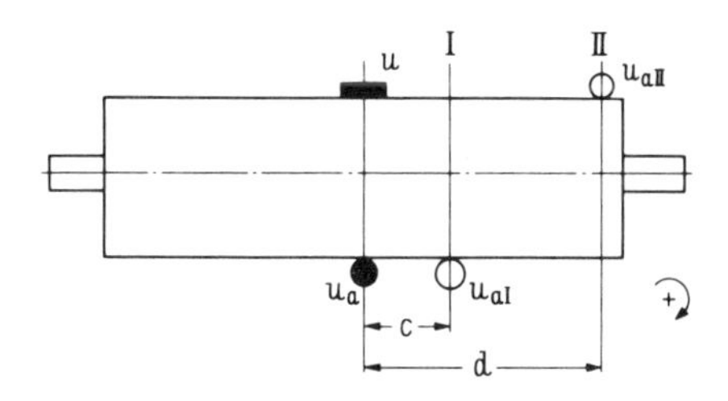

Bild 19. Aufteilen der Ausgleichmasse bei einseitig gelagerten Ausgleichebenen.

2.2.5. Momentenunwucht

Werden an einem vollkommen ausgewuchteten Rotor zwei gleich große Unwuchten so angebracht, daß sie sich in zwei verschiedenen Radialebenen genau gegenüberliegen, so spricht man von einer Momentenunwucht. Sind die beiden Ebenen um die Länge ℓ voneinander entfernt und der Betrag der beiden Unwuchten jeweils U = u r, Bild 20, so ist die Momentenunwucht

$$U_m = U\,\ell = u\,r\,\ell \quad \text{mit der Einheit g mm}^2 \qquad (33).$$

(Als Vektorprodukt geschrieben: $\vec{U}_m = \vec{\ell} \times \vec{U}$. Der Vektor $\vec{U}_m$ steht senkrecht auf der Ebene, in der die Unwuchten liegen, ähnlich einem Drehmomentvektor.)

Die Momentenunwucht ist die Alternative zu der statischen Unwucht: Der Schwerpunkt des Rotors bleibt auf der Schaftachse. Bei gleichem $U\,\ell$ ist es gleichgültig, ob die beiden Ebenen, in denen die Unwuchten wirken, symme-

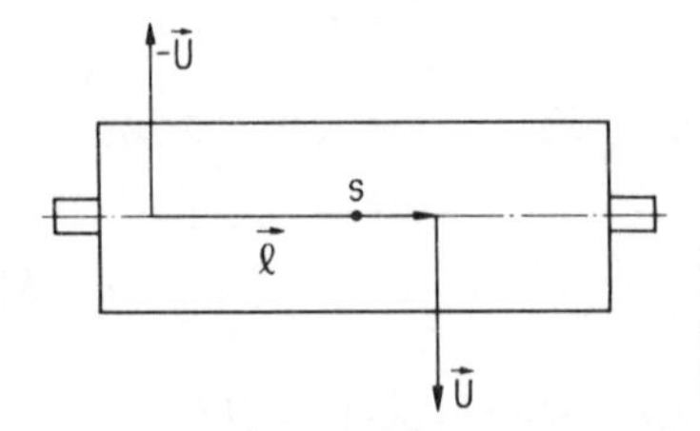

Bild 20. Die Momentunwucht entsteht durch zwei entgegengesetzte, gleich große Unwuchten $\vec{U}$ und $-\vec{U}$, mit dem Ebenenabstand $\vec{\ell}$.

trisch zum Schwerpunkt liegen oder asymmetrisch; der Schwerpunkt braucht noch nicht einmal zwischen den beiden Unwuchtebenen zu liegen – immer ist die Momentenunwucht und ihre Wirkung gleich: Die Unwuchten verursachen ein Unwuchtmoment (Fliehkraftmoment), das in den Lagern gleich große, aber entgegengesetzte Kräfte hervorruft.

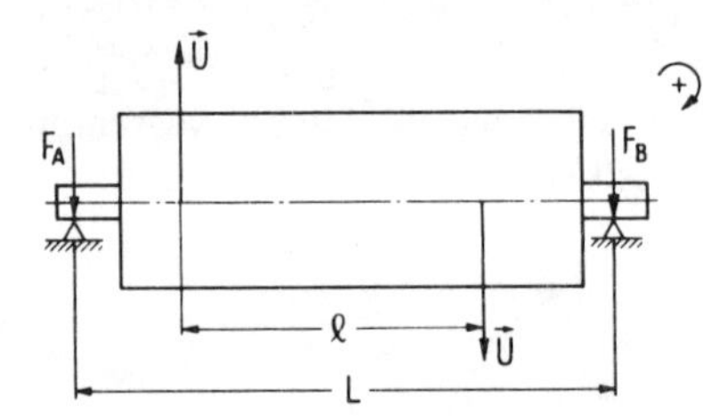

Bild 21. Lagerreaktionen F_A und F_B auf Grund einer Momentunwucht $U\,\ell$.

Beispiel: Ein Rotor hat zwei gegenüberliegende Unwuchten von je $U = 6000$ g mm, der Ebenenabstand ist $\ell = 700$ mm, der Lagerabstand $L = 1000$ mm, Bild 21. Wie groß sind die Momentenunwucht und bei einer Drehzahl $n = 1000\ \text{min}^{-1}$ die unwuchtbedingten Lagerkräfte F_A und F_B?

Lösung: Momentenunwucht $U_m = U\,\ell = 6000 \cdot 700 = 4\,200\,000\ \text{g mm}^2$, wegen der Größe besser $4\,200\ \text{kg mm}^2$.

Fliehkraft F einer Unwucht $= U\,\omega^2 \approx 0{,}006 \cdot 100^2 = 60$ N (auch hier muß U in kg m eingesetzt werden).

Unwuchtmoment $M_u = F\,\ell \approx 60 \cdot 0{,}7 = 42$ N m;

$$\text{Lagerreaktion } F_A = -\frac{M_u}{L} \approx -\frac{42}{1} = -42 \text{ N (Belastung nach oben);}$$

$$F_B = \frac{M_u}{L} \approx 42 \text{ N.}$$

Der Unterschied zwischen Momentenunwucht und Unwuchtmoment ist zu beachten: Momentenunwucht ist ein Sonderfall der Unwucht, Unwuchtmoment das Fliehkraftmoment auf Grund einer Unwucht.

2.2.6. *Quasi-statische Unwucht*

Wenn an einem vollkommen ausgewuchteten Rotor eine einzelne Unwucht in einer Ebene angesetzt wird, in der *nicht* der Schwerpunkt liegt, so wird sie quasistatische Unwucht genannt. Sie entspricht einer Kombination einer statischen Unwucht mit einer Momentenunwucht mit dem Kennzeichen, daß beide in derselben Längsebene des Rotors liegen. Die Situation kann man sich am besten an Hand von Bild 22 klarmachen: Die Unwucht $\vec{U}_q$ greift nicht in der Schwerpunktebene an. Wird ein gleicher Unwuchtvektor im Schwerpunkt angetragen und an gleicher Stelle derselbe mit negativen Vorzeichen (entgegengesetzte Richtung), so heben sich die neu eingefügten Unwuchten gegenseitig auf: gegenüber der Anfangssituation hat sich nichts geändert. Das System von Unwuchten kann man jetzt folgendermaßen erklären: Der gleichgerichtete Unwuchtvektor im Schwerpunkt ist eine statische Unwucht $\vec{U}_s$. Die beiden verbleibenden Unwuchten bilden eine Momentenunwucht von der Größe $U_q\,\ell$.

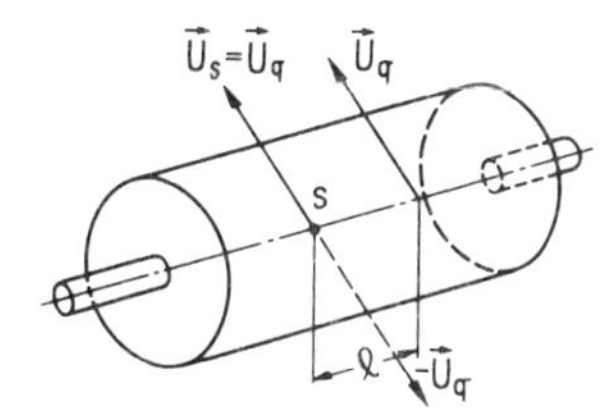

Bild 22. Quasi-statische Unwucht.

Eine quasi-statische Unwucht kann, wenn die Ausgleichebene frei wählbar ist, durch eine Korrektur in *einer* Ebene (in unserem Beispiel die Ebene, in der $\vec{U}_q$ liegt) vollständig ausgeglichen werden, d. h. auch die Momentenunwucht wird korrigiert.

Beispiel: In einer Ebene, die $\ell = 200$ mm von der Schwerpunktebene entfernt ist, befindet sich eine Unwucht $U_q = 400$ g mm. Wie groß ist die statische Unwucht und die Momentenunwucht?

Lösung: Statische Unwucht $U_s = U_q = 400$ g mm
Momentenunwucht $U_m = U_q\,\ell = 400 \cdot 200 = 80000$ g mm^2.

Beispiel: An einem Rotor werden eine statische Unwucht $U_s = 1000$ g mm und eine in der gleichen Längsebene liegende Momentenunwucht $U_m = 350000$ g mm^2 festgestellt, Bild 23. Wo liegt die Ausgleichebene (wie groß ist d), in der sich mit *einer* Korrektur beide Unwuchten beseitigen lassen?

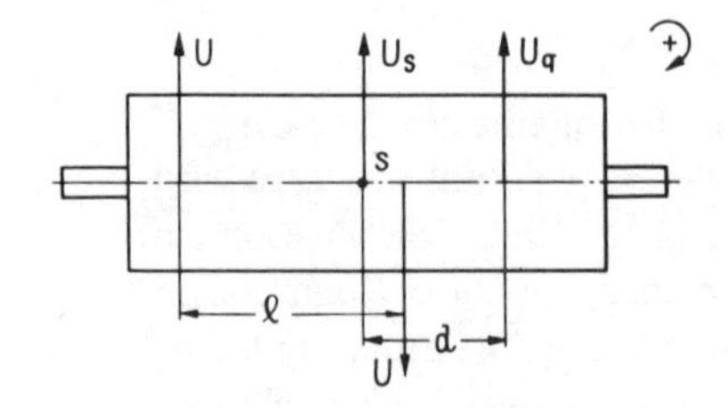

Bild 23. Ermittlung der richtigen Ausgleichebene für eine quasi-statische Unwucht, gegeben durch eine statische Unwucht und eine Momentenunwucht.

Lösung: Quasi-statische Unwucht $U_q = U_s = 1000$ g mm;

$$-U_q\, d = U_m;\; d = -\frac{U_m}{U_q} = -\frac{350000}{1000} = -350 \text{ mm}.$$

($U_q\, d$ muß mit negativem Vorzeichen eingesetzt werden, weil ihr Drehsinn entgegengesetzt zu dem Moment U_m läuft.)

Die Ausgleichebene liegt also 350 mm *links* von der Schwerpunktebene.

2.2.7. Dynamische Unwucht

Der allgemeine Unwuchtzustand eines Rotors (s. Abschn. 2.2.3) besteht aus einer Mischung der beiden Grund-Unwuchtarten, also einer Überlagerung einer statischen Unwucht und einer Momentenunwucht (im allgemeinen mit unterschiedlicher Winkellage). Die dynamische Unwucht eines Rotors wird üblicherweise durch Angabe der komplementären Unwuchtvektoren in zwei beliebigen Ebenen beschrieben, manchmal durch Angabe der statischen Unwucht und der Momentenunwucht, Bild 24 und 25. Statische Unwucht, quasi-statische Unwucht und Momentenunwucht sind Sonderfälle der dynamischen Unwucht.

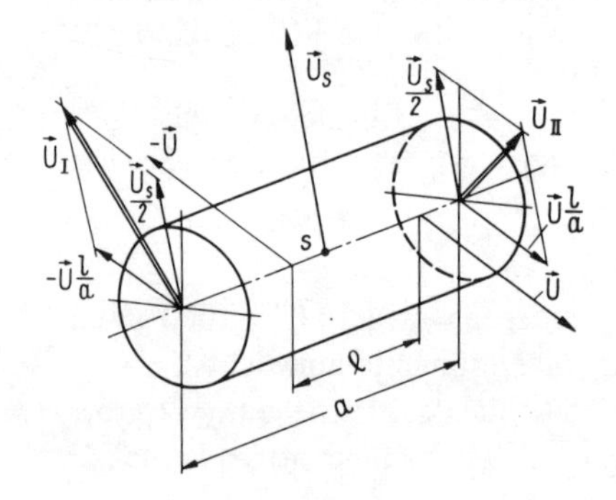

Bild 24. Darstellung der dynamischen Unwucht: Umwandlung einer statischen Unwucht $\vec{U}_s$ und einer Momentenunwucht $\vec{U}\,\ell$ in zwei komplementäre Unwuchten $\vec{U}_I$ und $\vec{U}_{II}$.

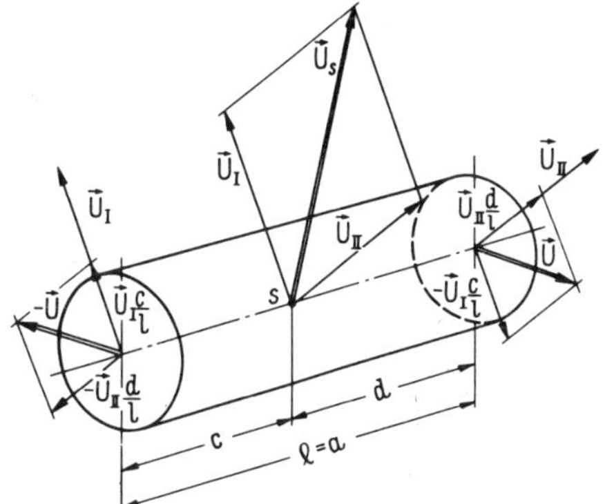

Bild 25. Darstellung der dynamischen Unwucht: Umwandlung von zwei komplementären Unwuchten in eine statische Unwucht und eine Momentenunwucht:

$\vec{U}_s = \vec{U}_I + \vec{U}_{II}$; $\vec{U}_m = \vec{c} \times \vec{U}_I + \vec{d} \times \vec{U}_{II}$;

für den Ebenenabstand l ergibt sich die Unwucht $-\vec{U}$ in der linken Ebene und $\vec{U}$ in der rechten Ebene.

2.2.8. Darstellung des Unwuchtzustandes

Um deutlich zu machen, daß je nach Betrachtungsweise und Aufgabenstellung der Unwuchtzustand unterschiedlich dargestellt werden kann und soll, wird in der Richtlinie VDI 2060 [4] der Unwuchtzustand eines starren Rotors mit zwei Ausgleichebenen in sieben Varianten ausgedrückt, Bild 26.

Außer durch diese bisher behandelten Arten der Darstellung kann der Unwuchtzustand auch durch Angabe der Lage der (zentralen, benachbarten) Massenträgheitsachse zu der Schaftachse ausgedrückt werden.

Beim vollkommen ausgewuchteten Rotor fällt die Massenträgheitsachse mit der Schaftachse zusammen (Massensymmetrie, also keine Fliehkräfte, keine Unwuchtmomente), Bild 27. Wird eine statische Unwucht hinzugefügt, so wandert die Massenträgheitsachse parallel aus der Schaftachse um die Schwerpunktexzentrizität $\vec{e}$ heraus, Bild 28. Die Schwerpunktexzentrizität kann nach der in Abschn. 2.2.4 abgeleiteten Gleichung: $\vec{e} = u\,\vec{r}/m$ berechnet werden.

Wird eine Momentenunwucht angebracht, so bildet die Massenträgheitsachse mit der Schaftachse einen Winkel, schneidet aber die Schaftachse im Schwerpunkt, Bild 29.

Der Winkel $\vec{\alpha}$ in Radiant kann nach der Gleichung berechnet werden

$$\vec{\alpha} = \frac{1}{2} \arcsin \frac{2\,\vec{U}_m}{J_x - J_z}.$$

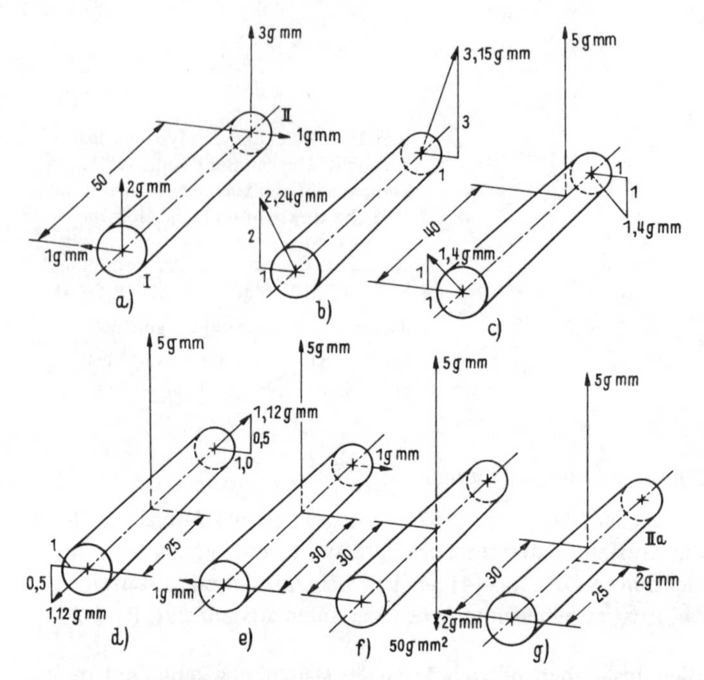

Bild 26. Verschiedene Darstellungen ein und desselben Unwuchtzustandes eines starren Rotors mit zwei Ausgleichebenen:

a) **je zwei Unwuchtkomponenten in den Ausgleichebenen I und II;**
b) **zwei Unwuchtvektoren in den Ebenen I und II: komplementäre Unwuchten;**
c) **eine quasi-statische Unwucht mit der zugehörigen Momentenunwucht in den Ebenen I und II;**
d) **ein Sonderfall von c), bei dem die quasi-statische Unwucht in der Schwerpunktebene liegt: eine statische Unwucht mit der zugehörigen Momentenunwucht in den Ebenen I und II;**
e) **die kleinstmögliche Momentenunwucht in den Ebenen I und II mit der zugehörigen quasi-statischen Unwucht;**
f) **andere Darstellungsweise von e): Momentenunwucht als Drehvektor;**
g) **kleinste mögliche Momentenunwucht, auf die Ausgleichebenen I und II a bezogen, mit der zugehörigen quasi-statischen Unwucht.**

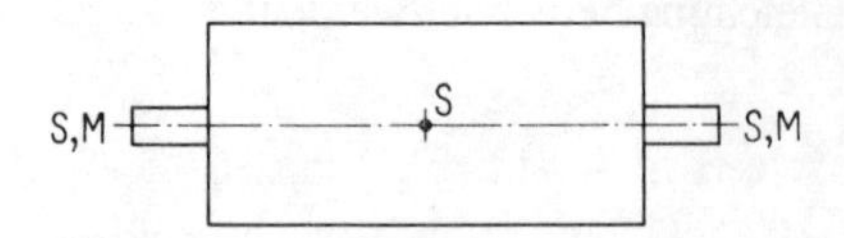

Bild 27. Beim vollkommen ausgewuchteten Rotor fällt die Massenträgheitsachse M – M mit der Schaftachse S – S zusammen.

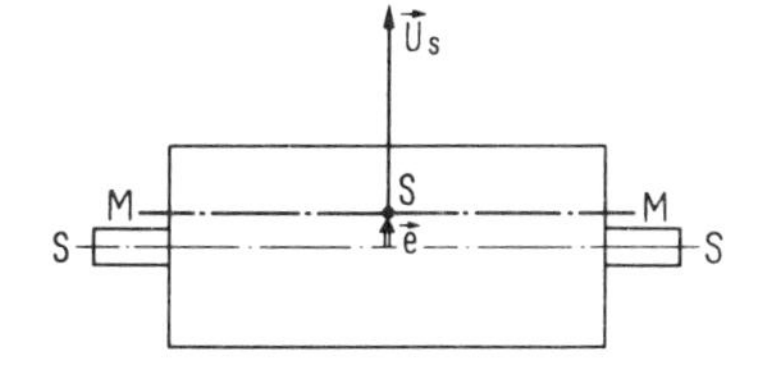

Bild 28. Durch eine statische Unwucht wird die Massenträgheitsachse um die Schwerpunktexzentrizität e aus der Schaftachse parallel verschoben.

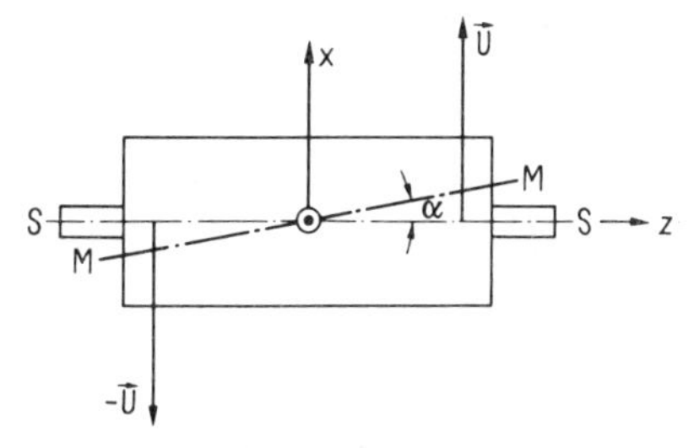

Bild 29. Eine Momentunwucht dreht die Massenträgheitsachse um den Winkel α aus der Schaftachse heraus. Der Schwerpunkt bleibt auf der Schaftachse.

Bei kleinen Winkeln vereinfacht sie sich zu

$$\vec{\alpha} = \frac{\vec{U}_m}{J_x - J_z} \qquad (34).$$

Dabei bedeuten

$\vec{U}_m$ Momentenunwucht,

J_x Massenträgheitsmoment um die Querachse durch den Schwerpunkt,

J_z Massenträgheitsmoment um die Längsachse durch den Schwerpunkt.

Beispiel: Wie groß ist der Winkel α infolge einer Momentenunwucht U_m = 100 kg mm², wenn J_x = 90 kg m² und J_z = 20 kg m² ist?

Lösung: $\frac{U_m}{J_x - J_z} = \frac{0{,}0001}{90 - 20} \approx 0{,}0000014$ rad $= 1{,}4 \cdot 10^{-6}$ rad oder in Winkelsekunden ausgedrückt: $\alpha \approx 0{,}3''$.

Falls der Rotor nicht rotationssymmetrisch ist, also um die y-Achse (senkrecht auf den Achsen x und z) ein von J_x verschiedenes Massenträgheitsmoment hat, muß die Momentenunwucht in Komponenten in Richtung der Hauptträgheitsachsen x und y zerlegt und mit den zugehörigen Massenträgheitsmomenten gerechnet werden, also

$$\alpha_x = \frac{U_{mx}}{J_x - J_z}; \quad \alpha_y = \frac{U_{my}}{J_y - J_z}.$$

2.2.9. Ursachen für die Unwuchten

Wenn man sich vergegenwärtigt, daß heute nur noch wenige Rotoren nicht ausgewuchtet zu werden brauchen, stellt sich die Frage, woher diese Unwuchten kommen. Eine Unwucht ist immer dann vorhanden, wenn die Massenverteilung des Rotors, bezogen auf seine Schaftachse, nicht symmetrisch ist (d. h. eine seiner zentralen Hauptträgheitsachsen sich nicht mit der Schaftachse deckt). Bei geschweißten Lüfterrädern kann diese Asymmetrie sehr stark ausgeprägt sein, sie ist etwas kleiner bei einfachen, zusammengesetzten Körpern, z. B. bewickelten Elektromotorenankern, wird sehr klein bei gedrehten Teilen, kann durch aufgesetzte Wälzlager negativ beeinflußt werden, ist aber sogar bei schnellaufenden gleitgelagerten, allseits geschliffenen Teilen so merkbar, daß auf ein Auswuchten nicht verzichtet werden kann (s. Abschn. 2.3.1).

Die wesentlichen Ursachen lassen sich in drei Gruppen zusammenfassen, Tabelle 1:

- Konstruktions- und Zeichnungsfehler,
- Materialfehler,
- Fertigungs- und Montagefehler.

Viele dieser Fehler können in der Größe beeinflußt, im allgemeinen jedoch nie ganz vermieden werden.

2.2.10. Wirkungen von Unwuchten

Unwuchten eines Rotors führen nicht nur zu Kräften in seiner Lagerung und Fundamentierung, sondern auch zu Schwingungen der Maschine. Bei jeder Drehzahl sind beide Auswirkungen im wesentlichen abhängig von der Verteilung der Massen am Rotor und an der Maschine sowie von der Steifigkeit der Lagerung und der Fundamentierung. Deshalb kann man von den auftretenden Kräften oder Schwingungen nicht direkt auf den Unwuchtzustand des Rotors schließen (s. Abschn. 4). Die Kräfte und Schwingungen beeinflussen bei entsprechender Intensität die Funktion und Lebensdauer der Maschine oder benachbarter Aggregate. Zu beachten sind ebenfalls die Auswirkungen auf den Menschen. Normalerweise ist die Wirkung einer statischen Unwucht größer als die einer Momentenunwucht. Zur Beurteilung von Sonderfällen s. a. Abschn. 2.3.6 bis 2.3.6.3.

Tabelle 1. Ursachen für Unwuchten.

Konstruktions- und Zeichenfehler	Materialfehler	Fertigungs- und Montagefehler
1. Teile nicht rotationssymmetrisch 2. Unbearbeitete Flächen am Rotor (innen oder außen) 3. Rundlauf- und Planlaufabweichungen infolge grober Passungen 4. Paßfeder kürzer als Nut 5. Bauteile mit veränderlicher Lage nicht rotationssymmetrisch und spielfrei gelagert	1. Lunker in Gußteilen 2. Ungleiche Materialdichte 3. Ungleiche Materialdicke, z.B. bei Schweißkonstruktionen 4. Laufabweichungen und Spiel der Wälzlager	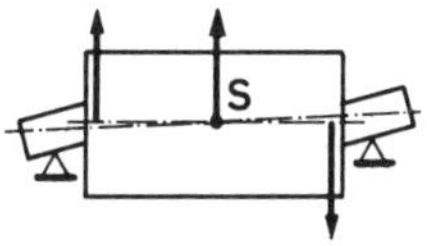 1. Formfehler beim Schweißen und Gießen 2. Spannfehler bei der spanabhebenden Bearbeitung, z.B. Lagerzapfen exzentrisch: 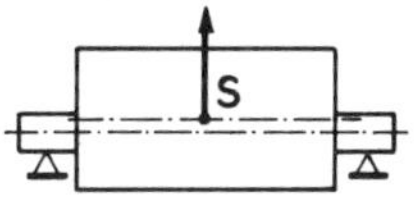 S schräg: S Planflächen nicht senkrecht zur Schaftachse: 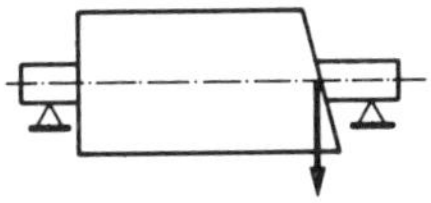 3. Bleibende Verformung durch Bearbeitung, z.B.: freiwerdende Restspannung, Verspannen während der Bearbeitung, Verzug durch Aufschrumpfen, Löten, Schweißen 4. Verspannen durch ungleichmäßiges Anziehen von Befestigungsschrauben 5. Unterschiedliches Matcrial bei konzentrischer Verschraubung, z.B. durch verschiedene Längen der Schrauben, verschiedene Arten Unterlegmaterial und Muttern

2.3. Auswuchten

Nach ISO-Definition ist Auswuchten „ein Vorgang, durch den die Massenverteilung eines Rotors geprüft und, wenn nötig, korrigiert wird, um sicherzustellen, daß die umlauffrequenten Schwingungen der Lagerzapfen und die Lagerkräfte bei Betriebsdrehzahl in festgelegten Grenzen liegen". Wichtig ist dabei, daß bereits die Kontrolle des Unwuchtzustandes als Auswuchten bezeichnet wird und daß nur dann eine Korrektur durchgeführt wird, wenn es sich als notwendig erweist.

Da jeder Rotor von Anfang an eine bestimmte Unwucht hat, die Urunwucht, ergibt sich eindeutig, daß beim Auswuchten nicht ein „vollkommen ausgewuchteter Rotor" angestrebt wird, sondern daß von der technischen Seite her eine gewisse Toleranz zulässig ist, die aus wirtschaftlichen Gründen auch nicht unterschritten werden sollte.

Es ist verständlich, daß nicht jeder Rotor aus der unendlichen Anzahl auszuwuchtender Körper einzeln bewertet werden kann, um die zulässige Toleranz (zulässige Restunwucht) zu ermitteln. Man suchte deshalb nach einem passenden Maßstab, mit dem Rotoren von weniger als 1 g Masse (z. B. Uhrunruhen) bis zu 400 t (Niederdruckturbine eines Kernkraftwerkes) ebenso gut beurteilt werden können wie langsam laufende Werkzeugmaschinenspindeln mit 100 min^{-1} neben Kreiseln, die eine Drehzahl von 400000 min^{-1} haben.

2.3.1. Beurteilungsmaßstäbe

In der Richtlinie VDI 2060 „Beurteilungsmaßstäbe für den Auswuchtzustand rotierender, starrer Körper" [4] und der auf ihr basierenden ISO 1940 „Balance quality of rotating rigid bodies" [6] wird der Maßstab folgendermaßen eingeführt.

2.3.1.1. Rotormasse und zulässige Restunwucht

Im allgemeinen kann die zulässige Unwucht um so größer sein, je größer die Rotormasse ist. Es ist deshalb angebracht, die zulässige Restunwucht U auf die Rotormasse m zu beziehen. Die zulässige bezogene Unwucht $e_{zul} = U_{zul}/m$ entspricht der Schwerpunktexzentrizität (s. Abschn. 2.2.4), wenn die Restunwucht eine statische Unwucht ist.

2.3.1.2. Betriebsdrehzahl und zulässige Restunwucht

Praktische Erfahrungen (statistische Auswertungen von Schadensfällen) zeigen, daß für gleichartige Rotoren meist die bezogene zulässige Restunwucht e_{zul} sich umgekehrt proportional zur Rotordrehzahl n verändert. Der Zusammenhang kann geschrieben werden $e_{zul}\, n$ = konst oder besser

$$e_{zul}\,\omega = \text{konst} \tag{35}$$

Der Ausdruck $e\,\omega$ ist die Bahngeschwindigkeit des Schwerpunktes (s. Abschn. 2.1.5), meistens ausgedrückt in mm/s.

Die gleiche Abhängigkeit ergibt sich aus Ähnlichkeitsbetrachtungen. In geometrisch ähnlichen Rotoren (z. B. Turboladern) mit gleicher – weil werkstoffbedingter – Umfangsgeschwindigkeit werden gleiche Spannungen im Rotor und gleiche Flächenpressungen in den Lagern erzeugt, wenn der Kennwert $e_{zul}\,\omega$ konstant gehalten wird (starre Lagerung vorausgesetzt). Ob diese Behauptung stimmt, kann am einfachsten folgendermaßen überprüft werden: Tangential- und Radialspannungen in geometrisch ähnlichen Rotoren sind dem Quadrat der Umfangsgeschwindigkeit proportional, ihre Verteilung ist ebenfalls ähnlich. Wenn also die Umfangsgeschwindigkeit konstant gehalten wird, werden auch die Tangential- und Radialspannungen an ähnlicher Stelle konstant gehalten und mit ihnen alle Größen mit der Dimension N/m^2, also auch die Flächenbelastung der Lager. Und $e_{zul}\,\omega$ ist eine Geschwindigkeit wie die Umfangsgeschwindigkeit, und wenn diese konstant gehalten wird, muß aus Ähnlichkeitsgesichtspunkten auch $e_{zul}\,\omega$ konstant gehalten werden.

2.3.2. Gütestufen

Das Produkt $e_{zul}\,\omega$ könnte jeden Wert annehmen; zur Vereinfachung hat man sich jedoch auf mehrere feste Werte geeinigt, die jeweils um den Faktor 2,5 auseinanderliegen. In manchen Fällen, vor allem bei hoher Auswuchtgüte, kann eine feinere Stufung erforderlich sein.

Jede Gütestufe G[2]) kennzeichnet einen Bereich zulässiger Restunwucht von null bis zu einer bestimmten Größe, die durch den Wert $e_{zul}\,\omega$ gegeben ist. In Bild 30 ist die obere Grenze von e_{zul} für verschiedene Gütestufen in Abhängigkeit von der maximalen Betriebsdrehzahl aufgezeichnet.

Beispiel: Wie groß ist die zulässige bezogene Restunwucht e_{zul} in der Gütestufe G 6,3 bei einer Betriebsdrehzahl n = 3000 min^{-1}?

Lösung: Auf der Drehzahlachse (horizontal) 3000 min^{-1} suchen, senkrecht hinaufgehen bis zu der Linie G 6,3, von dort horizontal nach links zu der e_{zul}-Achse und dort ablesen: $e_{zul} \approx 20\ \mu m$ (oder 20 g mm/kg).

---

2) Die Richtlinie VDI 2060 [4] bezeichnet die „Gütestufe“ mit Q, die ISO 1940 [6] sagt „Quality Grade“ und G.

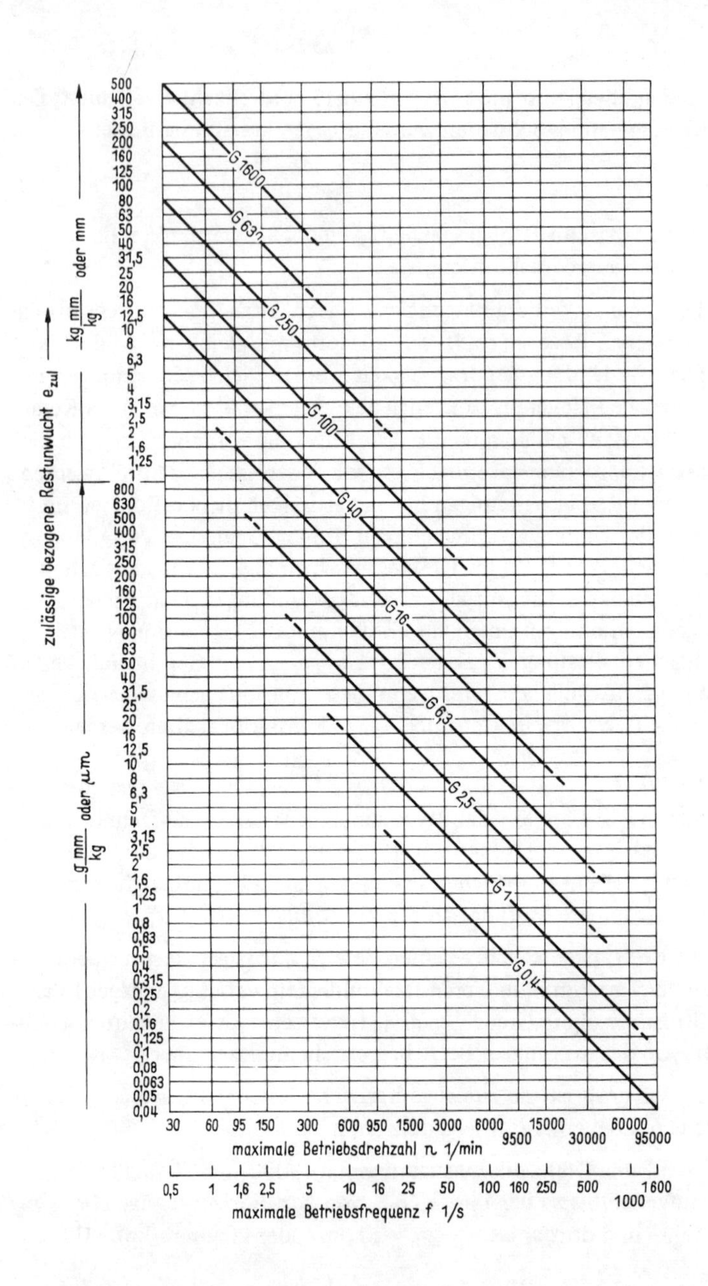

Bild 30. Zulässige bezogene Restunwucht in Abhängigkeit von der maximalen Betriebsdrehzahl für verschiedene Gütestufen G.

Dieser Wert kann auch berechnet werden. G 6,3 bedeutet, daß die zulässige Bahngeschwindigkeit des Schwerpunktes 6,3 mm/s beträgt; dann ist

$$e_{zul} = \frac{v_{zul}}{\omega} \approx \frac{6{,}3}{300} = 0{,}021 \text{ mm oder } 21\ \mu\text{m}.$$

Der Unterschied entsteht, weil ω nicht genau n/10 ist. Entsprechend den Gütestufen ist eine auswuchttechnische Klassifizierung nach abgestuften Anforderungen an die Auswuchtgüte möglich.

2.3.3. Gruppierungen starrer Rotoren

In Tabelle 2 sind die gängigsten Rotorarten zu Gruppen zusammengefaßt und den verschiedenen Gütestufen zugeordnet. Diese Klassifizierung stellt eine Empfehlung dar, basierend auf den bisherigen Erfahrungen. Werden die Richtwerte eingehalten, so ist mit großer Wahrscheinlichkeit eine befriedigende Laufruhe zu erwarten. Es ist denkbar, daß diese Liste ergänzt oder geändert wird, wenn neue Rotorsysteme entstehen oder sich neue Gesichtspunkte für die Einordnung ergeben.

Manche Rotoren sind, entsprechend ihrer unterschiedlichen Verwendung, in mehreren Gütestufen vertreten, z. B. Elektromotoren in den Stufen G 6,3; G 2,5 und G 1.

Betrachtet man jetzt noch einmal Bild 30, so fällt auf, daß die Kurven für die einzelnen Gütestufen nicht den ganzen Drehzahlbereich überdecken und mit wachsender Feinheit zu höheren Drehzahlen hin verschoben sind. Das ist verständlich, da es z. B. keine „langsamlaufenden Schiffsdieselmotoren" (in G 1600) mit mehr als 400 min^{-1} gibt und andererseits keine typischen Kreisel (in G 0,4) unter 1000 min^{-1}.

Die Klassifizierung ist nur als Empfehlung aufzufassen, sie ist keine Vorschrift, soll aber der gegenseitigen Verständigung dienen. Sie soll helfen, grobe Fehler ebenso zu vermeiden wie überspitzte und zudem nicht erfüllbare Forderungen. Die Werte können als Ausgangspunkt für eine exakte, auf den jeweiligen Rotor genau abgestimmte Ermittlung der erforderlichen Auswuchtgüte dienen.

Tabelle 2. Gruppierungen starrer Rotoren.

Güte-stufen	$e_{zul}\,\omega$ mm/s	Wuchtkörper oder Maschinen Beispiele
(keine)	(> 1600)	Kurbeltriebe starr aufgestellter, langsam laufender Schiffsdiesel-motoren mit ungerader Zylinderzahl
G 1600	1600	Kurbeltriebe starr aufgestellter Zweitaktgroßmotoren
G 630	630	Kurbeltriebe starr aufgestellter Viertakt-Motoren Kurbeltriebe elastisch aufgestellter Schiffsdieselmotoren
G 250	250	Kurbeltriebe starr aufgestellter, schnellaufender Vierzylinder-Diesel-motoren
G 100	100	Kurbeltriebe starr aufgestellter, schnellaufender Dieselmotoren mit sechs und mehr Zylindern; Komplette Pkw-, Lkw-, Lok-Motoren
G 40	40	Autoräder, Felgen, Radsätze, Gelenkwellen; Kurbeltriebe elastisch aufgestellter, schnellaufender Viertaktmotoren mit sechs und mehr Zylindern; Kurbeltriebe von Pkw-, Lkw-, Lok-Motoren
G 16	16	Gelenkwellen mit besonderen Anforderungen; Teile von Zerkleinerungs- und Landwirtschafts-Maschinen; Kurbeltrieb-Einzelteile von Pkw-, Lkw-, Lok-Motoren; Kurbeltriebe von sechs und mehr Zylindermotoren mit besonderen Anforderungen
G 6,3	6,3	Teile der Verfahrenstechnik; Zentrifugentrommeln; Ventilatoren, Schwungräder, Kreiselpumpen; Maschinenbau- und Werkzeugmaschinen-Teile; Normale Elektromotorenanker Kurbeltrieb-Einzelteile mit besonderen Anforderungen
G 2,5	2,5	Läufer von Strahltriebwerken, Gas- und Dampfturbinen, Turbo-gebläsen, Turbogeneratoren; Werkzeugmaschinen-Antriebe; Mittlere und größere Elektromotoren-Anker mit besonderen Anforderungen; Kleinmotoren-Anker; Pumpen mit Turbinenantrieb
G 1 Fein-wuchtung	1	Magnetophon- und Phono-Antriebe; Schleifmaschinen-Antriebe, Kleinmotoren-Anker mit besonderen Anforderungen
G 0,4 Feinst-wuchtung	0,4	Feinstschleifmaschinen-Anker, -Wellen und -Scheiben, Kreisel

2.3.4. Experimentelle Bestimmung der erforderlichen Auswuchtgüte

Um für einen bestimmten Rotor den tatsächlich zulässigen Grenzwert zu ermitteln, wird dieser Rotor zuerst so gut wie irgend möglich (etwa auf 1/10 bis 1/20 des empfohlenen Richtwertes) ausgewuchtet. Anschließend werden so lange Testunwuchten mit steigender Größe am Rotor angesetzt, bis sich im Betriebszustand der Einfluß der Unwucht von dem Pegel der anderen Störungen abhebt, d. h. bis diese Unwucht merkbar den Schwingungszustand, die Laufruhe oder die Funktion der Maschine beeinflußt.

Bei einem Zwei-Ebenen-Auswuchten müssen die unterschiedlichen Auswirkungen einer statischen Unwucht und einer Momentenunwucht berücksichtigt werden. Außerdem muß der Grenzwert so festgelegt werden, daß während des Betriebes noch geringe Veränderungen des Unwuchtzustandes ertragen werden können.

2.3.5. Rotoren mit einer Ausgleichebene

Bei scheibenförmigen Rotoren kann das Auswuchten in nur einer Ausgleichebene ausreichend sein, vorausgesetzt, der Lagerabstand ist genügend groß und die Scheibe läuft mit genügend kleiner Planlaufabweichung (d. h. sie muß ausreichend genau senkrecht auf der Schaftachse sitzen). Ob diese Bedingungen erfüllt sind, muß im Einzelfall untersucht werden: Nachdem eine größere Anzahl Rotoren von dem interessierendem Typ in einer Ebene ausgewuchtet worden ist, wird die größte verbleibende Momentenunwucht ermittelt und durch den Lagerabstand geteilt. Wenn diese Unwucht auch im ungünstigsten Fall nicht größer als die Hälfte der zulässigen Restunwucht ist, dann ist normalerweise ein Ein-Ebenen-Auswuchten ausreichend. In dieser Ebene darf die volle zulässige Unwucht vorhanden sein.

B e i s p i e l : Ein Ventilatortyp von 20 kg Masse soll auf $e_{zul} = 40$ g mm/kg ausgewuchtet werden. Der Lagerabstand ist $L = 800$ mm. Nach dem Auswuchten in einer Ebene wird an einer größeren Anzahl die Momentenunwucht kontrolliert und ein Maximalwert $U_m = 240000$ g mm² festgestellt. Reicht ein Auswuchten in einer Ebene aus?

L ö s u n g : Die Momentenunwucht, bezogen auf die Lagerebenen, ist

$$U = \frac{U_m}{L} = \frac{240000}{800} = 300 \text{ g mm}; \quad U_{zul\,s} = e_{zul}\, m = 40 \cdot 20 = 800 \text{ g mm};$$

$$U < \frac{U_{zul\,s}}{2}: \text{ Ein Auswuchten in einer Ebene ist vermutlich ausreichend,}$$

die ermittelten 800 g mm können in dieser einen Ebene zugelassen werden.

Die Größe der Momentenunwucht ist abhängig von der Lage der einen Ausgleichebene (s. Abschn. 2.2.6). Wenn unter mehreren Ebenen gewählt werden kann, ist experimentell zu ermitteln, für welche Ebene (beim Ein-Ebenen-Ausgleich) die verbleibenden Momentenunwuchten am kleinsten sind.

2.3.6. Rotoren mit zwei Ausgleichebenen

Wenn der Rotor die Bedingungen nach Abschn. 2.3.5 nicht erfüllt, sind zwei Ausgleichebenen erforderlich. Dieses Auswuchten wird Zwei-Ebenen-Auswuchten genannt. Wenn der Schwerpunkt des Rotors im mittelsten Drittel des Lagerabstandes liegt, wird für jede Ausgleichebene die Hälfte der zulässigen Restunwucht zugelassen – vorausgesetzt, diese Ausgleichebenen liegen etwa gleich weit vom Schwerpunkt entfernt.

Für andere Rotoren kann es erforderlich sein, die zulässige Restunwucht entsprechend der Massenverteilung des Rotors aufzuteilen. Das ist nur so lange zulässig, als die Hauptmasse zwischen den Ausgleichebenen liegt. In Sonderfällen muß die richtige Aufteilung der zulässigen Restunwucht besonders untersucht werden, wobei die verschiedenen Wirkungen der Unwucht (s. Abschn. 2.2.10) zu berücksichtigen sind.

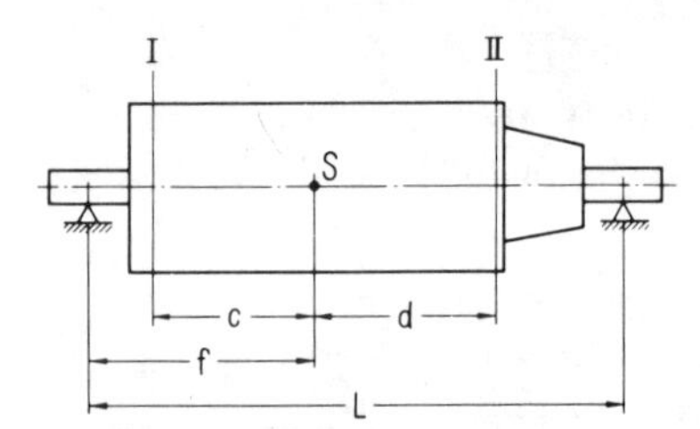

Bild 31. Aufteilung der zulässigen Restunwucht entsprechend der Lage des Schwerpunktes zu den Lagerebenen und zu den Ausgleichebenen I und II.

Beispiel: Beim Rotor in Bild 31 ist der Lagerabstand L = 1000 mm, der Schwerpunktabstand vom linken Lager f = 400 mm; die Abstände der Ausgleichebenen I und II von dem Schwerpunkt c = 300 mm, d = 350 mm. Wie ist die zulässige Restunwucht auf die beiden Ausgleichebenen zu verteilen?

Lösung:

a) Überprüfen der Lage des Schwerpunktes: $\frac{f}{L} = \frac{400}{1000} = 0{,}4.$

f/L ist also größer als 1/3 und kleiner als 2/3: der Schwerpunkt liegt demnach im mittleren Drittel.

b) Kontrolle der Lage des Schwerpunktes zu den Ausgleichebenen: $c \approx d$; $300 \approx 350$: etwa gleiche Entfernung.

Ergebnis: Die zulässige Restunwucht wird gleichmäßig verteilt.

Beispiel: Wenn dieser Rotor 100 kg wiegt und auf $e_{zul} = 15$ g mm/kg ausgewuchtet werden soll, wie groß ist dann die zulässige Restunwucht je Ebene?

Lösung: Zulässige Restunwucht $U_{zul\,s} = e_{zul}\,m = 15 \cdot 100 = 1500$ g mm; auf beide Ebenen gleichmäßig verteilt: zulässige Restunwucht je Ebene $U_{zul\,I,\,II} = 750$ g mm.

Sehr häufig ist die Lage der Ausgleichebenen zum Schwerpunkt asymmetrisch.

Beispiel: Wie ist die zulässige Restunwucht des Rotors in Bild 32 mit c = 150 mm und d = 600 mm auf die Ausgleichebenen I und II zu verteilen?

Lösung: Für die anteiligen Rotormassen m_I und m_{II} in den Ausgleichebenen gelten die Gleichungen: $m_I + m_{II} = m$; $m_I\,(c + d) = m\,d$; $m_{II}\,(c + d) = m\,c$ bzw.

$$\frac{m_I}{m} = \frac{d}{c+d} = \frac{600}{750} = 0{,}8; \quad \frac{m_{II}}{m} = \frac{c}{c+d} = \frac{150}{750} = 0{,}2.$$

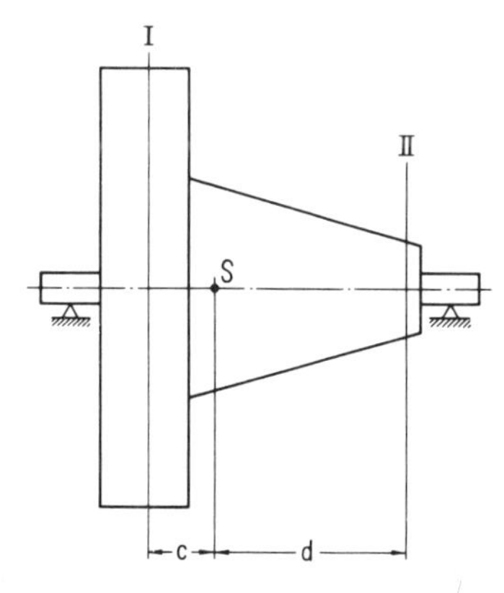

Bild 32. Aufteilung der zulässigen Restunwucht entsprechend dem Massenanteil der Ausgleichebenen I und II.

Damit sind in den Ausgleichebenen zulässig:

$$U_{zul\,I} = 0{,}8\;U_{zul\,s}; \quad U_{zul\,II} = 0{,}2\;U_{zul\,s}.$$

Es fällt auf, daß die Beurteilung entsprechend der statischen Unwucht (also der Schwerpunktexzentrizität) erfolgt. Das ist berechtigt, da meistens die

Wirkung der statischen Unwucht größer ist als die Wirkung einer entsprechenden Momentenunwucht (s. die errechneten Lagerreaktionen in Abschn. 2.2.4 und 2.2.5). In allen diesen Fällen, in denen der Lagerabstand größer ist als der Ausgleichebenenabstand, berechnet man aus der zulässigen statischen Unwucht die zulässigen Restunwuchten je Ebene. Diese Unwuchtvektoren können dann jede beliebige Zuordnung zueinander haben (komplementäre Unwuchten), sie können daher auch unter gleicher Winkellage auftreten (statische Unwucht), unter entgegengesetzter Winkellage (Momentenunwucht) oder unter beliebiger Winkellage (dynamische Unwucht). Immer verursacht in diesen Fällen der Zustand mit einer statischen Unwucht die größten Lagerreaktionen.

Nun gibt es aber Fälle, bei denen das Verhältnis zwischen Lagerabstand und Ausgleichebenenabstand wesentlich anders aussieht; dann muß die zulässige Restunwucht auf andere Weise berechnet werden.

2.3.6.1. Rotoren mit extrem großem Ausgleichebenenabstand

Ist der Ausgleichebenenabstand größer als der Lagerabstand, Bild 33, so ist die Wirkung einer Momentenunwucht auf die Lager größer als die Wirkung einer statischen Unwucht. Ist $U_I = U_{II}$, dann wird $U_m = U_I\, a$, und die auf die Lagerebenen bezogenen Unwuchten sind $U_{A,B} = U_I\, a/L$, also größer als U_I. Bei einer statischen Unwucht ist (wenn der Rotor etwa symmetrisch ist) $U_{A,B} = U_I = \frac{U_{zul\,s}}{2}$. Da die zulässige Restunwucht stets durch den ungünstigsten Fall festgelegt werden muß, ist hier der Zustand mit der Momentenunwucht zugrunde zu legen.

Wird U_A entsprechend Abschn. 2.3.6 (dort U_{zul}) ermittelt, so ist die zulässige Restunwucht je Ebene

$$U_{zul\,I,II} = U_A \frac{L}{a} = U_{zul\,s} \frac{L}{2\,a} \qquad (36).$$

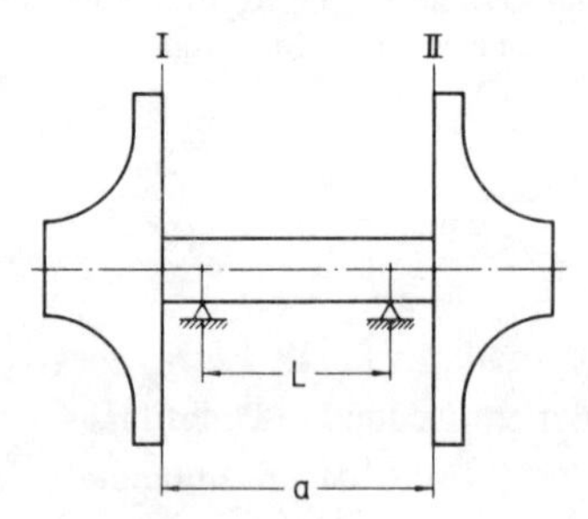

Bild 33. Ermittlung der zulässigen Anteile der statischen Unwucht und der Momentenunwucht bei großem Ausgleichebenenabstand a.

Beispiel: Bei einem beidseitig fliegend gelagerten Rotor ist eine Restunwucht $U_{zul\,s} = 2000$ g mm zulässig. Der Lagerabstand ist L = 600 mm, der Ausgleichebenenabstand a = 800 mm. Wie groß ist die zulässige Restunwucht je Ebene?

Lösung: $U_{zul\,I,\,II} = U_{zul\,s} \frac{L}{2\,a} = 2000 \frac{600}{1600} = 750$ g mm.

Wenn $U_{zul\,s}$ einfach halbiert worden wäre, hätte dies $U_{zul\,I,\,II} = 1000$ g mm ergeben, also einen zu großen Wert.

Wenn der Ausgleichebenenabstand sehr viel größer ist als der Lagerabstand ($A/L > 2$), kann es angebracht sein, für die statische Unwucht und die Momentenunwucht unterschiedliche Restunwuchten festzulegen. Dabei kann die aus der zulässigen Schwerpunktexzentrizität ermittelte Unwucht zu gleichen Teilen auf die statische Unwucht und die Momentenunwucht aufgeteilt werden: $U_{zul\,s} = \frac{e_{zul}\,m}{2}$; $U_{zul\,m} = \frac{e_{zul}\,m}{2} \frac{L}{2}$

($U_{zul\,m}$ ist dabei auf den Lagerabstand bezogen).

Der zulässige Anteil der statischen Unwucht je Ausgleichebene ist dann

$$U_{zul\,I,\,II\,s} = \frac{e_{zul}\,m}{4},$$

der zulässige Anteil der Momentenunwucht je Ausgleichebene

$$U_{zul\,I,\,II\,m} = \frac{e_{zul}\,m}{2} \frac{L}{2\,a}.$$

Beispiel: Bei einem symmetrischen Rotor mit der Masse m = 80 kg ist eine Schwerpunktexzentrizität $e_{zul} = 26\ \mu m$ zulässig. Der Lagerabstand ist L = 300 mm, der Ausgleichebenenabstand a = 800 mm. Wie groß sind die zulässigen Anteile der statischen Unwucht und der Momentenunwucht je Ausgleichebene?

Lösung: $$U_{zul\,I,\,II\,s} = \frac{e_{zul}\,m}{4} = \frac{26 \cdot 80}{4} = 520 \text{ g mm}$$

$$U_{zul\,I,\,II\,m} = \frac{e_{zul}\,m}{2} \frac{L}{2\,a} = \frac{26 \cdot 80 \cdot 300}{2 \cdot 1600} = 195 \text{ g mm}.$$

2.3.6.2. Rotoren mit extrem kleinem Ausgleichebenenabstand

In diesem Fall gelten die gleichen Formeln wie in Abschn. 2.3.6.1, nur wegen des großen Wertes für L/2 a kann eine viel größere Momentenunwucht zugelassen werden.

Beispiel: Bei $m = 80$ kg und $e_{zul} = 26\ \mu m$ ist der Lagerabstand $L = 1000$ mm und der Ausgleichebenenabstand $a = 200$ mm, Bild 34. Wie groß sind die zulässigen Anteile der statischen Unwucht und der Momentenunwucht je Ebene?

Lösung: $$U_{zul\,I,\,II\,s} = \frac{e_{zul}\,m}{4} = \frac{26 \cdot 80}{4} = 520 \text{ g mm}$$

$$U_{zul\,I,\,II\,m} = \frac{e_{zul}\,m}{2}\ \frac{L}{2\,a} = \frac{26 \cdot 80 \cdot 1000}{2 \cdot 400} = 2600 \text{ g mm.}$$

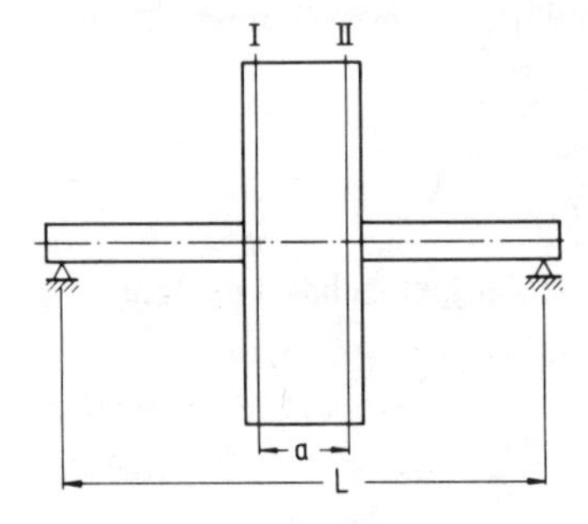

Bild 34. Getrennte Beurteilung der zulässigen statischen Unwucht und der Momentenunwucht bei kleinem Ausgleichebenenabstand a.

Die zulässige Momentenunwucht ist also viel größer als die zulässige statische Unwucht. Wenn der Rotor diese große Momentenunwucht nicht aufweist, reicht ein Ein-Ebenen-Auswuchten aus (s. Abschn. 2.3.5). Je kleiner die auftretende Momentenunwucht gegenüber der zulässigen Momentenunwucht ist, um so mehr kann der Anteil der statischen Unwucht auf Kosten der Momentenunwucht vergrößert werden.

2.3.6.3. Fliegend gelagerte Rotoren

In der Richtlinie VDI 2060 [4] ist dieser Fall nicht näher beschrieben. Weil er in der Praxis aber häufig vorkommt und dann viel Kopfzerbrechen bereitet, sollen in diesem Buch die wesentlichen Gesichtspunkte zur Verteilung der Unwuchten und zur Ermittlung der je Ausgleichebene zulässigen Werte behandelt werden. Bild 35 zeigt einen derartigen Rotor, z. B. einen einstufigen Pumpenläufer, der als starr gelten kann.

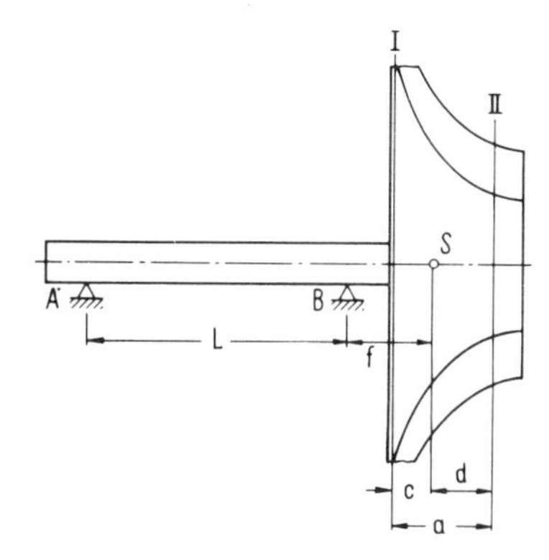

Bild 35. Fliegend gelagerter Rotor.

Fall 1 : Beide Lager haben gleiche Tragfähigkeit.

Die statischen Kräfte an den Lagern A und B infolge der Gewichtskraft des Rotors sind:

$$G_A = -G\frac{f}{L}; \quad G_B = G\frac{f+L}{L}.$$

Die Lager werden so dimensioniert, daß das Lager B nicht überlastet wird. Es kann demnach auch um den Faktor (f + L)/L vergrößerte Unwuchten vertragen. Statische Unwucht und Momentenunwucht werden wieder getrennt beurteilt; die aus der zulässigen Schwerpunktexzentrizität ermittelte zulässige Unwucht wird hälftig verteilt.

Der auf die Lagerebene B bezogene Anteil der statischen Unwucht ist

$$U_{zul\,Bs} = \frac{e_{zul}\,m}{2}\,\frac{f+L}{L}$$

und damit in gleicher Weise vergrößert wie die statische Belastung. Dies bedeutet, daß in der Schwerpunktebene der normale Wert $e_{zul}\,m$ zulässig ist.

Die zulässige statische Unwucht $U_{zul\,s} = (e_{zul}\,m)/2$ wird auf die beiden Ausgleichebenen entsprechend deren Abstand vom Schwerpunkt aufgeteilt (s. Abschn. 2.2.4). Für den Anteil der Momentenunwucht ergibt sich je Ebene die bekannte Gleichung

$$U_{zul\,I,\,II\,m} = \frac{e_{zul}\,m}{2}\,\frac{L}{2\,a}.$$

Beispiel: Ein Rotor mit der Masse $m = 10$ kg und einer zulässigen Schwerpunktexzentrizität $e_{zul} = 1$ g mm/kg soll ausgewuchtet werden. Der Lagerabstand ist $L = 300$ mm, der Schwerpunktüberhang $f = 100$ mm, der Ausgleichebenenabstand $a = 120$ mm. Wie groß sind die zulässigen Anteile der statischen Unwucht und der Momentenunwucht?

Lösung: Statische Unwucht $U_{zul\,s} = \frac{e_{zul}\,m}{2} = \frac{1 \cdot 10}{2} = 5$ g mm.

Dieser Wert ist entsprechend den Abständen c und d auf die Ebenen I und II zu verteilen, bei $c = d$: $U_{zul\,I,\,II\,s} = 2{,}5$ g mm. Die zulässige Momentenunwucht je Ebene ist

$$U_{zul\,I,\,II\,m} = \frac{e_{zul}\,m}{2}\;\frac{L}{2\,a} = \frac{1 \cdot 10 \cdot 300}{2 \cdot 240} = 6{,}25 \text{ g mm.}$$

Fall 2: Die Lager sind entsprechend der statischen Belastung dimensioniert.

Wenn die Lager nach diesem Gesichtspunkt ausgelegt sind, werden sie durch die statische Unwucht genau entsprechend verteilt belastet. Die Momentenunwucht ergibt aber für beide Lager gleiche Belastungen, so daß hier der auf die Lagerebenen bezogene Anteil der Momentenunwucht entsprechend klein sein soll, um das Lager A nicht zu überlasten. Man teilt also nicht hälftig in statische Unwucht und Momentenunwucht. Häufig ergibt sich eine vernünftige Situation, wenn die zulässige Restunwucht entsprechend den Ausgleichebenenabständen von dem Schwerpunkt aufgeteilt wird und kein Unterschied gemacht wird, ob die tatsächlich auftretende Restunwucht eine statische Unwucht oder eine Momentenunwucht bildet.

Beispiel: Der im vorigen Beispiel gegebene Rotor soll wie vorstehend beschrieben behandelt werden; die Abstände der Ausgleichebenen von dem Schwerpunkt sind gleich groß: $c = d$.

Lösung: $U_{zul\,I,\,II} = \frac{e_{zul}\,m}{2} = \frac{1 \cdot 10}{2} = 5$ g mm je Ebene.

Wenn beide komplementäre Unwuchten eine statische Unwucht bilden, sind die lagerbezogenen Unwuchten

$$U_A = 2\,U_{zul\,I,\,II}\,\frac{f}{L} = 2 \cdot 5\,\frac{100}{300} = 3{,}3 \text{ g mm;}$$

$$U_B = 2\,U_{zul\,I,\,II}\,\frac{f + L}{L} = 2 \cdot 5\,\frac{400}{300} = 13{,}3 \text{ g mm.}$$

Bilden die Unwuchten eine Momentenunwucht, so sind die lagerbezogenen Unwuchten

$$U_A = U_B = U_{zul\,I,\,II} \frac{a}{L} = 5 \cdot \frac{120}{300} = 2 \text{ g mm.}$$

Es zeigt sich also, daß das Lager A (das schwächer ausgelegt ist) auch im Fall einer reinen Momentenunwucht nicht überlastet wird.

Fall 3: Wenn nicht die Lagerbelastungen für die zulässigen Restunwuchten ausschlaggebend sind, sondern irgendwelche anderen Bedingungen, z. B. Schwingungen oder Verformungen, ist es zweckmäßig, die richtige Grenze experimentell zu ermitteln (s. Abschn. 2.3.4).

2.3.7. Körper ohne eigene Lagerzapfen

Viele auszuwuchtende Körper, z. B. Riemenscheiben, Ventilatorräder, Schwungscheiben usw. haben keine eigenen Lagerzapfen. Um diese Teile auswuchten zu können, müssen sie Lagerzapfen und damit eine Schaftachse erhalten; die einfachste Lösung ist, die Teile auf eine Hilfswelle zu montieren. Bei dieser Montage entstehen nun unvermeidbare Fehler infolge Radial-Spiels sowie Rundlauf- und Planlaufabweichungen. Die dadurch entstehenden Unwuchten können mit Gl. (31) und (34) aus den Verlagerungen und den Massedaten des Körpers errechnet werden. Beim Messen des Unwuchtzustandes addieren sich diese Unwuchten zu den Unwuchten des Körpers selbst.

Wird der Körper anschließend betriebsmäßig montiert, z. B. ein Ventilator auf seiner Betriebswelle, so treten neue Verlagerungen auf, die einen neuen Unwuchtzustand hervorrufen. Die maximale passungsbedingte Unwucht ergibt sich dabei aus der Summe der in beiden Fällen – in der Auswuchtmaschine und im Betriebszustand – maximal möglichen, auf die Schaftachse bezogenen Verlagerungen.

Während beim Auswuchten des Körpers auf der Hilfswelle (oder irgendeiner beliebigen Aufnahme in der Auswuchtmaschine) durch einen entsprechenden Vorgang die passungsbedingten Unwuchten erkannt und ausgeschaltet werden können (s. Abschn. 2.3.7.1), ist es möglich, daß sie im betriebsmäßig montierten Zustand in voller Größe auftreten.

Die für diesen Zustand ermittelte zulässige Unwucht muß also auf die Unwucht des Einzelteils und die passungsbedingte Unwucht aufgeteilt werden. Dabei ist auf ein sinnvolles Verhältnis zwischen beiden zu achten. Ist die zulässige bezogene Restunwucht z. B. 30 g mm/kg, die passungsbedingte Unwucht max. 28 g mm/kg, so bliebe für die zulässige Restunwucht des Einzelteils selbst nur 2 g mm/kg übrig. Da es sicher nicht sinnvoll und evtl. auch nicht möglich ist, das Einzelteil so genau auszuwuchten (z. B. Veränderungen von Lauf zu Lauf), müssen entweder die Passungstoleranzen überprüft und enger festgelegt werden oder das Einzelteil muß auf der Betriebswelle ausgewuchtet werden (s. a. Abschn. 2.3.8).

Beispiel: Wie groß ist die passungsbedingte Unwucht eines Ventilators mit der Masse m = 100 kg, einem Massenträgheitsmoment $J_z = 15$ kg m^2 um die Schaftachse, Massenträgheitsmoment um die Querachse $J_x = J_y = 10$ kg m^2, wenn bei einem Sitz auf der Welle von 100 mm Dmr. zugelassen wird: Passung H7/h6, Rundlaufabweichung (zu den Lagerstellen, also der Schaftachse) 0,06 mm, Planlaufabweichung des Bundes auf 200 mm Dmr.: 0,04 mm. Der Ausgleichebenenabstand ist a = 350 mm, die beiden Ausgleichebenen sind etwa gleich weit vom Schwerpunkt entfernt.

Lösung:

1. *Passungsspiel* bei 100 mm und H7/h6 ist max. 35 μm + 22 μm = 57 μm, die Exzentrizität infolge des Spiels $e_{sp} = 28{,}5$ μm. Die Unwucht wegen der maximal möglichen Verlagerung innerhalb des Spiels:

   $U_{sp} = e_{sp}\, m = 28{,}5 \cdot 100 = 2850$ g mm.

2. *Rundlauf:* Die Exzentrizität ist bei dem zulässigen Rundlauffehler von 60 μm max. $e_{ru} = 30$ μm. Die Unwucht durch Verlagerung infolge der Exzentrizität ist also

   $U_{ru} = e_{ru}\, m = 30 \cdot 100 = 3000$ g mm.

3. *Planlauf:* Der Winkel α, um den der Körper schief aufgespannt wird, Bild 36, lautet:

   $$\alpha \approx \frac{pl/2}{D/2} = \frac{pl}{D} = \frac{0{,}04}{200} = 2 \cdot 10^{-4} \text{ rad.}$$

   Die Momentenunwucht infolge der Planlaufabweichung ist

   $U_m = \alpha\,(J_x - J_z)$,

   und, aufgeteilt auf die beiden Ausgleichebenen, ergibt sich je Ebene

   $$U_{m\,I,\,II\,pl} = \frac{\alpha\,(J_x - J_z)}{a} = \frac{2 \cdot 10^{-4}\,(10 - 15)\,10^9}{350}$$

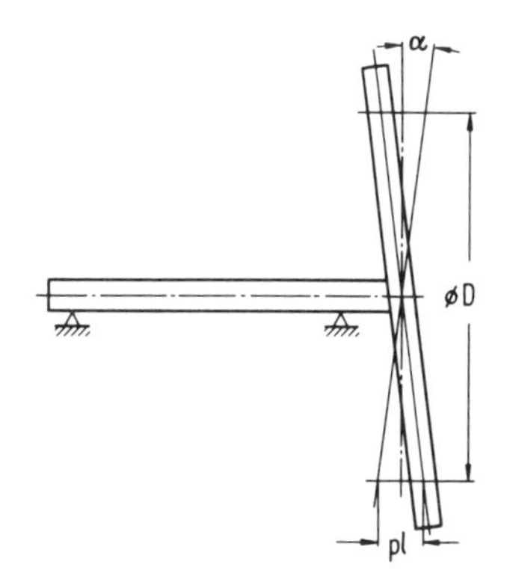

Bild 36. Zusammenhang zwischen dem Winkel α, der Planlaufabweichung pl und dem Durchmesser D.

Die Massenträgheitsmomente werden dabei zweckmäßigerweise gleich in g mm^2 eingesetzt; 1 kg m^2 = 10^9 g mm^2. Der Betrag ist

$U_{m\ I,\,II\ pl} = 2857$ g mm.

Die gesamten passungsbedingten Unwuchten je Ebene können also maximal

$U_{pa\ I,\,II} = U_{sp}/2 + U_{ru}/2 + U_{m\ I,\,II\ pl} = 5782$ g mm

betragen. Für den Ventilator bedeutet das, als Schwerpunktexzentrizität ausgedrückt

$$e_{pa} = \frac{2\ U_{pa\ I,\,II}}{m} = \frac{2 \cdot 5782}{100} \approx 116\ \mu m.$$

Wenn der Ventilator eine Betriebsdrehzahl n = 500 min^{-1} hat und in Gütestufe G 6,3 ausgewuchtet werden soll, ergibt sich daraus eine zulässige Schwerpunktexzentrizität (s. Bild 30)

$e_{zul} = 120\ \mu m$.

Für den Ventilator bleiben also nur 4 μm. Um für diesen Fall vernünftige Verhältnisse zu schaffen, müssen entweder

a) die Passungsfehler reduziert werden, z. B.
   Passungsspiel durch Verwendung einer Übergangspassung oder Verwendung einer Konusverbindung,
   Rundlauf und Planlauf durch Fertigung in einer Spannung gemeinsam mit den Lagerstellen, oder
b) der Ventilator auf seiner Betriebswelle ausgewuchtet werden (s. Abschn. 2.3.8).

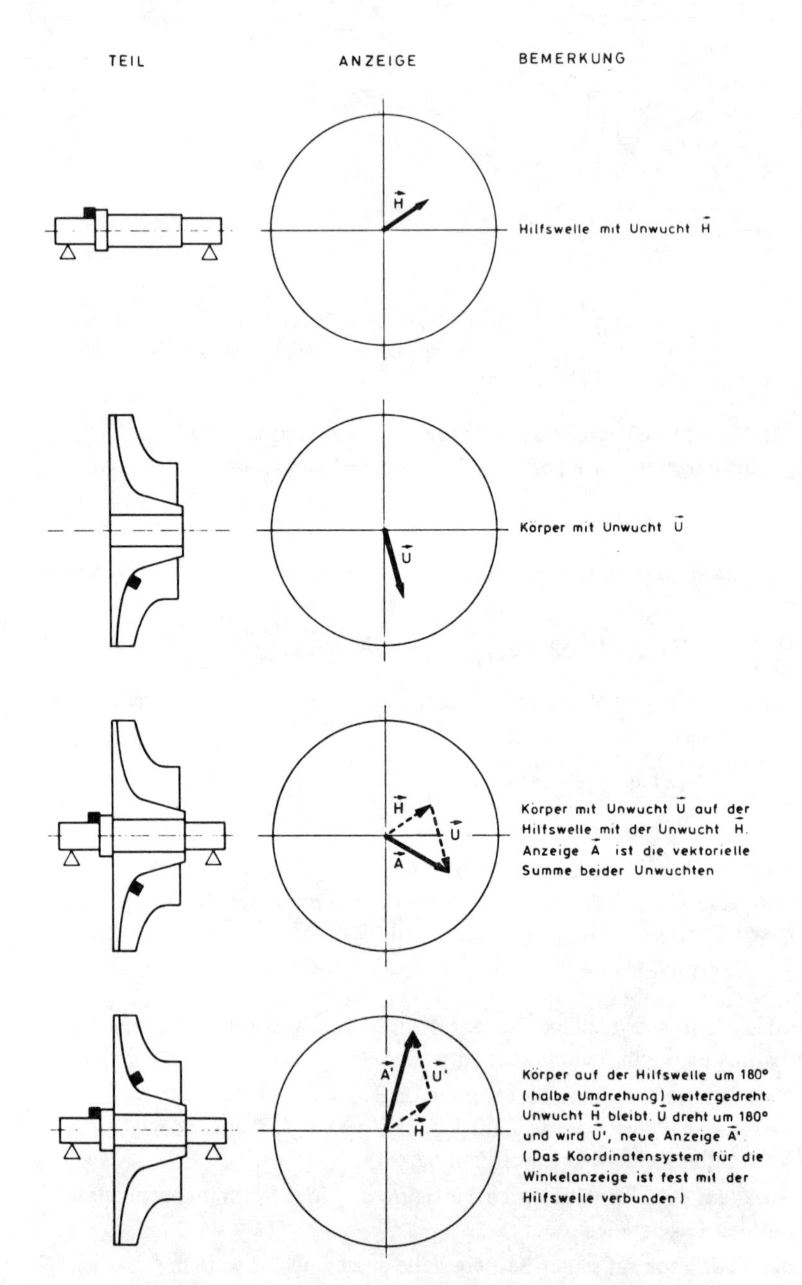

Bild 37. Trennen der Unwuchten einer Baugruppe durch Umschlag.

2.3.7.1. Auswuchten auf Umschlag

Das Verfahren, mit dem die Passungsfehler von der Unwucht eines Körpers ohne eigene Lagerzapfen getrennt werden, macht man sich am besten erst für eine Ebene und nur für Unwuchten klar, Bild 37.

Das Ergebnis der beiden Messungen und die Auswertung ist Bild 38 zu entnehmen. Der Unterschied zwischen den Anzeigen $\vec{A}$ und $\vec{A}'$ (Abstand der Pfeilenden voneinander) entspricht 2 x U ($\vec{U}$ und $\vec{U}'$ bedeuten die gleiche Unwucht des Körpers, nur in unterschiedlicher Winkellage gemessen). Beim Auswuchten auf den Punkt X hin (Mitte der Verbindungslinie der Meßpunkte A und A′) wird die Unwucht im Körper beseitigt. Kontrolle: Bei einer neuen Drehung um 180° bleibt die Anzeige bei X. Die Unwucht $\vec{H}$ der Hilfswelle kann an der Hilfswelle selbst ausgeglichen werden. Die nächsten Körper können dann auf dieser Hilfswelle ausgewuchtet werden, ohne daß ein Umschlag gemacht wird.

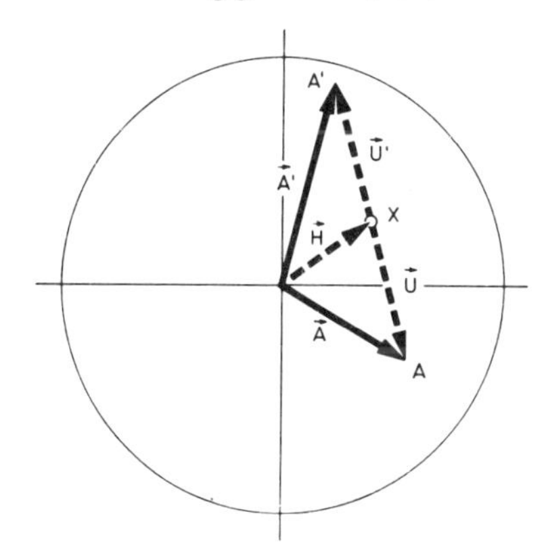

Bild 38. Auswertung der Meßergebnisse von Bild 37: Die Vektoren $\vec{H}$, $\vec{U}$ und $\vec{U}'$ sind nicht sichtbar, sondern werden konstruiert.

In diesem Fall wäre es einfacher gewesen, die Hilfswelle zuerst leer auszuwuchten und dann erst den Körper aufzuspannen. Die anderen, die passungsbedingten Fehler – Spiel, Plan- und Rundlaufabweichungen – werden aber erst mit aufgesetztem Körper sichtbar. Das Verfahren ist in diesem Fall prinzipiell gleich, es müssen nur wesentlich mehr Einflüsse erfaßt werden, Bild 39.

Die Auswertung ist in Bild 40 zu erkennen: Der Abstand zwischen A und A′ entspricht wieder 2 U, es wird auf den Punkt X hin ausgeglichen, wobei die Korrektur am Körper erfolgt. Der Punkt X ist entstanden durch die Unwucht der Hilfswelle $\vec{H}$, den exzentrischen Sitz des Körpers, der die Unwucht $\vec{E}$ erzeugt und durch das Spiel, das die Unwucht $\vec{S}$ bedingt. $\vec{E}$ ist als

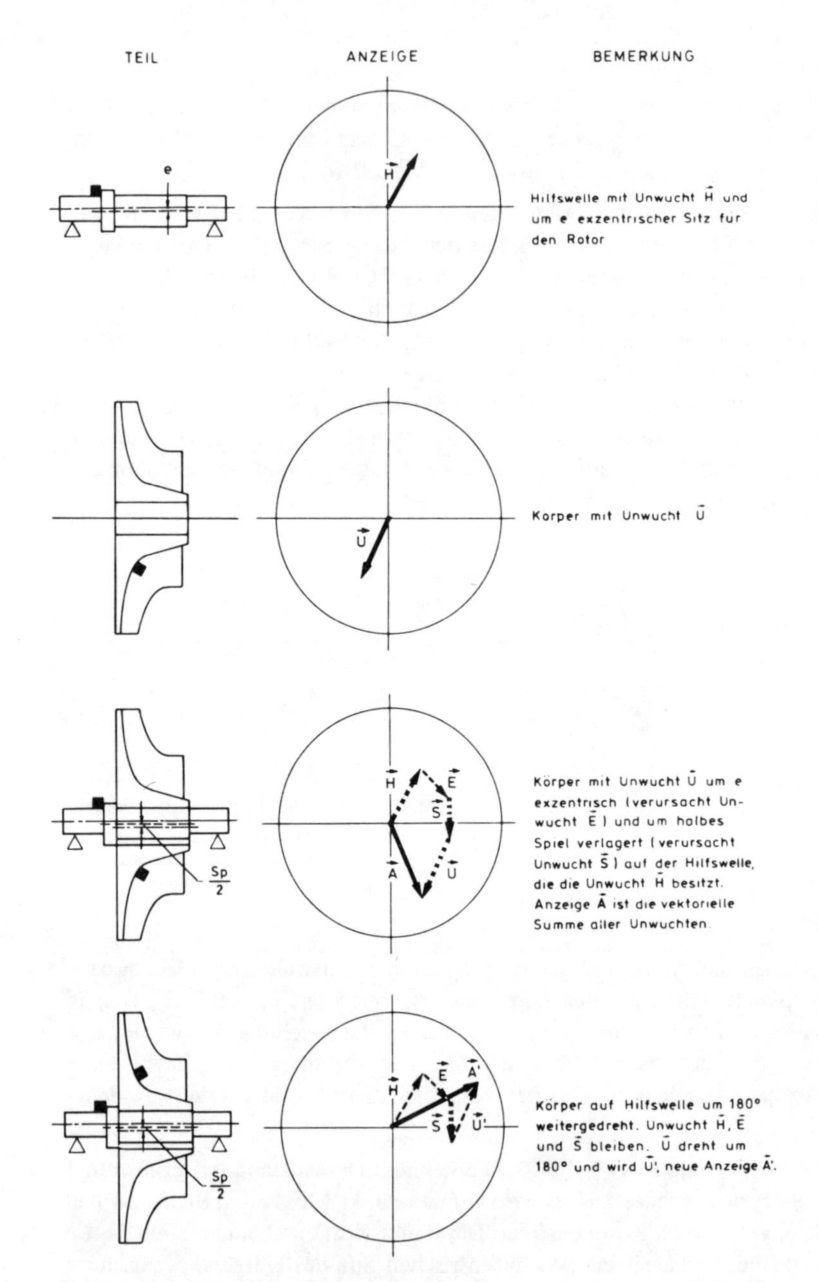

Bild 39. Auswuchten auf Umschlag mit Spiel, Exzentrizität und Unwucht.

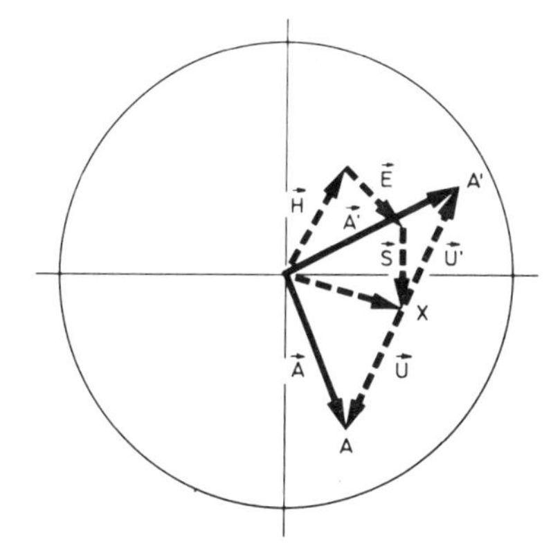

Bild 40. Auswertung der Meßergebnisse von Bild 39.

Produkt der Exzentrizität mit der Körpermasse vom Körper abhängig. Falls nur ein Körpertyp auf dieser Hilfswelle ausgewuchtet wird, kann die Unwucht $\vec{E}$ zusammen mit der körperunabhängigen Unwucht $\vec{H}$ durch eine Massenkorrektur an der Hilfswelle ausgeglichen werden; dadurch wird das Auswuchten des Körpers einfacher, auch wenn die Unwucht $\vec{S}$ nicht ausgewuchtet werden kann, da sie von der Größe des Spiels abhängig und deshalb im Betrag stark veränderlich ist.

Wichtig ist dabei, daß das Spiel jedesmal in der gleichen Richtung (auf die Aufnahme bezogen) „herausgedrückt" wird, bevor der Körper festgespannt wird, so daß die dadurch bedingte Unwucht mit der Hilfswelle verbunden zu sein scheint. Ein Körper mit zwei Ausgleichebenen kann ebenfalls auf Umschlag ausgewuchtet werden, das Verfahren ist dabei für jede Ebene getrennt durchzuführen.

2.3.8. Baugruppen

Besteht ein Rotor aus mehreren Einzelteilen, so können naturgemäß alle Teile einzeln ausgewuchtet werden. Beim Zusammenbau addieren sich dann alle Unwuchten der Einzelteile vektoriell. Da aber die Restunwuchten der Einzelteile jede beliebige Lage haben können, addieren sie sich im ungünstigsten Fall voll mit ihren jeweiligen Beträgen. Hinzu kommen noch die passungsbedingten Unwuchten (s. Abschn. 2.3.7). Kann die geforderte Auswuchtgüte der Baugruppe durch Auswuchten der Einzelteile nicht erreicht werden, so muß die Baugruppe als Ganzes ausgewuchtet werden oder zumindest die Hauptbestandteile gemeinsam. Wichtig ist dabei, daß die Baugruppe nach dem Auswuchten nicht mehr demontiert wird. Ist eine Demontage nicht zu umgehen, so sind die Einzelteile in ihrer Lage zueinander sorgfältig zu markieren, und bei der Remontage ist auf genau gleiche Lage zu achten. Außerdem muß geprüft werden, welche Fehler durch Spiel entstehen. Als Baugruppe in diesem Sinn ist bereits ein schnellaufender Elektromotor anzusehen, der in Wälzlagern gelagert ist.

Beispiel: Ein Anker mit einer Betriebsdrehzahl $n = 15000 \text{ min}^{-1}$ soll in Gütestufe G 2,5 ausgewuchtet werden. Der zulässige Exzentrizitätsfehler der Wälzlager (des Innenringes) sei 3 μm. Muß der Anker mit seinen Betriebslagern ausgewuchtet werden?

Lösung: Die zulässige Schwerpunktexzentrizität ist $e_{zul} = 1{,}6\ \mu\text{m}$ (Bild 30). Da die Exzentrizität der Wälzlager größer ist als die zulässige Schwerpunktexzentrizität, ist hier die Anwort eindeutig: Der Anker muß *mit* Wälzlagern ausgewuchtet werden.

Während man üblicherweise die für die Baugruppe zulässige Schwerpunktexzentrizität auch für die Einzelteile zugrunde legt, kann bei sehr unterschiedlichen Gewichten der Einzelteile eine andere Aufteilung vorzuziehen sein. Erhält der Anker aus dem letzten Beispiel eine leichte Riemenscheibe, so kann ohne weiteres die größere Masse, der Anker, etwas genauer ausgewuchtet werden, so daß für das leichtere Teil, die Riemenscheibe (die vielleicht öfter ausgewechselt werden muß), eine normale, ohne weiteres auf einer Aufnahme zu erreichende Auswuchtgüte übrig bleibt.

Beispiel: Die Masse des Ankers ist $m_1 = 5$ kg, die der Riemenscheibe $m_2 = 0{,}1$ kg, die passungsbedingte Exzentrizität beträgt $e_{pa} = 10\ \mu\text{m}$, kein Spiel, da Konusverbindung. Die Unwucht der Riemenscheibe ist voll einer Ausgleichebene des Ankers zuzurechnen, da die Riemenscheibe fliegend angeordnet ist. Der Anker und die Ausgleichebenen sind nahezu symmetrisch. Wie ist die zulässige Unwucht der Baugruppe zu verteilen, damit die Riemenscheibe als Einzelteil ausgewuchtet werden kann? ·

Lösung:

1. Die zulässige Unwucht je Ausgleichebene ist:

$$U_{zul\,I,\,II} = \frac{1}{2} e_{zul} (m_1 + m_2) = \frac{1}{2} \cdot 1{,}6\,(5 + 0{,}1) \approx 4{,}1 \text{ g mm}.$$

2. Die Riemenscheibe läßt sich als Einzelteil (auf Umschlag) auf etwa 5 μm auswuchten. Hinzu kommt die passungsbedingte Exzentrizität von 10 μm. Im ungünstigsten Fall addieren sich beide Werte, so daß mit einer Gesamtexzentrizität der Riemenscheibe $e_{ri} = 15\ \mu\text{m}$ gerechnet werden muß.

Die Unwucht der Riemenscheibe beträgt also maximal

$U_{ri} = e_{ri}\, m_2 = 15 \cdot 0{,}1 = 1{,}5$ g mm.

3. Der Anker muß um diesen Wert besser ausgewuchtet werden, also

   $U_{an\,I,\,II} = U_{zul\,I,\,II} - U_{ri} = 4{,}1 - 1{,}5 = 2{,}6$ g mm.

   Eventuell ist es sinnvoll, in der zweiten Ebene den vollen Wert von 4,1 g mm zuzulassen.

2.3.9. Ermittlung der Restunwucht

Reichen die Eigenschaften der Auswuchtmaschine nicht aus, um die Restunwucht hinreichend genau (auf 10 bis 30 %) anzugeben, so bietet sich folgendes Verfahren an:

Eine Testunwucht vom fünf- bis zehnfachen Betrag der vermuteten Restunwucht wird nacheinander in verschiedenen Winkeln in ein und derselben Ausgleichebene angesetzt. Dabei ist es zweckmäßig, zwölf gleichmäßig verteilte Positionen (je 30° Abstand) zu wählen und die Testunwucht möglichst nicht der Reihe nach anzusetzen, sondern immer ein paar Positionen zu überspringen. Wird z. B. die Testunwucht immer fünf Positionen weitergesetzt, so kann das Setzschema bis zum Ende beibehalten werden, Bild 41. Die Schritte brauchen allerdings nicht gleichmäßig zu sein.

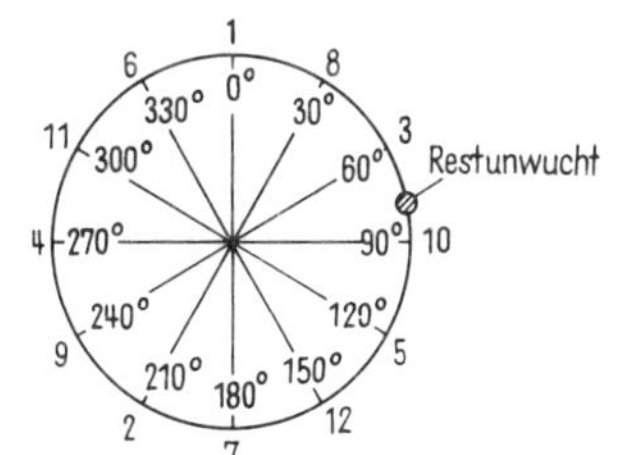

Bild 41. Eine günstige Reihenfolge für das Ansetzen der Testunwucht.
Restunwucht ermittelt aus Bild 42

Der am Meßgerät der Auswuchtmaschine für jede Position abgelesene Ausschlag für den Unwuchtbetrag wird notiert und anschließend über dem zugehörigen Winkel der Testunwucht aufgetragen, Bild 42[3]). Die einzelnen

3) Dabei ist jedoch darauf zu achten, daß die Meßwerte die Winkel von 0 bis 360° durchlaufen, d. h. in polarer Darstellung einen Kreis bilden, in dem der Nullpunkt liegt. Ist nämlich die erreichte Restunwucht ein Vielfaches der Testunwucht, bilden die Meßwerte einen Kreis, der den Nullpunkt nicht umschließt. Werden nur die Beträge der Unwuchtmessung aufgetragen, ergibt sich zwar das gleiche Bild wie in Bild 42, jedoch entspricht dann der Mittelwert der Restunwucht, die Amplitude des Sinus entspricht der Testunwucht. Die Verhältnisse kehren sich also um.

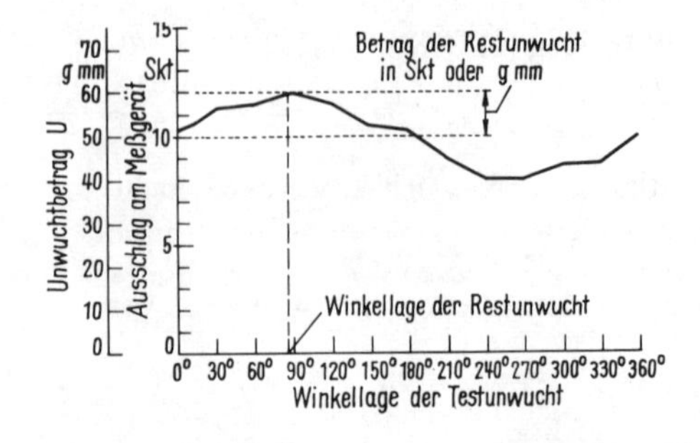

Bild 42. Auftragen der Meßergebnisse zur Ermittlung der Restunwucht in einer Ebene.

Punkte werden dann durch einen ausgleichenden, sinusförmigen Kurvenzug verbunden. Der arithmetische Mittelwert aller Meßpunkte ergibt die Mittellinie des Kurvenzuges und entspricht der Größe der Testunwucht. Jetzt kann die Skala der Unwucht (links) entsprechend diesem Mittelwert gezeichnet werden. Die Amplitude der Sinuskurve ist dann ein Maß für die tatsächliche Restunwucht. Die Größe der Restunwucht wird auf der Unwuchtskala abgelesen. Vom Maximum der Kurve nach unten gehend findet man die Winkellage der Restunwucht.

Läßt sich keine Sinuskurve durch die Punkte hindurchlegen, so ist die Reproduzierbarkeit der Auswuchtmaschine für diese Unwuchtgröße bereits nicht mehr gegeben. Der Rotor muß dann unter anderen Bedingungen auf dieser Auswuchtmaschine oder auf einer anderen Auswuchtmaschine vermessen werden.

Beispiel: Eine Testunwucht von 50 g mm wird nach dem Schema von Bild 41 zwölfmal an dem Rotor angesetzt. Es ergeben sich folgende Anzeigen am Meßgerät, Tabelle 3.

Tabelle 3. Anzeigen am Meßgerät nach dem Schema in Bild 41.

laufende Nummer	1	2	3	4	5	6	7	8	9	10	11	12
Position am Rotor Grad	0	210	60	270	120	330	180	30	240	90	300	150
Anzeige am Gerät Skt	10,3	9	11,5	8	11,5	8,8	10,3	11,3	8	12	8,8	10,5

Wie groß ist die Restunwucht?

Lösung: Die Summe der Skalenteile ist 120, der Mittelwert also genau 10. In der graphischen Darstellung entspricht dieser Wert einer Testunwucht von 50 g mm. Als Maximalwert werden zwölf Skalenteile oder 60 g mm ermittelt, die Amplitude der Sinuskurve – die Restunwucht – ist demnach zwei Skalenteile oder 10 g mm.

Dieses Verfahren ist nur dann richtig, wenn die Anzeige der Auswuchtmaschine bis null herunter linear ist. Um einen Fehler infolge Nichtlinearität auszuschalten, wiederholt man am besten die Meßreihe mit einer um den einfachen Betrag der vermuteten Restunwucht erhöhten Testunwucht, in unserem Beispiel also mit 60 g mm. Der Abstand zwischen den beiden Mittelwerten liefert dann einen besseren Maßstab für die Restunwucht.

Bei Rotoren mit zwei Ausgleichebenen muß das Verfahren für jede Ebene getrennt durchgeführt werden, wobei es gleichgültig ist, ob die Rahmenschaltung der Auswuchtmaschine auf die Ausgleichebenen eingestellt ist oder nicht. Wenn zu vermuten ist, daß das Antriebssystem oder das Meßverfahren einen merkbaren Einfluß auf die Anzeige hat, muß der Versuch mit um 60° verändertem Winkelbezugsystem wiederholt werden, z. B. indem die Gelenkwelle oder die Marke für die Photoabtastung entsprechend versetzt wird.

2.3.10. Ermittlung der erreichten Auswuchtgüte

In manchen Fällen genügt es nicht, zu wissen, daß die Restunwucht unterhalb der geforderten Toleranz liegt, vielmehr soll die tatsächlich erreichte Auswuchtgüte ermittelt werden. Sei es, daß man das Fertigungsverfahren geändert hat und mit so wesentlich reduzierten Unwuchten rechnet, daß ein Auswuchten ganz entfallen kann, sei es, daß man einen bestimmten Zeit- oder Maschinenaufwand für das Auswuchten vorgibt und dann überprüfen möchte, wie gut das Ergebnis geworden ist.

Bei einem Rotor mit nur einer Ausgleichebene ist es sehr einfach: Die Restunwucht wird gemessen (oder ermittelt, s. Abschn. 2.3.9) und durch die Rotormasse geteilt. Das Ergebnis ist die Schwerpunktexzentrizität, die, mit der Winkelfrequenz der maximalen Betriebsdrehzahl multipliziert, den Kennwert $e\,\omega$ ergibt und damit die Einordnung in eine Gütestufe, Bild 30.

Bei allen Rotoren mit zwei Ausgleichebenen müssen die in den Ausgleichebenen ermittelten Restunwuchten entsprechend den in Abschn. 2.3.6 genannten Regeln einzeln zur Schwerpunktebene hin umgerechnet werden (genau der entgegengesetzte Vorgang wie dort beschrieben). Der größere, in der Schwerpunktebene erhaltene Wert wird durch die Rotormasse geteilt und ergibt die Schwerpunktexzentrizität. Dieser Wert führt über die Multiplikation mit der Winkelfrequenz der Betriebsdrehzahl zu der Einordnung in eine Gütestufe.

Beispiel: In dem Beispiel zu Bild 32 wurden folgende Restunwuchten in den Ebenen I und II gemessen: $U_I = 3680$ g mm, $U_{II} = 1150$ g mm. Der Rotor hat eine Masse m = 230 kg, seine Betriebsdrehzahl ist n = 1500 min^{-1} Welche Gütestufe wurde erreicht?

Lösung: Ebene I : $U_s = \frac{U_I}{0,8} = \frac{3680}{0,8} = 4600$ g mm;

Ebene II: $U_s = \frac{U_{II}}{0,2} = \frac{1150}{0,2} = 5750$ g mm.

Die Ebene II ergibt den größeren Wert, also ist dieser weiterhin zugrunde zu legen:

$$e\,\omega = \frac{U_s}{m}\,\omega = \frac{5,75}{230} \cdot 157 = 3,92 \text{ mm/s}.$$

(U_s wird dabei in kg mm eingesetzt, dann erhält man e ω direkt in mm/s.) Damit liegt der Rotor in der Gütestufe G 6,3.

In allen Fällen, in denen die statische Unwucht und die Momentenunwucht getrennt beurteilt werden, müssen die entsprechenden Anteile je Ausgleichebene gemessen und getrennt auf die Schwerpunktebene umgerechnet werden[4]). Die für die Schwerpunktebene ermittelten Werte werden im Betrag (nicht vektoriell) addiert. Diese Summe, durch die Rotormasse geteilt und mit der Winkelfrequenz der Betriebsdrehzahl multipliziert, ergibt den Wert für e ω und damit die Einordnung in die Gütestufen.

2.3.11. Kontrolle des Unwuchtzustandes

Während des Auswuchtens beim Hersteller sowie während der Kontrolle beim Abnehmer können Fehler infolge des verwendeten Meßverfahrens und der Meßeinrichtung auftreten. Deshalb muß sichergestellt werden, daß

beim *Hersteller* der entsprechende Wert der zulässigen Unwucht um ein gewisses Maß unterschritten wird und daß

beim *Abnehmer* ein entsprechend höherer Wert gemessen werden darf.

4) Die Momentenunwucht muß natürlich zuerst auf die Lagerebenen bezogen werden. Bei Umstellung der Formeln in Abschn. 2.3.6.1 bis 2.3.6.3 wird dies mit berücksichtigt.

Die Größe der zulässigen Abweichung von der zulässigen Unwucht hängt von der Genauigkeit der verwendeten Auswuchtmaschinen und der geforderten Gütestufe ab. Als Beispiel können die Abweichungen nach Tabelle 4 gelten (besser wären Angaben in Schwerpunktexzentrizität e).

Tabelle 4. Abweichungen von der zulässigen Unwucht beim Auswuchten.

Gütestufe	Auswuchten beim Hersteller	Kontrolle beim Abnehmer
G 2,5 bis G 16	– 15 %	+ 15 %
G 1	– 30 %	+ 30 %
G 0,4	– 50 %	+ 50 %

Wird eine möglichst kleine Abweichung angestrebt, so muß der Unwuchtzustand nach dem in Abschn. 2.3.9 beschriebenen Verfahren ermittelt werden.

In allen Fällen ist darauf zu achten, daß die Messungen unter genau gleichen Bedingungen stattfinden. Abweichungen (z. B. in der Lagerung oder dem Antrieb) sind nur zulässig, wenn durch eine Fehlerabschätzung überprüft worden ist, daß dadurch das Ergebnis nicht unzulässig verändert wird (s. a. Abschn. 3.5.2).

2.4. Nachgiebige Rotoren

In Abschn. 2.2 und 2.3 wurde jeweils ein starrer Rotor vorausgesetzt. Wie sieht es nun mit Rotoren aus, die nicht starr sind, deren Unwuchtzustand sich also mit der Drehzahl verändert?

Man unterscheidet Plastizität (die Verformung bleibt, auch nachdem die Last weggenommen wurde) und Elastizität (die Verformung bildet sich mit der Lastrücknahme wieder zurück) und unterteilt die Elastizität im Zusammenhang mit dem Auswuchten zweckmäßigerweise noch in Körperelastizität und Wellenelastizität.

Da gerade die drehzahlmäßig hoch belasteten Rotoren heute ganz erhebliche elastische und plastische Verformungen aufweisen können, soll deutlich festgehalten werden, daß nur *die* Verformungen den Unwuchtzustand verändern, die asymmetrisch zur Schaftachse erfolgen. Von diesen Verformungen soll an dieser Stelle die Rede sein.

In allen drei Fällen ist der Unwuchtzustand drehzahlabhängig; die richtige Handhabung beim Auswuchten ist aber sehr unterschiedlich.

2.4.1. Plastische Rotoren

Rotoren mit plastischen Verformungen erreichen bei höheren Drehzahlen häufig einen Beharrungszustand, der dann auch bei kleineren Drehzahlen erhalten bleibt. Durch Schleudern mit einer Drehzahl, die erfahrungsgemäß einige Prozent über der Betriebsdrehzahl liegt, kann dann meist ein für alle Drehzahlen bis zur Betriebsdrehzahl stabiler Unwuchtzustand erreicht werden (z. B. das Setzen der Wicklungen von Elektroankern oder der aufgeschrumpften Laufräder bei Turbinen). Nach dem Schleuderlauf kann dann bei beliebiger Drehzahl (unterhalb der Betriebsdrehzahl) ausgewuchtet werden.

Falls außer der Plastizität auch noch eine Form der Elastizität auftritt, ist nach dem Schleudern so vorzugehen, wie in Abschn. 2.4.2 und 2.4.3 beschrieben.

2.4.2. Körperelastische Rotoren

Wenn Massen, die ihren Schwerpunkt nicht auf oder sehr nahe bei der Schaftachse haben, sich infolge der drehzahlabhängigen Fliehkräfte elastisch verlagern, so spricht man von körperelastischen Rotoren. Der Unwuchtzustand ändert sich dabei im allgemeinen bei Drehzahlsteigerung immer schneller, die Materialbelastungen können sehr groß werden und zum Bruch der Verbindungselemente (zwischen diesen Massen und der Schaftachse) führen. Kennzeichnend ist, daß bei weiterer Steigerung der Drehzahl keine Umkehr dieser Tendenz zu beobachten ist, d. h. daß der Unwuchtzustand nicht wieder besser wird. Allerdings gibt es Fälle, in denen die Verlagerung der Massen nur bis zu einem Anschlag gehen kann, so daß von da an ein stabiler Unwuchtzustand herrscht.

Körperelastische Rotoren müssen bei Betriebsdrehzahl ausgewuchtet werden, bzw. bei einer Drehzahl, die oberhalb der Grenze liegt, wo ein stabiler Unwuchtzustand erreicht wird. Eventuell ist, wenn z. B. auch die Kräfte und Schwingungen beim Hochlauf auf Betriebsdrehzahl in bestimmten Grenzen liegen sollen, eine Kompromißauswuchtung erforderlich, bei der zwischen Hochlauf und Betriebsdrehzahl gemittelt werden muß.

Wichtig ist, daß diese exzentrischen Massen in sich selbst nicht symmetriert werden können (also durch Massenausgleich die Ursache der Körperelastizität nicht beseitigt werden kann), da diese Massen einen zu großen Abstand von der Schaftachse haben.

Beispiel: In einer Trommel sind fünf von Boden zu Boden durchlaufende Zuganker auf gleichem Radius eingebaut, von denen einer versehentlich nicht richtig vorgespannt wurde. Dieser Zuganker verlagert sich infolge der Fliehkräfte stärker als die anderen vier: Es entsteht ein körperelastischer Rotor. Der Anker kann nicht in sich selbst zentriert, also symmetrisch zur Schaftachse eingebaut werden. Außer der oben beschriebenen Methode – bei Betriebsdrehzahl auszuwuchten – bietet sich hier die Möglichkeit, durch gezieltes Nachspannen der Zuganker die Körperelastizität so weit zu reduzieren, daß der Körper als starr gelten kann.

Als weitere Möglichkeit ist also die Beseitigung der Körperelastizität zu nennen, die je nach der Ursache unterschiedliche Maßnahmen erfordert.

2.4.3. Wellenelastische Rotoren

Verlagern sich (in sich starre) Massen, deren Schwerpunkt auf oder nahe bei der Schaftachse liegt, elastisch infolge von Fliehkräften, so spricht man von einem wellenelastischen Rotor. Der Unwuchtzustand verändert sich dabei bei Drehzahlsteigerung immer schneller, die Verformung erreicht ein Maximum und fällt dann wieder ab. Es ist genau das Erscheinungsbild einer Resonanz (s. Abschn. 2.1.6.1).

Wird die Drehzahl weiter gesteigert, so folgen oft noch weitere Resonanzen. Im Gegensatz zur Plastizität und Körperelastizität ist Wellenelastizität häufig konstruktiv beabsichtigt, z. B. um durch den überkritischen Lauf die Lagerkräfte und -schwingungen klein zu halten.

Wellenelastische Rotoren sind zwar nicht so häufig wie starre Rotoren, kommen aber gerade bei den hochwertigsten Rotorsystemen vor, z. B. bei Turbopumpen und -kompressoren, Turboladern, Turbinen und Turbogeneratoren. Die richtige Behandlung wellenelastischer Rotoren ist deshalb von großer wirtschaftlicher Bedeutung.

2.4.3.1. Idealisierter wellenelastischer Rotor

Am besten kann man sich einen wellenelastischen Rotor als eine massive, lange, dünne Walze vorstellen, die an beiden Enden gelagert ist, Bild 43. Wesentlich dabei ist, daß Massen und Nachgiebigkeiten (Steifigkeiten) über den ganzen Rotor verteilt sind. Es ist also ein System mit unendlich vielen Freiheitsgraden, also auch mit unendlich vielen Resonanzen (s. Abschn. 2.1.6.2). Wichtig sind allerdings nur die Resonanzen, die unterhalb der maximalen Betriebsdrehzahl oder in deren Nähe liegen. Beim Auswuchten werden zudem nur die Schwingungen quer zur Schaftachse berücksichtigt.

Bild 43.
Ein idealisierter wellenelastischer Rotor.

2.4.3.2. Einfluß der Lagersteifigkeit

Die ersten drei Eigenformen bei absolut starren Lagern zeigt Bild 44. In den Lagern sind jeweils Schwingungsknoten; die Schwingungsformen sind (bei gleichmäßig verteilter Masse und Steifigkeit) sinusförmig.

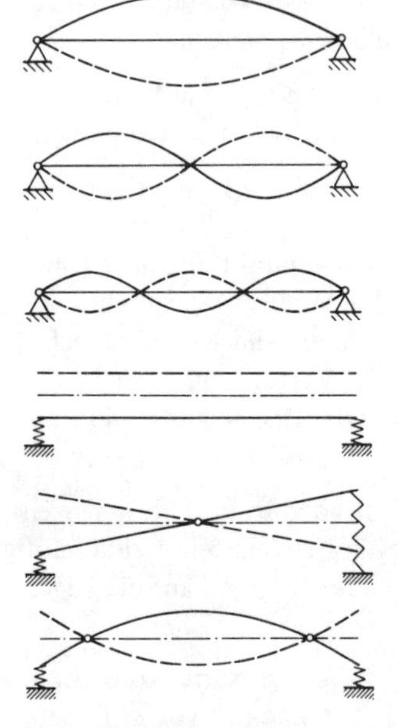

Bild 44. Die ersten drei Eigenformen des wellenelastischen Rotors von Bild 43 bei absolut starrer Lagerung.

Bild 45. Die ersten drei Eigenformen des wellenelastischen Rotors von Bild 43 bei sehr weicher Lagerung.

Bei sehr weicher Lagerabstützung sind die beiden ersten der drei Eigenformen wesentlich anders, Bild 45. Der Rotor zeigt noch keine Durchbiegung, er schwingt in der ersten Eigenform parallel, in der zweiten mit seinen Enden gegenläufig. Erst in der dritten Eigenform des Systems biegt sich der Rotor aus. Zu beachten ist, daß seine Enden bereits entgegengesetzt zum Mittelteil schwingen, die Schwingungsknoten also nicht an den Enden liegen, sondern etwas zur Mitte verschoben sind.

Im Belastungszustand des Rotors ähnlich und deshalb vergleichbar sind immer die Eigenformen mit gleicher Knotenzahl. Es ist deshalb die erste Eigenform der starren Lagerung der dritten Eigenform der weichen Lagerung zuzuordenen, wenn der Zustand des Rotors vorrangig ist.

Analog zu einer schwingenden Saite, deren Tonhöhe (Frequenz) durch Abgreifen (Verkürzen des Knotenabstandes) heraufgesetzt wird, liegt die Drehzahl, bei der die dritte Eigenform der weichen Lagerung auftritt, höher als die Drehzahl der ersten Eigenform bei absolut starrer Lagerung.

In der Praxis ist der Fall sehr häufig, in dem die Lagerabstützung nur etwas nachgiebig ist. In diesem Fall bewegen sich die Lager immer etwas mit, so daß die Knoten der Eigenformen außerhalb der Lagerstellen liegen, Bild 46. Die Resonanzdrehzahlen liegen etwas niedriger als bei dem absolut starr abgestützten Rotor, was an den größeren Knotenabständen zu erkennen ist.

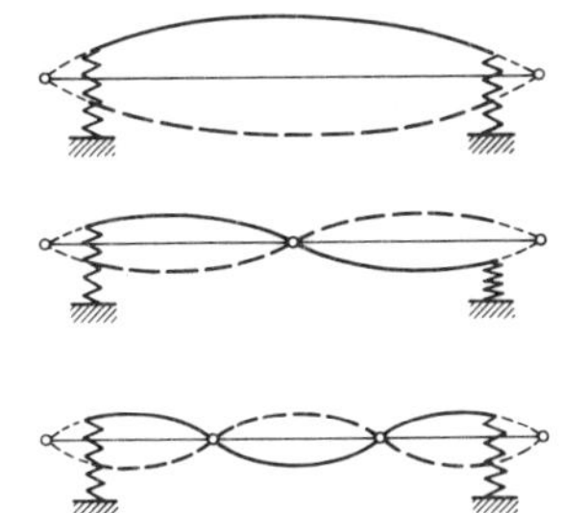

Bild 46. Die ersten drei Eigenformen des wellenelastischen Rotors von Bild 43 mit fast starren Lagern.

Diese drei Lagerabstützungen und Eigenformen existieren nicht isoliert voneinander. Der kontinuierliche Übergang zwischen den verschiedenen Lagersteifigkeiten und ihr Einfluß auf die kritischen Drehzahlen des Rotors läßt sich am besten an Hand eines Diagramms zeigen, Bild 47.

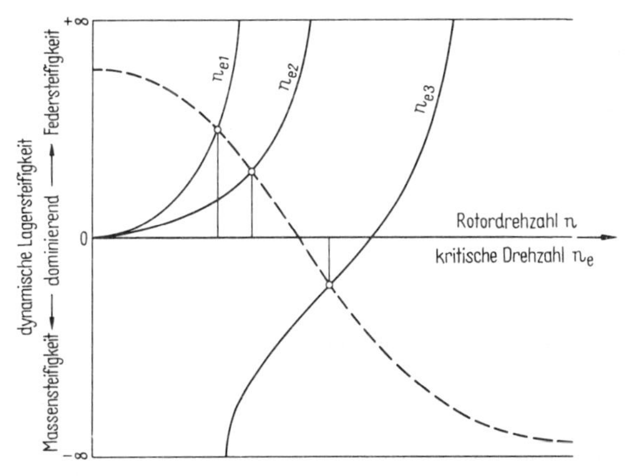

Bild 47. Diagramm zur Ermittlung der kritischen Drehzahlen eines wellenelastischen Rotors in Abhängigkeit von der dynamischen Lagersteifigkeit.

Auf der horizontalen Achse ist die kritische Drehzahl n_e des Rotorsystems bzw. die Rotordrehzahl n aufgetragen; die vertikale Achse kennzeichnet die Lagersteifigkeit. Es wird die dynamische Steifigkeit, wie sie in Abschn.

2.1.6.3 definiert ist, verwendet. Die Skala reicht von + ∞ (unendlich große Federsteifigkeit) bis – ∞ (unendlich große Massensteifigkeit).

Der Verlauf der kritischen Drehzahlen n_{e1} bis n_{e3} in Abhängigkeit von der dynamischen Steifigkeit ist durch die entsprechenden Kurven gekennzeichnet. Die starre Lagerung in Bild 44 entspricht dem Steifigkeitswert + ∞, die weiche Lagerung (Bild 45) Werten nahe 0. Die fast starre Lagerung in Bild 46 liegt dann in der Nähe von + ∞.

Statische Steifigkeiten wären Geraden parallel zur Drehzahlachse. Ist eine dynamische Lagersteifigkeit zu berücksichtigen (die mit dem Rotor schwingende Lagermasse ist dabei die Masse, die Abstützung die Federsteifigkeit), so kann die entsprechende Kurve (Abschn. 2.1.6.3) direkt in das Diagramm eingezeichnet werden (gestrichelte Kurve). Die Schnittpunkte dieser Kurve mit den Kurven der kritischen Drehzahlen ergeben die Rotordrehzahlen, bei denen das Rotor-Lager-System Eigenformen aufweist.

Ist die Lagerabstützung in radialer Richtung unterschiedlich steif, so gibt es für die beiden Hauptsteifigkeitsrichtungen verschiedene kritische Drehzahlen; die Resonanzen treten in den beiden Hauptrichtungen nacheinander auf.

2.4.3.3. Standfrequenz und kritische Drehzahl

Auch ohne daß der wellenelastische Rotor sich dreht, können seine Resonanzdrehzahlen ermittelt werden. Man verwendet dazu Erreger, die entweder in einer wählbaren Richtung senkrecht zur Schaftachse eine Wechselkraft veränderlicher Frequenz auf den Rotor wirken lassen, oder Erreger mit umlaufender Kraft. Wenn die Abstützungsdaten durch das Stillstehen des Rotors nicht verändert werden – bei Gleitlagern z. B. fehlt in diesem Fall der Ölfilm – stimmt die im Stand gemessene Resonanzfrequenz mit der unter Rotation zu messenden Resonanzdrehzahl gut überein. Voraussetzung ist allerdings, daß beim Betrieb die Kreiselkräfte, die zu einer Verlagerung der kritischen Drehzahlen zu höheren Werten führen, vernachlässigbar sind. Diese Bedingung ist bei vielen wellenelastischen Rotoren, meistens langgestreckten Körpern, erfüllt.

2.4.3.4. Allgemeiner wellenelastischer Rotor

Im allgemeinen Fall sind Massen und Steifigkeiten nicht gleichmäßig über die Rotorlänge verteilt, die Lager befinden sich nicht an den Enden; es sind mehr oder weniger große überhängende Massen vorhanden. Daraus folgt, daß die Biegelinien nicht mehr sinusförmig verlaufen, sondern im Einzelfall zu berechnen sind. Trotzdem gilt das Wesentliche über den idealisierten Rotor in der Tendenz auch für den allgemeinen Fall, solange der Knotenabstand der ersten Eigenform in weichen Lagern nicht größer ist als der Lagerabstand. Dieser Extremfall kommt in der Praxis so selten vor, daß auf eine Beschreibung verzichtet werden kann.

Stimmen der Knotenabstand der ersten Eigenform in weichen Lagern und der Lagerabstand überein, so hat die Lagersteifigkeit keinen Einfluß auf diese Resonanzdrehzahl; im Idealfall kann die Resonanz nicht durch eine Messung der Lagerkräfte oder -schwingungen beobachtet werden.

2.4.3.5. Auswuchten eines wellenelastischen Rotors

Die kritischen Drehzahlen werden von einer oder mehreren Unwuchten angeregt. Dabei ergibt sich immer die gleiche Eigenform (d. h. die Biegelinie ist immer ähnlich, die Lage der Knoten stets gleich), gleichgültig, in welcher Radialebene die Unwucht liegt. In den praktischen Fällen ist die Dämpfung des Rotors meist so klein, daß die Eigenform eben ist, d. h. in einer Längsebene des Rotors liegt. Die Eigenform ist nur von den Rotor- und Lagerdaten abhängig. Natürlich ist die Amplitude der Biegung abhängig vom Betrag der Unwucht, darüber hinaus aber auch von der Ebene, in der die Unwucht liegt. In den Knotenebenen kann die Unwucht die Schwingung nicht anregen, außerhalb der Knoten aber um so stärker, je größer an dieser Stelle der Biegepfeil ist.

Beim niedrigtourigen Auswuchten eines wellenelastischen Rotors (d. h. bei einer Drehzahl, bei der er noch starr ist) kann jeder Unwuchtzustand durch eine Korrektur in zwei beliebigen Ebenen ausgeglichen werden (s. Abschn. 2.2.3). Besitzt der Rotor in Bild 48 z. B. die Unwuchtmasse u, so wird sie normalerweise niedrigtourig durch entsprechende Ausgleichmassen in den Ebenen I und II so ausgeglichen, daß die Lagerreaktionen null sind. Auf alle Eigenformen des wellenelastischen Rotors, bei denen er sich durchbiegt, wirken die Unwuchtmasse und die Ausgleichmassen aber grundlegend anders, so daß sie sich in ihrer Wirkung auf die Durchbiegung nicht aufheben können. Die Folge davon ist eine deutlich erkennbare Resonanz.

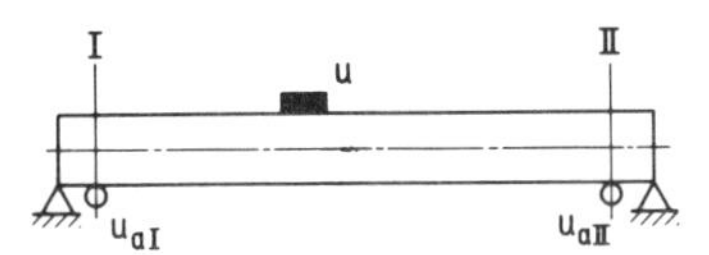

Bild 48. Niedrigtouriger Ausgleich der Unwuchtmasse u durch zwei Ausgleichmassen in den Ebenen I und II.

Um die Durchbiegung in der Resonanz auf das gewünschte Maß zu verkleinern, müssen zusätzliche Ausgleichmassen gesetzt werden. Dazu sind stets mehr als zwei Ausgleichebenen erforderlich, denn diese Massen dürfen den niedrigtourig erzielten Ausgleich nicht wieder verschlechtern, sie dürfen keine dynamische Unwucht des starren Rotors verursachen. Das bedeutet, daß die statische Unwucht (Summe der Kräfte) und die Momentenunwucht (Summe der Momente) der zusätzlichen Ausgleichmassen null sein müssen.

Diese Gruppe Ausgleichmassen für eine Eigenform wird Massensatz genannt. Die einzelnen Massen haben ein – nur von den Ebenenabständen und den Ausgleichradien abhängiges – festes Verhältnis zueinander und sind auch in der Winkellage zueinander festgelegt.

In der Nähe oder in der Resonanz wirkt dieser Massensatz ebenfalls auf die Biegelinie ein; da er aber einen beliebigen Betrag haben kann und als Gesamtheit eine beliebige Winkellage, so kann jede beliebige Durchbiegung erzeugt und damit auch beseitigt werden.

Für jede Eigenform (bei der sich der Rotor durchbiegt) ist ein anderer Massensatz erforderlich. Die Anzahl der Ausgleichebenen muß die Anzahl der Knoten der Eigenform um mindestens eins übersteigen. Die Mindestanzahl von Ausgleichebenen für die drei Eigenformen nach Bild 46 sind also der Reihe nach: 3, 4 und 5.

Soll der Rotor nach Bild 49 für drei Biegeeigenformen beruhigt werden, so müssen die Ausgleichebenen I bis V vorhanden sein. Für jede Eigenform werden die Ausgleichebenen so gewählt, daß die Wirkung auf die Eigenform möglichst groß ist. Die Massen, die nur den Einfluß auf den bisher erreichten Auswuchtzustand klein halten sollen, werden möglichst nahe an die Knoten gelegt.

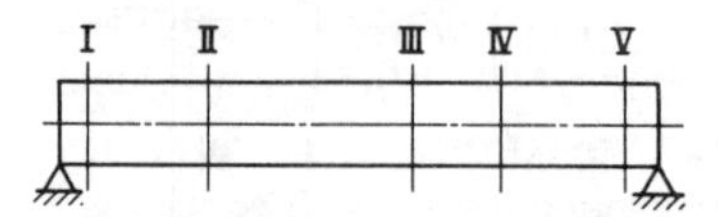

Bild 49. Ein wellenelastischer Rotor mit fünf Ausgleichebenen.

Falls der Rotor nicht so niedrigtourig ausgewuchtet werden kann, daß er noch als starrer Rotor gilt, werden Verfahren zum direkten hochtourigen Auswuchten eingesetzt. Dabei werden die Meßwerte, die im allgemeinen Anteile von zwei Eigenformen enthalten, in gleichlaufende und entgegengesetzt laufende Komponenten aufgeteilt.

2.4.3.5.1. Eigenform mit zwei Knoten

Bei der Eigenform mit zwei Knoten, Bild 50, lauten die Bestimmungsgleichungen für die Unwuchten des Massensatzes

$$U_I - U_{III} + U_V = 0; \quad U_I\, a - U_V\, b = 0.$$

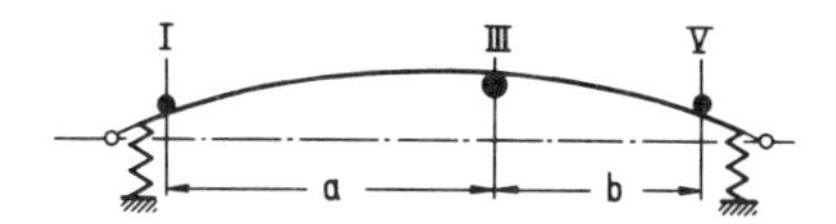

Bild 50. Massensatz für die Eigenform mit zwei Knoten.

Wird eine Unwucht, z. B. U_{III} der Mittenmasse, angenommen, so sind die zugehörigen Unwuchten in den anderen Ebenen

$$U_I = U_{III} \frac{b}{a+b}; \quad U_V = U_{III} \frac{a}{a+b} \qquad (37).$$

An Stelle einer Berechnung läßt sich die richtige Verteilung auch messen: Eine der drei Unwuchten, z. B. die Mittenmasse, wird angesetzt und – durch einen zusätzlichen niedrigtourigen Auswuchtgang – werden die in den anderen Ebenen erforderlichen Unwuchten gemessen und angesetzt. Dabei können auf einfache Weise auch unterschiedliche Ausgleichradien mit erfaßt werden.

2.4.3.5.2. Eigenform mit drei Knoten

Bei der Eigenform mit drei Knoten können für die vier Unwuchten auf Grund des Gleichgewichtes der Kräfte und Momente nur zwei Gleichungen aufgestellt werden, die zu einer Bestimmung der Unwuchten nicht ausreichend sind, auch wenn eine Unwucht angenommen wird. Als zusätzliche Forderung kommt hier aber hinzu, daß dieser Massensatz die Biegeeigenform mit zwei Knoten nicht stören darf. Für den allgemeinen Fall ist die Berechnung entsprechend umfangreich. Wenn die Ausgleichebenen aber etwa symmetrisch liegen und die Massen und Steifigkeiten etwa gleichmäßig verteilt sind, ist die Empfindlichkeit des Rotors in seiner Eigenform mit zwei Knoten für die Ebenen II und IV sowie I und V etwa gleich groß, so daß weitere Bedingungen hinzukommen:

$U_{II} = - U_{IV}$ und $U_I = - U_V$, Bild 51.

Die Momentengleichung vereinfacht sich dadurch zu

$$U_I \, d = U_{II} \, a$$

oder, wenn U_{II} vorgegeben wird, zu

$$U_I = - U_{II} \frac{a}{d}; \quad U_{IV} = - U_{II}; \quad U_V = U_{II} \frac{a}{d}.$$

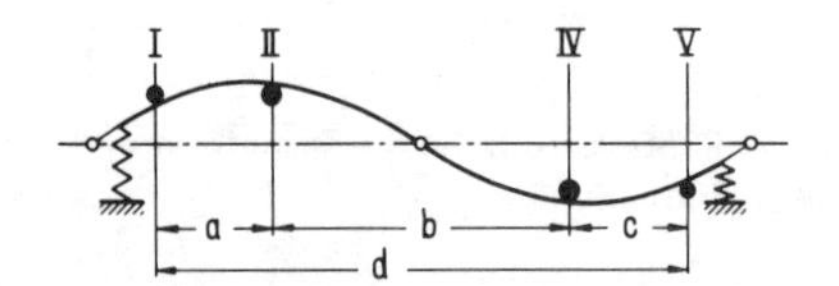

Bild 51. Massensatz für die Eigenform mit drei Knoten.

Wenn im allgemeinen Fall die Eigenformen nicht genau bekannt sind oder eine Berechnung zu aufwendig ist, kann der Massensatz, der den niedrigtourigen Ausgleich und die Eigenform mit zwei Knoten nicht stört, folgendermaßen ermittelt werden, Bild 52:

In den Ebenen I, II und V wird ein Drei-Massensatz angebracht, der den Auswuchtzustand des starren Rotors nicht stört; der Einfluß auf die Eigenform mit zwei Knoten wird durch einen zweiten Massensatz in den Ebenen I, IV und V, der den starren Rotor ebenfalls nicht beeinflußt, kompensiert. Die Massen in den Ebenen I und V werden zu je einer Masse zusammengezogen und bilden mit den Massen in den Ebenen II und IV den gewünschten Vier-Massensatz, der den Unwuchtzustand des starren Rotors und die Eigenform mit zwei Knoten nicht stört. Der Vier-Massensatz muß nun noch in Betrag und Winkellage so angepaßt werden, daß die Biegeeigenform mit drei Knoten im gewünschten Maß beruhigt wird.

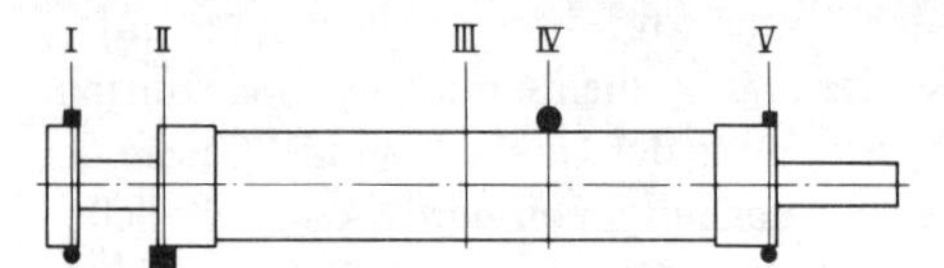

Bild 52. Richtige Abstimmung eines Vier-Massensatzes.

- ■ erster Drei-Massensatz
- ● zweiter Drei-Massensatz zur Kompensation des Einflusses des ersten Satzes auf die Biegeeigenform mit zwei Knoten

Beide Drei-Massensätze sind so abgestimmt, daß sie den niedrigtourigen Ausgleich nicht stören.

2.4.3.5.3. Eigenform mit vier Knoten

Zur Behandlung der Eigenform mit vier Knoten, Bild 53, muß der Fünf-Massensatz so festgelegt werden, daß er den Unwuchtzustand des starren Rotors und die Eigenformen mit zwei und drei Knoten nicht stört. Wird dann eine Unwucht vorgegeben, so folgen daraus alle anderen Unwuchten dieses Massensatzes. Bei symmetrischer Lage der Ausgleichebenen und gleichmäßiger Massen- und Steifigkeitsverteilung ist folgende Aufteilung angebracht (U_{III} vorgegeben):

$$U_I = 0{,}2\ U_{III};\quad U_{II} = -\,0{,}7\ U_{III};\quad U_{IV} = -\,0{,}7\ U_{III};\quad U_V = 0{,}2\ U_{III}.$$

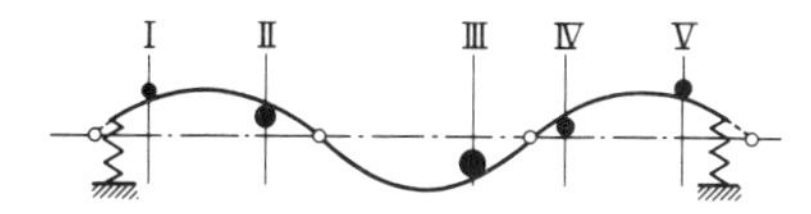

Bild 53. Der Massensatz für die Eigenform mit vier Knoten.

(Vorausgesetzt ist dabei, daß die Unwuchten in den Ebenen I und V keinen Einfluß auf die Eigenformen haben und in der Eigenform mit zwei Knoten die Wirkung einer Unwucht in der Ebene III 1,4mal so groß ist als in den Ebenen II und IV, begründet durch die Sinusform der Biegelinien.)

Auch hier kann für den allgemeinen Fall eines wellenelastischen Rotors die richtige Abstimmung des Fünf-Massensatzes durch Messen ermittelt werden, Bild 54:

In den Ebenen I, II, III und V wird ein Vier-Massensatz angebracht, der den Anforderungen genügt, wie sie für die Eigenform mit drei Knoten beschrieben wurden. Die Wirkung auf die Eigenform mit drei Knoten wird durch einen zweiten Massensatz in den Ebenen I, II, IV und V kompensiert, der auf gleiche Weise bestimmt wird. Die Massen in den Ebenen I, II und V werden zu je einer Masse zusammengefaßt; sie bilden dann mit den Massen in den Ebenen III und IV den gewünschten Fünf-Massensatz, der in Betrag und Winkellage noch so angepaßt werden muß, daß er die Eigenform mit vier Knoten beruhigt.

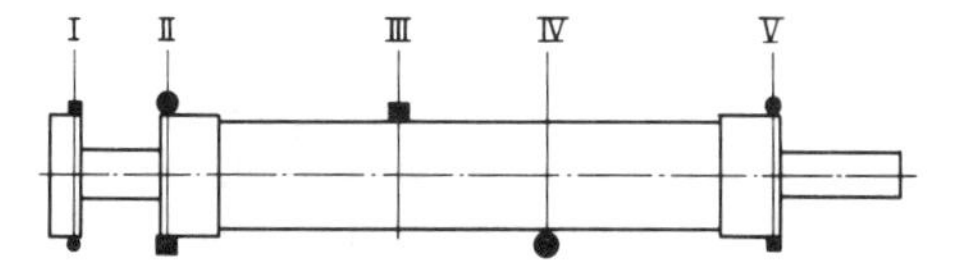

Bild 54. Richtige Abstimmung eines Fünf-Massensatzes.

- ■ **erster Vier-Massensatz**
- ● **zweiter Vier-Massensatz zur Kompensation des Einflusses des ersten Satzes auf die Biegeeigenform mit drei Knoten**

Beide Vier-Massensätze sind so abgestimmt, daß der niedrigtourige Ausgleich und der Ausgleich der Eigenform mit zwei Knoten nicht gestört werden.

2.4.3.6. Auswuchtverfahren

Das Auswuchten wellenelastischer Rotoren wird seit vielen Jahren praktiziert. Verständlicherweise haben typische Eigenschaften der jeweiligen Rotoren sowie die verwendeten Auswuchteinrichtungen zu unterschiedlichen Verfahren geführt. Nachdem lange Zeit sehr um eine verständliche Einordnung der verschiedenen Verfahren gerungen wurde, kann man heute feststellen:

- Das Auswuchten des noch starren Rotors (Abschn. 2.4.3.5) kann zwar die Anregung der Eigenformen vergrößern, läßt aber diese Eigenformen bei dem weiteren Auswuchtvorgang klarer zutage treten.
- Das Auswuchten in der Nähe jeder kritischen Drehzahl ergibt die eindeutigsten Informationen über die Anregungen der verschiedenen Eigenformen.

Deshalb kann das Verfahren nach Abschn. 2.4.3.5. für einen unbekannten wellenelastischen Rotor als optimal angesehen werden.

In folgenden Fällen ist das Auswuchten des noch starren Rotors als erster Schritt jedoch nicht nötig bzw. nicht möglich:

- Wenn der Rotor extrem elastisch ist, d. h. viele Eigenformen auftreten, kann man auf das Auswuchten des starren Rotors verzichten.
- Ein wellenelastischer Rotor, der mit einer festen Betriebsdrehzahl läuft und nur selten außer Betrieb genommen wird, kann eventuell bei Betriebsdrehzahl für die dort auftretenden Eigenformen ausgewuchtet werden, wobei man auf besonders gute Laufruhe beim Hochlauf verzichtet.
- Falls die Auswuchteinrichtung das Auswuchten des starren Rotors nicht zuläßt, muß direkt mit der Beruhigung der Eigenformen begonnen werden. Nach Möglichkeit sind dann aber Informationen einer zusätzlichen Eigenform zu verarbeiten.
- Wenn am Rotor nicht genügend Ausgleichebenen zur Verfügung stehen, sind Kompromisse notwendig. Solange damit eine hinreichend gute Laufruhe erreicht wird, ist eine konstruktive Änderung des Rotors nicht nötig.

Nach ISO 5406 [9] gibt es drei Verfahren:

Verfahren 1 beschreibt das Auswuchten entsprechend Eigenformen ohne Behandlung des noch starren Rotors als erster Schritt (modal balancing). Dabei wird nur darauf geachtet, daß die Resonanzüberhöhungen hinreichend klein werden. Die verbleibenden Schwingungen werden als Anregung höherer Eigenformen interpretiert. Falls notwendig werden sie durch Korrekturen, die den bisher erreichten Zustand nicht verschlechtern sollen, weiter verbessert.

Verfahren 2 (combined rigid and modal balancing) ist das in Abschn. 2.4.3.5 beschriebene Auswuchtverfahren: Behandlung des noch starren Rotors und seiner Eigenformen. Das Ergebnis ist ein niedriges Schwingungsniveau im ganzen Drehzahlbereich.

Verfahren 3 (influence coefficient matrix balancing) ist eigentlich kein weiteres Verfahren, sondern beschreibt die physikalische Grundlage und mathematische Auswertung der Verfahren 1 und 2. Die unterschiedliche Wirkung von Einzelmassen oder Massekombinationen in verschiedenen Ebenen auf die Eigenformen (bei verschiedenen Drehzahlen) sind die Grundlage dieser Verfahren (Abschn. 2.4.3.5). Durch den Einsatz von Computern kann der Mensch von der Auswertung der Meßergebnisse entlastet werden (Abschn. 2.4.3.7).

2.4.3.7. Hilfsmittel

Beim Auswuchten wellenelastischer Rotoren müssen eine Vielzahl von Daten gesammelt und verarbeitet werden, eine typische Aufgabe für Computer. Folgerichtig werden seit einiger Zeit dafür Rechner verschiedener Größe und Leistungsfähigkeit eingesetzt.

Zum einen kann damit auf einfache Weise aus der *Wirkung der Einzelmassen* (oder von *Massekombinationen in den Ausgleichebenen) auf alle Eigenformen* und den Meßwerten der Urunwucht die Ausgleichsmassen errechnet werden, zum anderen können dabei rotortypische Daten ermittelt und gespeichert werden, die zum Auswuchten eines gleichen Rotors wiederverwendet werden können, so daß ein Teil der Abfrageläufe entfällt.

Neue Ansätze gehen dahin, das Verhalten großer Einzelrotoren so vorherzuberechnen, daß ohne Testmassen bereits aus den ersten Meßläufen gezielte Korrekturen vorgenommen werden können.

2.4.4. Klassifizierung und Auswuchtverfahren

Bei der Arbeit an ISO 5406 „The mechanical balancing of flexible rotors" [9] stellte sich heraus, daß es zweckmäßig ist, die nachgiebigen Rotoren noch weiter zu unterteilen, je nachdem welches Auswuchtverfahren angewendet werden kann. Ausgangspunkt ist folgende Überlegung:

Wenn es gelingt, die Unwuchten von jedem Rotorelement längs des Rotors in diesem Element zu beseitigen, muß der Rotor bei jeder Drehzahl gut laufen. Im allgemeinen braucht diese Forderung nicht so vollständig erfüllt zu werden, denn

- nur *die* Eigenformen sind interessant, die während des Hochlaufs und bei Betriebsdrehzahl angeregt werden;
- manchmal kann auf gute Laufruhe während des Hochlaufs verzichtet werden, z. B. wenn der Hochlauf so schnell erfolgt, daß sich die Eigenformen

gar nicht erst voll ausbilden können, oder wenn der Rotor so lange bei Betriebsdrehzahl läuft, daß schlechte Hochlaufbedingungen akzeptiert werden können;
- die Größe der Anregung entscheidet darüber, ob sie reduziert werden muß, wobei die Dämpfung des Rotorsystems sowie die Bettung der gesamten Maschine eine wesentliche Rolle spielt.

Wenn also bei einem nachgiebigen Rotor die Unwucht
- in einer bekannten Ebene liegt,
- in zwei bekannten Ebenen liegt,
- nur in einem als starr anzusehenden Teil auftritt,
- eine typische Verteilung längs des Rotors hat,
- durch geeignete Fertigungsmaßnahmen in vorgegebenen Grenzen bleibt,
- durch Auswuchten der Einzelteile eines zusammengesetzten Rotors in vorgegebenen Grenzen bleibt,

reicht das Auswuchten in einer oder zwei Ausgleichebenen aus. ISO 5406 [9] empfiehlt folgendermaßen zu unterscheiden, wobei der starre Rotor der Vollständigkeit wegen in diese Klassifizierung einbezogen ist, Tabelle 5.

2.4.4.1. Erläuterungen zu speziellen Auswuchtverfahren

Rotorklasse 2a: s. Tabelle 5

Rotorklasse 2b

Es kann auch so ausgewuchtet werden, wie es für die Rotorklassen 2c und 2f vorgesehen ist.

Rotorklasse 2c

Variante 1: Jedes Einzelteil und die Welle sollte für sich als starrer Rotor auf festgelegte Toleranzen ausgewuchtet werden, bevor der Zusammenbau erfolgt. Dabei sollten die Laufabweichungen der Welle bzw. der entsprechenden Aufnahmen, die die Lage der Einzelteile bestimmen, kontrolliert und innerhalb enger Toleranzen zur Schaftachse gehalten werden. Werden Hilfswellen verwendet, so gelten gleiche Forderungen an die Laufabweichungen, oder es muß auf Umschlag ausgewuchtet werden (Abschn. 2.3.7.1). Es empfiehlt sich durch Berechnung festzustellen, welche Unwuchtfehler infolge der Laufabweichungen und von Spiel auftreten können. Dabei interessiert der ungünstigste Fall und die wahrscheinliche Kombination der verschiedenen

Fehler. Man muß sich darüber im klaren sein, daß beim Zusammenbau Veränderungen der Laufabweichungen der Welle auftreten können, durch die der Unwuchtzustand unzulässig verändert wird.

Variante 2: Der Rotor wird in einzelnen Schritten montiert, jedesmal ausgewuchtet, und dabei nur an dem Teil korrigiert, das als letztes montiert wurde. Diese Methode vermeidet den Zwang, die Laufabweichungen der Sitze auf Hilfswelle und Welle in engen Toleranzen zu halten und zu kontrollieren. Wenn diese Methode angewandt wird, muß sichergestellt sein, daß der Unwuchtzustand der schon ausgewuchteten Rotorteile nicht durch das Aufsetzen der anderen Teile unzulässig verändert wird.

Variante 3: Wenn eine Rotorkonstruktion Einzelteile enthält, die konzentrisch als ein Satz montiert werden (z. B. Schaufeln, Kupplungsbolzen, Polstücke usw.), wird empfohlen, diese Teile sortiert zu montieren, um ihre resultierende Unwucht innerhalb der gewünschten Toleranzen zu halten. Bei Schaufeln ist zu prüfen, ob ein Sortieren nach Masse (Gewicht) ausreichend ist oder ob das statische Moment (die Unwucht bezogen auf die Schaftachse) zugrunde gelegt werden muß.

Rotorklasse 2d

Die optimale Lage dieser zwei Ausgleichsebenen kann im allgemeinen Fall nur durch Versuche mit einer Anzahl Rotoren des gleichen Typs gefunden werden. Für einen einfachen, walzenförmigen Rotor (konstante Massen- und Steifigkeitsverteilung längs des Rotors), dessen Betriebsdrehzahl wesentlich unterhalb der zweiten kritischen Drehzahl liegt, können die optimalen Ausgleichsebenen bei gleichförmiger oder linear verteilter Unwucht angegeben werden: Sie liegen etwa 20 % des Lagerabstands von beiden Lagerstellen aus nach innen.

Wenn Rotoren dieser Rotorklasse (und Betriebsdrehzahl wesentlich unterhalb der zweiten kritischen Drehzahl) zusätzlich zu den beiden Ausgleichebenen an den Enden noch eine Ausgleichebene in der Mitte haben, sollten alle drei Ausgleichebenen benutzt werden. ISO 5406 Anhang E [9] gibt dafür einen Berechnungsvorschlag. Für praktische Fälle ist es häufig ausreichend, die statische Unwucht entsprechend den Massenverhältnissen auf die drei Ebenen zu verteilen und die Momentunwucht in den Endebenen zu korrigieren.

Tabelle 5. Klassifizierung der Rotoren.

Rotor-Klasse	Beschreibung	Beispiel	Auswuchtverfahren
1 starr	Ein Rotor, der in zwei (beliebig gewählten) Ebenen korrigiert werden kann, und dessen Restunwucht nach dieser Korrektur die Auswuchttoleranzen (in bezug auf die Schaftachse) bei jeder Drehzahl bis hinauf zur Betriebsdrehzahl nicht bemerkenswert übersteigt.	Getrieberad	Auswuchten auf einer niedrigtourigen Auswuchtmaschine für zwei Ausgleichebenen nach ISO 1940 [6].
2 quasi-starr	Rotoren, die nicht starr sind, die man aber trotzdem in einer niedrigtourigen Auswuchtmaschine auswuchten kann.		
Rotoren, bei denen die axiale Verteilung der Unwucht bekannt ist.			
2a	Rotoren, bei denen nur eine Ebene vorhanden ist, in der eine Unwucht existieren kann, z.B. eine Einzelmasse auf einer leichten, flexiblen Welle, wobei die Unwucht der Welle vernachlässigt werden kann.	Schleifscheibe mit Spindel	Wenn bekannt ist, daß die Unwucht sich nur in einer Ebene befindet, und der Ausgleich auch in dieser Ebene erfolgt, wird der Rotor bei allen Drehzahlen ruhig laufen. Unter dieser Voraussetzung kann der Unwuchtausgleich in einer niedrigtourigen Auswuchtmaschine genauso gut erfolgen wie bei Betriebsdrehzahl.

2b	Rotoren mit zwei Ebenen, in denen eine Unwucht sein kann, z.B. zwei Massen auf einer leichten Welle, wobei die Unwucht der Welle vernachlässigbar ist.	Schleifscheibe mit Spindel und Riemenscheibe	Wenn bekannt ist, daß die Unwucht sich nur in zwei Ebenen befinden kann und der Ausgleich in diesen Ebenen erfolgt, wird dieser Rotor bei allen Drehzahlen ausgewuchtet sein. Unter diesen Voraussetzungen kann die Unwucht sowohl in einer niedrigtourigen Auswuchtmaschine als auch bei Betriebsdrehzahl gemessen und ausgeglichen werden.
2c	Rotoren mit mehr als zwei Ebenen, in denen Unwucht vorhanden sein kann.	Kompressor	Wenn der Rotor aus mehr als zwei Einzelteilen besteht, die axial versetzt sind, ist anzunehmen, daß es auch mehr als zwei Ebenen gibt, in denen Unwucht enthalten ist. Trotzdem wird sich ein zufriedenstellender Unwuchtzustand erreichen lassen, indem man in einer niedrigtourigen Auswuchtmaschine wuchtet, vorausgesetzt, daß beim Zusammenbau die in Abschn. 2.4.4.1 (2c) vorgeschlagenen Herstellmethoden und Vorkehrungen beachtet werden.
2d	Rotoren mit gleichmäßig verteilter oder nach einem linearen Gesetz verteilter Unwucht.	Druckmaschinenwalze	Wenn ein Rotor infolge seiner Konstruktion oder infolge der Methode des Baus Unwuchten enthält, die gleichmäßig über seine Länge verteilt sind (z.B. Rohre), kann es möglich sein, durch geeignete axiale Anordnung von zwei Ausgleichebenen befriedigenden Lauf im gesamten Betriebsdrehzahlbereich zu erhalten, obwohl nur auf einer niedrigtourigen Auswuchtmaschine ausgewuchtet wird.

Tabelle 5. Fortsetzung.

2e	Rotoren, die aus einer starren Masse von einer gewissen axialen Länge bestehen, bei denen diese starre Masse von leichten, flexiblen Wellenstücken getragen wird und wobei die Unwucht in den Wellenstücken selbst vernachlässigbar ist.	Computerspeichertrommel	Ein solcher Rotor hat also einen starren Ballen und seine Nachgiebigkeit kommt nur von flexiblen Wellenstücken her. Er kann in einer niedrigtourigen Auswuchtmaschine gewuchtet werden, vorausgesetzt, daß der Ausgleich in Ebenen erfolgt, die sich am starren Ballen befinden.
Rotoren, bei denen die Verteilung der Unwucht längs des Rotors nicht bekannt ist			
2f	Symmetrische Rotoren mit zwei Ausgleichebenen an den Enden, deren maximale Betriebsdrehzahl noch weit unter der zweiten kritischen Drehzahl liegt, deren Betriebsdrehzahlbereich nicht die erste kritische Drehzahl einschließt und bei denen die Anfangsunwuchten durch geeignete Maßnahmen unter Kontrolle gebracht sind.	Mehrstufige Kreiselpumpe	Wenn ein Rotor aus mehreren Einzelteilen besteht, die als Einzelteile vor dem Zusammenbau des Rotors vorgewuchtet sind, wie es in Abschn. 2.4.4.1 (2c) angegeben ist, läßt sich evtl. ein zufriedenstellender Unwuchtzustand in einer niedrigtourigen Auswuchtmaschine erreichen, wenn die Urunwucht des kompletten Rotors gewisse Toleranzen nicht überschreitet.
2g	Symmetrische Rotoren mit zwei End-Ausgleichebenen und einer zusätzlichen Ausgleichebene in der Mitte, deren maximale Betriebsdrehzahl weit unter der zweiten kritischen Drehzahl liegt und mit einer Anfangsunwucht, die durch geeignete Maßnahmen unter Kontrolle gebracht ist.	hochtourige mehrstufige Kreiselpumpe	Rotoren, die die Bedingungen erfüllen, wie sie in Abschn. 2.4.4.1 (2f) angegeben sind, die aber zusätzlich ein dritte Ausgleichebene in der Mitte haben, können in einer niedrigtourigen Auswuchtmaschine ausgewuchtet werden wie ein starrer Rotor, wenn die Urunwucht des kompletten Rotors gewisse Toleranzen nicht übersteigt. Dabei muß ein Teil der Urunwucht in der Mittelebene und der Rest in den zwei Endebenen ausgeglichen werden.

2h	Unsymmetrische Rotoren mit kontrollierter Anfangsunwucht, die in ähnlicher Weise behandelt werden wie die in Klasse 2f.	Mitteldruck-Turbine	Bei Rotoren, die nicht die in 2f gestellten Anforderungen an ihre Form erfüllen, d.h. die nicht symmetrisch sind oder überhängende Teile besitzen, kann trotzdem in einigen Fällen eine ähnliche Abschätzung wie in 2f gemacht werden, welche zulässige Urunwucht in irgendwelchen Ebenen am Rotor ausgeglichen werden darf, ohne daß der Rotor hochtourig ausgewuchtet wird.
3 wellen-elastisch	Rotoren, die nicht in einer niedrigtourigen Auswuchtmaschine ausgewuchtet werden können, sondern die ein Verfahren zum hochtourigen Auswuchten erfordern.		Die üblichen Verfahren sind in Abschn. 2.4.3.5 und 2.4.3.6 beschrieben.
3 a	Ein Rotor, der bei beliebiger Unwuchtverteilung nur die 1. Biegelinie deutlich zeigt	Vierpoliger Generatorläufer	
3 b	Ein Rotor, der bei beliebiger Unwuchtverteilung nur die 1. und 2. Biegelinie deutlich zeigt	kleiner zweipoliger Generatorläufer	
3 c	Ein Rotor, der bei beliebiger Unwuchtverteilung mehr als die 1. und 2. Biegelinie deutlich zeigt	großer zweipoliger Generatorläufer	

Tabelle 5. Fortsetzung.

4 körper-elastisch	Rotoren nach einer der vorstehenden Klassen 1, 2 oder 3, die zusätzlich 1 oder mehr Bestandteile haben, die in sich selbst elastisch sind oder elastisch mit dem Hauptrotor verbunden sind.	Rotor mit Fliehkraftschalter	Rotoren in dieser Klasse können grundsätzlich eine Welle und einen Ballen haben und als solche in die Klasse 1, 2 oder 3 fallen. Zusätzlich enthalten sie eine oder mehrere Komponenten, die entweder in sich elastisch sind oder elastisch angebracht sind, so daß sich der Unwuchtzustand des ganzen Systems bei Änderung der Drehzahl verändert.
5	Rotoren, die an und für sich in Klasse 3 gehören, die aber aus bestimmten Gründen, z.B. wegen der billigeren Herstellung nur bei einer bestimmten Betriebsdrehzahl ausgewuchtet werden.	hochtouriger Motor	Einige Rotoren, die elastisch sind und beim Hochlauf auf die Betriebsdrehzahl eine oder mehrere kritische Drehzahlen durchlaufen oder ihnen wenigstens nahekommen, müssen trotzdem in manchen Fällen nur bei einer Drehzahl (üblicherweise der Betriebsdrehzahl) ausgewuchtet werden.

Rotorklasse 2e: s. Tabelle 5

Rotorklasse 2f

In einem solchen Rotor ist die axiale Verteilung und die Größe der Unwucht im kompletten Rotor nicht bekannt. Da die höchste Betriebsdrehzahl eines Rotors dieser Klasse weit unterhalb der zweiten kritischen Drehzahl liegt, ist der ungünstigste Fall der Unwuchtverteilung dann gegeben, wenn alle Unwuchten der Einzelteile in der gleichen Längsebene des Rotors liegen. Für diesen Fall ist es möglich, eine Abschätzung zu machen, welche größte Urunwucht in nur zwei Ausgleichebenen korrigiert werden darf und sich trotzdem ein zufriedenstellender Lauf des Rotors ergibt.

Für den allgemeinen Rotor gibt ISO 5406, Anhang C [9], Bild 55, eine Abschätzmöglichkeit. Abhängig von dem Verhältnis der Lagersteifigkeit zur Rotorsteifigkeit, der Betriebsdrehzahl des Rotors zur ersten kritischen Dreh-

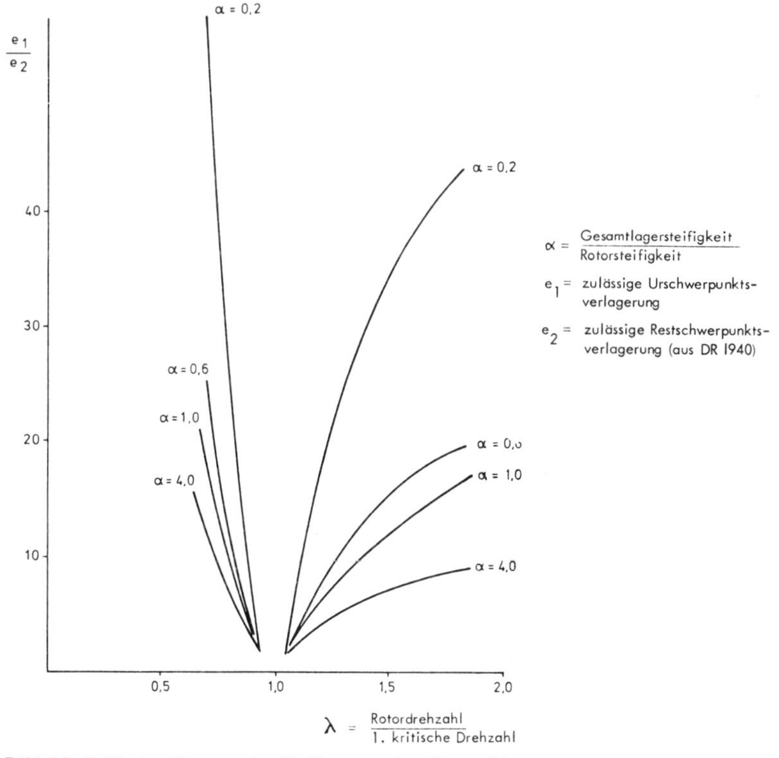

Bild 55. Zulässige Urunwucht für Rotoren der Klasse 2f.

zahl sowie von der zulässigen Restunwucht nach ISO 1940 [6] (starre Rotoren), kann die maximal zulässige Urunwucht des nachgiebigen Rotors abgeschätzt werden. Da die Dämpfung nicht berücksichtigt ist, muß das Gebiet um $\lambda = 1$ ausgespart werden. Genauere Werte lassen sich für den Einzelfall experimentell finden.

Rotorklasse 2g

Die Urunwucht des kompletten Rotors darf das Zweifache des für einen Rotor der Klasse 2f ermittelten Wertes erreichen. Erfahrungsgemäß muß dabei 30 bis 60 % der statischen Urunwucht in der Mittelebene ausgeglichen werden.

Rotorklasse 2h

In extremen Fällen wird die zulässige Urunwucht so klein, daß diese Methode nicht anwendbar ist.

Rotorklasse 3: s. Tabelle 5

Rotorklasse 4

Rotoren dieser Klasse fallen wahrscheinlich in eine der beiden folgenden Gruppen:

a) Rotoren, deren Unwucht sich kontinuierlich mit der Drehzahl verändert, z. B. Ventilatoren mit Gummiblättern.

b) Rotoren, deren Unwucht sich bis zu einer bestimmten Drehzahl verändert und dann konstant bleibt, z. B. Rotoren mit einem Fliehkraftschalter.

Manchmal ist es möglich, solche Rotoren mit Ausgleichsgewichten gleichen Verhaltens auszuwuchten. Wenn diese Möglichkeit nicht besteht, soll man folgendermaßen auswuchten:

Rotoren der Gruppe 1 sollen bei der Drehzahl ausgewuchtet werden, bei der ein ruhiger Lauf verlangt wird; Rotoren der Gruppe 2 bei einer Drehzahl, bei der keine Veränderung der Unwucht mehr auftritt.

Manchmal ist es möglich, durch sorgfältige Konstruktion und Anordnung der nachgiebigen Rotorteile ihren Einfluß auf den Unwuchtzustand zu unterdrücken oder wenigstens klein zu halten. Trotzdem sollte man davon ausgehen, daß Rotoren dieser Klasse mit großer Wahrscheinlichkeit nur für eine Drehzahl oder für einen engen Drehzahlbereich ausgewuchtet werden können.

Rotorklasse 5

Meist werden Rotoren dieser Klasse eine oder mehrere der folgenden Bedingungen erfüllen:

a) Die Winkelbeschleunigung bei Drehzahländerung (z. B. beim Hochlaufen auf Betriebsdrehzahl und Abbremsen) ist so groß, daß die Schwingungsamplitude bei Durchlaufen von kritischen Drehzahlen nicht bis zu unzulässigen Werten ansteigt.

b) Die Dämpfung innerhalb des Systems ist so groß, daß die Schwingungen bei den kritischen Drehzahlen in zulässigen Grenzen gehalten werden.

c) Der Rotor ist so elastisch gebettet, daß keine starken Schwingungen übertragen werden können.

d) Es sind große Schwingungswerte bei der kritischen Drehzahl zulässig.

e) Der Rotor wird bei der Betriebsdrehzahl über so lange Zeiträume betrieben, daß normalerweise unzulässige Hochlaufbedingungen in diesem Fall akzeptiert werden können.

Ein Rotor, der eine der genannten Bedingungen erfüllt, sollte in einer hochtourigen Auswuchtmaschine ausgewuchtet werden oder in einer entsprechenden Einrichtung, und zwar bei der Drehzahl, für die der Rotor ausgewuchtet sein soll. Bei Rotoren, die der Bedingung c) entsprechen, ist es wichtig, daß die Auswuchtmaschine die betriebsmäßigen Lagerungsbedingungen möglichst genau erfüllt, damit sichergestellt wird, daß bei der Auswuchtdrehzahl die gleichen Eigenformen auftreten wie im Betriebszustand.

Die Ausgleichebenen sollen sorgfältig gewählt werden. Wenn es eine rotortypische Unwuchtverteilung gibt, können Optimalebenen gewählt werden. Auf diese Weise lassen sich die Anregungen der niedrigen Eigenformen klein halten, so daß die Schwingungen beim Durchlaufen von kritischen Drehzahlen in Grenzen bleiben.

2.4.5. Beurteilung des Unwuchtzustandes

Entsprechend ISO 5406 [9] kann die Beurteilung des Unwuchtzustandes in einer oder mehreren der folgenden Bedingungen vorgenommen werden; abhängig von der Art und dem Einsatz des jeweiligen Rotors:

a) in einer niedrigtourigen Auswuchtmaschine,

b) in einer hochtourigen Auswuchtmaschine oder -anlage,

c) in einem Prüffeld als zusammengebaute Maschine und

d) am Einsatzort im endgültigen Montagezustand.

Für die Fälle b) bis d) ist die Arbeit noch nicht abgeschlossen. Vorläufig kann man den ISO-5343-Entwurf „Criteria for evaluating flexible rotor unbalance" benutzen; künftige Überarbeitungen sind zu beachten.

2.4.5.1. Beurteilung in einer niedrigtourigen Auswuchtmaschine

Für Rotoren der Klasse 1 (starre Rotoren) gelten die Hinweise in Abschn. 2.3.

Bei Rotoren der Klasse 2 werden die Unwuchten selten in *einer* Ausgleichsebene (Klasse 2a), sonst immer in *zwei* Ausgleichebenen gemessen. Für Rotoren der Klassen 2 f und 2 g sind auch die Anfangsunwuchten zu notieren.

ISO 5406 [9] nimmt an, daß bei Rotoren der Klasse 2 meist eine hochtourige Prüfung – entweder im Prüffeld oder im Betriebszustand – folgt. Das entspricht sicher nicht der Praxis, denn es gibt eine ganze Reihe von Rotoren der Klasse 2, die in großen Stückzahlen produziert werden, und deren Verhalten so gut bekannt ist, daß auf einen hochtourigen Lauf (außer ggf. in Stichproben) verzichtet werden kann. Für manche Rotoren jedoch ist die hochtourige Kontrolle sinnvoll und empfehlenswert.

2.4.5.2. Beurteilung in einer hochtourigen Auswuchtmaschine oder -anlage

ISO 5406 [9] gibt detaillierte Hinweise zur Installation, der Handhabung, zur Meßeinrichtung und zum Versuchsablauf. Dabei können entweder Schwingungen gemessen und der Beurteilung zugrundegelegt werden oder Unwuchten in einzelnen Ausgleichebenen. Die im Entwurf früher vorgelegten praktischen Hinweise zur Erstellung von Toleranzen können sicher verwendet werden, bis neue Vorschläge verabschiedet sind.

2.4.5.2.1. Zulässige Schwingungen

Für die Messung von Lager- oder Wellenschwingungen kann die ISO 2372 [5] (entspricht Richtlinie VDI 2056 [1]) und der Entwurf der Richtlinie VDI 2059 (Wellenschwingungsmessung zur Überwachung von Turbomaschinen) zugrunde gelegt werden. Da die ISO Grenzwerte für die Summe aller Schwingungen einer rotierenden Maschine spezifiziert, muß zur Beurteilung der Auswuchtqualität bekannt sein, welches Niveau der umlauffrequente Anteil allein haben darf.

Bei der Beurteilung des Schwingungszustands eines Rotors oder eines Maschinensystems soll man Messungen zugrunde legen, die an der kompletten Maschine gewonnen wurden, und zwar unter Bedingungen, die möglichst weitgehend denen im Betriebszustand nach der Installation entsprechen.

Tabelle 6. Grenzwerte der Schwingungen unter Betriebsbedingungen und Übertragungsfaktoren.

Kategorie	Kennzeichnung der Kategorie und Beispiele (nach ISO 2372, [5])	zulässige Lagerschwingung v_{eff} mm/s	typische Maschine	empfohlene Übertragungsfaktoren			
				C_0	C_1	C_2	C_3
I	Bauteile von Maschinen, die im Betriebszustand fest mit der gesamten Anlage verbunden sind (z. B. Elektromotoren bis zu 15 kW).	1,12	Turbolader	1,0	für alle Maschinen: 0,7 bis 1,4		wenn $C_3 \neq 1$, dann vermutlich großer Wert
			kleine Elektromotoren bis 15 kW	1,0			
II	mittlere Maschinen ohne besondere Fundamente (typisch: Elektromotoren von 15 bis 75 kW) und starr aufgestellte Maschinen (bis 300 kW) auf besonderen Fundamenten	1,8	Papiermaschinen Elektromotoren 15 bis 75 kW Elektromotoren bis 300 kW auf besonderen Fundamenten Kompressoren kleine Turbinen	1,0		2 bis 6	
III	große Antriebsmaschinen und andere große Maschinen mit rotierenden Massen, auf starren und schweren Fundamenten, die relativ unnachgiebig in Meßrichtung sind	2,8	große Elektromotoren	0,7 bis 1,0		3 bis 4	
			Pumpen	0,7 bis 1,0		3 bis 10	
			2-polige Generatoren	0,9 bis 1,0		3 bis 4	
			Turbinen und mehrpolige Generatoren	1,0		3 bis 4	
IV	große Antriebsmaschinen und andere große Maschinen mit rotierenden Massen auf Fundamenten, die relativ nachgiebig in Meßrichtung sind	4,5	Gasturbinen	1,0		2	
			2-polige Generatoren	0,9 bis 1,0			
			Turbinen und mehrpolige Generatoren	1,0			

Wenn Messungen unter anderen Versuchsbedingungen durchgeführt werden, z. B.

– nicht im eingebauten Zustand,
– an der Welle und nicht am Lagergehäuse,
– nicht in den Lagerebenen, sondern an Stellen größerer Amplituden,

so müssen die für den Normalzustand geltenden zulässigen Schwingungen korrigiert werden. Der ISO-Entwurf schlägt folgende Faktoren vor:

C_0 Verhältnis des umlauffrequenten Schwingungsanteils zum Effektivwert des Schwingungsgemisches ($C_0 \leqslant 1{,}0$),

C_1 Faktor für abweichende Lager- und Kupplungsbedingungen in der Auswuchtmaschine gegenüber dem Betriebszustand (wenn nicht anwendbar, $C_1 = 1{,}0$),

C_2 Korrektur, wenn in der Auswuchtmaschine nicht die Lagerschwingung sondern die Wellenschwingung in oder neben dem Lager gemessen wird (wenn nicht anwendbar, $C_2 = 1{,}0$),

C_3 Faktor, wenn in der Auswuchtmaschine Wellenschwingungen an Stellen großer Durchbiegung gemessen werden (nur in Verbindung mit C_2, wenn nicht anwendbar, $C_3 = 1{,}0$).

Tabelle 6 gibt eine Übersicht über vier Kategorien von Maschinen und ihrer Aufstellung, zulässige Lagerschwingungen, Beispiele von Maschinen und Vorschläge für Übertragungsfaktoren. Einige dieser Faktoren sind drehzahlabhängig.

Es wird sich zeigen, ob die genannten Zahlenwerte als Hinweis und Anregung für die Praxis zutreffend sind. Wenn im Einzelfall Meßwerte gesammelt werden können während des Auswuchtens in einer Auswuchtanlage und später im eingebauten Zustand, besteht die Möglichkeit, exaktere Faktoren zu erarbeiten.

2.4.5.2.2. Zulässige Unwuchten

Ausgehend von der ISO 1940 (Unwuchttoleranzen starrer Rotoren) [6] wird vorgeschlagen, entsprechende Werte für nachgiebige Rotoren festzulegen. Obwohl im allgemeinen Fall keine einfache Beziehung zwischen der Unwucht eines Rotors und der Schwingung der Maschine im Betriebszustand besteht, kann erwartet werden, daß ein zufriedenstellender Schwingungszustand erreicht wird, wenn bestimmte Grenzwerte der Unwucht eingehalten werden. Dazu müssen folgende Definitionen bekannt sein:

– *Unwucht in der n-ten Eigenform* ist die Unwucht, die nur die n-te Eigenform des Rotor/Lager-Systems beeinflußt. Diese Unwucht ist nicht eine einzelne Unwucht in einer Ebene, sondern längs des Rotors so verteilt, wie es der n-ten Eigenform entspricht.
– *Äquivalente Unwucht in der n-ten Eigenform* ist die kleinste Einzelunwucht, die der „Unwucht in der n-ten Eigenform" in ihrer Wirkung auf die n-te Eigenform entspricht. (Die äquivalente Unwucht hat normalerweise auch Einfluß auf andere Eigenformen.)

Folgende Grenzwerte werden genannt:

– 50 % der zulässigen Restunwucht für den starren Rotor (aus ISO 1940 [6]),
– 50 % der zulässigen Restunwucht aus ISO 1940 für die äquivalente Restunwucht der ersten Eigenform,
– 100 % der zulässigen Restunwucht aus ISO 1940 für die äquivalente Restunwucht der zweiten Eigenform,
– 150 % der zulässigen Restunwucht aus ISO 1940 für die äquivalente Restunwucht der dritten Eigenform.

Diese Werte sollen auch eingehalten werden, wenn der starre Rotor nicht ausgewuchtet wird. Dabei braucht nur die äquivalente Unwucht beachtet zu werden, deren Eigenform ausgeprägt auftritt.

Liegt die Betriebsdrehzahl zwischen 90 und 110 % einer kritischen Drehzahl, kann nicht erwartet werden, daß diese Grenzwerte einen guten Schwingungszustand sicherstellen. Für Rotoren, die noch höhere Eigenformen erreichen, wird empfohlen, Toleranzen in Form von Schwingungswerten (Abschn. 2.4.5.2.1) anzuwenden.

2.4.5.2.3. Ermittlung der äquivalenten Restunwuchten

Es werden einzelne Unwuchten nacheinander in den Ausgleichebenen gesetzt, in denen sie die einzelnen Eigenformen maximal beeinflussen. Die Unwuchten sollen jeweils etwa das 5fache der vermutlichen äquivalenten Restunwucht betragen.

Nacheinander werden Drehzahlen in der Nähe der kritischen Drehzahlen gefahren, wo eine gut auswertbare Resonanzüberhöhung auftritt. Durch Vergleich der Schwingungen im ausgewuchteten Zustand mit dem durch die Testunwuchten veränderten Schwingungszustand kann auf die äquivalente Restunwucht der einzelnen Eigenformen geschlossen werden. Das Auswerteverfahren entspricht dem Ein-Ebenen-Betriebsauswuchten (Abschn. 4.3.1).

2.4.5.3. Beurteilung im Prüffeld

Dazu (auch zur Verständigung zwischen Hersteller und Abnehmer) gibt die ISO 5406 [9] Hinweise. Meist wird eine Schwingungsmessung zugrundegelegt, bei der man Prinzipien der Messung in einer Auswuchtmaschine heranziehen kann (s. a. Abschn. 2.4.5.2.1).

2.4.5.4. Beurteilung im Betriebszustand

Für diese Beurteilung bildet immer die Schwingungsmessung die Grundlage (s. a. Abschn. 2.4.5.2.1). Auch dafür gibt die ISO 5406 [9] Detailhinweise für die Praxis.

3. Praxis der Auswuchttechnik

3.1. Auswuchtmaschinen und Schwerpunktwaagen

Die Praxis des Auswuchtens beginnt mit der Beschaffung der geeigneten Auswuchtmaschine. Nachdem es jahrzehntelang keine allgemein gültigen Maßstäbe gab, um die Eigenschaften und die Qualitäten der Auswuchtmaschinen zahlenmäßig zu beschreiben, es also den Herstellern überlassen war, welche Angaben sie machten und was darunter zu verstehen war, ist nun ein International Standard (ISO)[5]) verabschiedet.

Der erste Schritt zum Kauf einer Auswuchtmaschine ist die Klärung der Auswuchtaufgabe. Um diesen Schritt, mit dem so manche Firma oder so mancher Sachbearbeiter Neuland betritt, zu erleichtern, enthält die ISO 2953 [8] im Anhang eine Zusammenstellung von Informationen, die von dem Interessenten an den Hersteller von Auswuchtmaschinen gegeben werden müssen. Zweckmäßigerweise wird dabei zwischen horizontalen und vertikalen Auswuchtmaschinen unterschieden.

3.1.1. Horizontale Auswuchtmaschinen

3.1.1.1. Auswuchtaufgabe

Wenn nur ein Rotortyp oder nur eine kleine Anzahl von Typen in Serie ausgewuchtet werden soll, ist eine ausführliche Information über alle Fertigungsdaten und die gewünschte Auswuchtgüte an Hand von Fertigungszeichnungen eines jeden Typs am besten. Außerdem sind Angaben erforderlich über die Urunwucht bei einer größeren Anzahl Rotoren, damit die Verteilung und die maximale Urunwucht bekannt sind, sowie die Prozentzahl von Rotoren, die nach dem vorgesehenen Ausgleich in der Toleranz liegen sollen (z. B. 95 %).

---

5) ISO 2953 [8], Balancing machines – Description and evaluation; sie gilt für Auswuchtmaschinen, bei denen der Rotor angetrieben wird und Größe und Winkel der erforderlichen Korrektur angezeigt werden. Besonderheiten, wie z. B. automatischer Ausgleich, werden nicht behandelt.

3.1.1.1.1. Tabellarische Beschreibung eines Rotortyps

Sollen viele verschiedenartige Rotoren ausgewuchtet werden, können die für die Auswuchtmaschine wesentlichen Daten in Tabellen zusammengefaßt werden. Die verschiedenen Größen eines Rotortyps werden dabei in einer Tabelle vereinigt, für andere Rotorsysteme sind getrennte Tabellen anzufertigen.

Werden die Abmessungen entsprechend der Vermaßungsskizze in Bild 56 angegeben, so ergibt sich eine Darstellung gemäß Tabelle 7.

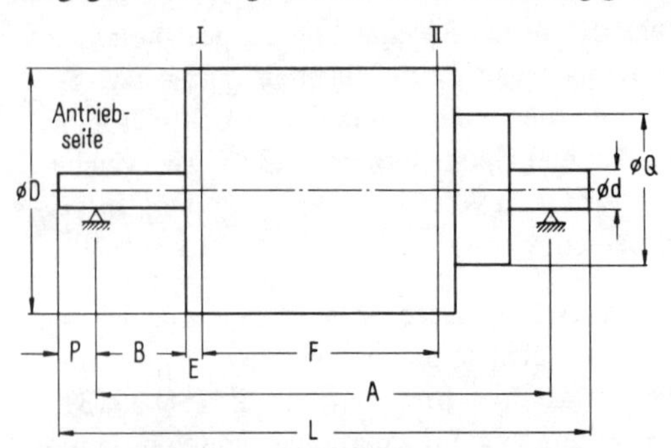

Bild 56. Vermaßung eines Rotors zum Auswuchten auf einer horizontalen Auswuchtmaschine.

3.1.1.1.2. Weitere Tabellen

Im beschriebenen Modellfall sollen außerdem noch Motoranker, Riemenscheiben und Kupplungen ausgewuchtet werden, für die entsprechende Tabellen aufzustellen sind.

3.1.1.1.3. Maximaldaten

Weiterhin müssen die gewünschten Maximaldaten genannt werden, die häufig über die der aktuellen Rotoren hinausgehen, damit etwas Reserve für die Zukunft bleibt. Beispiel:
Gewicht, G_{max} = 800 kg für Elektroanker,
Durchmesser, D_{max} = 1700 mm für Ventilatoren.

3.1.1.1.4. Zusätzliche Angaben zu den Rotoren

Es gibt noch eine Reihe von Eigenschaften der Rotoren, die für das Auswuchten von Bedeutung sind und die am besten an Hand der folgenden Aufstellung beschrieben werden:

Tabelle 7. Tabelle zur Beschreibung der Rotoren eines Typs.

	Ventilatoren				Einheit
1	Masse (Gewicht)	1,5		80	kg
2	Losgröße	20		1 bis 3	Stück
3	gewünschte Produktionsrate je Stunde bei 100 % Auslastung	15		–	Stück/h
4	Durchmesser D	250		1400	mm
5	Durchmesser für den Bandantrieb Q		entfällt		
6	Länge L	300		1600	mm
7	Lagerzapfendurchmesser d	20		60/80	mm
8	Abstand zwischen den Lagerebenen A	265		1100	mm
9	Lage der Ausgleichebenen				
	B	70		1200	mm
	E	0		0	mm
	F	80		350	mm
10	Wellenüberstand P	25		50	mm
11	Betriebsdrehzahl n	1500		900	min^{-1}
12	Kritische Drehzahl	z. B. für mehrfach gelagerte Rotoren, die in der Auswuchtmaschine nur zweifach gelagert sind: die erste biegekritische Drehzahl in dieser Lagerung.			
13	Massenträgheitsmoment mr_i^2	für die Auslegung des Antriebs hier vernachlässigbar			kg m^2
14	Luftleistung bei Betriebsdrehzahl	0,8		45	kW
15	Maximale Urunwucht	300		50000	g mm
16	Gütegrad G	6,3		6,3	mm/s
	oder: Restunwucht je Ebene (etwas unterhalb der zulässigen oberen Grenze	25		2100	g mm
17	Art des Antriebes	Gelenkwellenantrieb			
18	Art des Ausgleichs	Ansetzen von Massen			

a) Bei unüblicher Geometrie der Rotoren, mehreren Ausgleichebenen oder anomaler Lage der Ausgleichebenen, oder um irgendein Detail deutlich zu machen, sind Zeichnungen am vorteilhaftesten.

b) Wenn der Rotor fliegend gelagert ist, Bild 57, ist die negative (nach oben gerichtete) Last bei A und die positive bei B anzugeben. Bei dem großen Ventilator in Tabelle 7 ergibt sich – nimmt man die Masse der Hilfswelle mit 20 kg an, die sich gleichmäßig auf beide Lager verteilt – eine negative Last von 10 kg bei A und eine positive Last von 110 kg bei B.

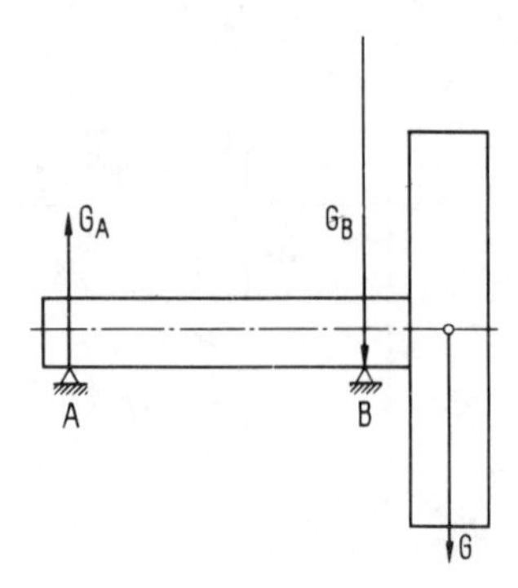

Bild 57. Lagerbelastung bei einem fliegend gelagerten Rotor.

c) Tritt beim Auswuchten eine Axialkraft auf, so ist ihre Richtung und ihr vermutlicher Betrag anzugeben.

d) Sollen die erforderlichen Aufnahmen (zum Einlagern der Rotoren in die Auswuchtmaschine) und Anschlußteile, z. B. Mitnehmer für die Gelenkwellen, Riemenscheiben, Hilfswellen, mitgeliefert werden?

e) Wenn Rotoren mit ihren Wälzlagern ausgewuchtet werden sollen, sind diese zu beschreiben, entweder durch Angabe der Normbezeichnung oder durch den Außendurchmesser.

f) Wird eine bestimmte Auswuchtdrehzahl gewünscht, sollen die Gründe dafür angegeben werden.

g) Sollen Vorrichtungen für den Ausgleich mitgeliefert werden?

h) Gibt es noch irgendwelche Besonderheiten am Rotor? Zum Beispiel mitrotierendes Magnetfeld, aerodynamische oder hydraulische Effekte?

3.1.1.1.5. Randbedingungen

Darüber hinaus gibt es eine ganze Reihe Randbedingungen, die durch den Aufstellungsort der Auswuchtmaschine, die Abnahme, Montage, Übergabe, Wartung sowie Verwaltungsfragen bestimmt sind:

a) Stromversorgung: Einphasen- oder Dreiphasen-Wechselstrom, Spannung mit maximaler Abweichung, Frequenz, Nulleiter vorhanden, belastbar? Welche Normen muß die Elektrik erfüllen?

b) Ist Tropenisolation erforderlich?

c) Ist Druckluft vorhanden, mit welchem Druck und mit welchen Druckschwankungen?

d) Ist der Hallenboden, wo die Maschine aufgestellt werden soll, steif, d. h. vergleichbar mit einer Betonplatte, die auf verdichteter Erde liegt? Wie dick ist der Beton des Hallenbodens?

e) Gibt es irgendwelche Schwingungserzeuger in der Nähe, z. B. Hammer, schwere Fahrzeuge usw? In diesem Fall ist die Häufigkeit und die Dauer der Störung anzugeben.

f) Wer soll die Auswuchtmaschine inspizieren oder abnehmen, und wo? Nach welchen Bedingungen?

g) Welche Sprache sollen die Bedienungsanweisungen haben, bzw. welche anderen Sprachen wären akzeptabel?

h) Wird ein Serviceingenieur benötigt, um die Maschine zu installieren und sie einzustellen?

i) Soll ein Serviceingenieur das Personal einweisen?

k) Soll der Bedienungsmann zur Ausbildung zum Hersteller der Auswuchtmaschine geschickt werden?

l) Ist ein Wartungsvertrag für die Auswuchtmaschine von Interesse?

Ein Teil dieser Fragen ist meist nicht von Anfang an aktuell, aber viele von ihnen werden im Lauf der Zeit wichtig und aus Unkenntnis leicht übersehen.

Liegen dem Hersteller der Auswuchtmaschinen alle erforderlichen Informationen vor – wozu fast immer persönliche Gespräche geführt werden –, kann dieser ein Angebot abgeben, das die spezielle Problematik voll abdeckt. Wichtig ist vor allem, daß die Unterlagen ausführlich und deutlich sind, so daß auch wirklich alle für den praktischen Einsatz der Auswuchtmaschine wichtigen Gesichtspunkte herausgelesen werden können.

3.1.1.2. Angebot und technische Dokumentation

3.1.1.2.1. Grenzen für die Rotormasse und die Unwucht

Die Angaben werden am besten an Hand der Zusammenstellung in Tabelle 8 auf Vollständigkeit überprüft; liegen mehrere Angebote vor, werden die technischen Daten eingetragen und miteinander verglichen (die in Tabelle 8 genannten Daten sind als Beispiel aufzufassen).

3.1.1.2.2. Wirtschaftlichkeit des Meßlaufs

Die Kriterien für die Wirtschaftlichkeit des Meßlaufs gehen aus Tabelle 9 hervor (s. a. Abschn. 3.1.1.3.15).

Tabelle 8. Rotormasse und Unwuchtgrenzen.

Nr.		Einheit				
1	Auswuchtdrehzahlen oder -bereiche	min^{-1}	230	420	740	1250
2	Rotormasse	max.: kg	– – – –750– – – –			450
		min.: kg	nur von gewünschter Auswuchtgüte abhängig			
	gelegentliche Überlastung je Lagerständer	kg	500	——		
	max. negative Last je Lagerständer	kg	– – – – – – 50 – – – – – –			
3	max. Massenträgheitsmoment des Rotors um die Schaftachse	kgm^2	4000	1200	400	140
	Zyklenzahl		– – – – – – 3 – – – – – –			
4	max. Unwucht	meßbar: gmm	$2 \cdot 10^6$	$3 \cdot 10^5$	$2 \cdot 10^5$	$5 \cdot 10^4$
		zulässig: gmm	$2 \cdot 10^6$	$3 \cdot 10^5$	$2 \cdot 10^5$	$5 \cdot 10^4$
5	kleinste erreichbare Restunwucht	gmm	800	80	80	8
	entsprechender Ausschlag am Größenanzeigeinstrument	mm	– – – – – – 1 – – – – – – jedoch nicht besser als 0,5 gmm/kg			

Tabelle 9. Wirtschaftlichkeit des Meßlaufs.

		Zeit in s	a)	b)	c)	d)
1.	Zeit für das Einrichten der Mechanik rd.	180	x	x		
2.	Zeit für das Einstellen der Meßeinrichtung rd.	60	x	x		
3.	Zeit für Vorbereitungen am Rotor	–		x		x
4.	Mittlere Beschleunigungszeit rd.	2		x	x	x
5.	Zeit zur Gewinnung der Meßwerte rd.	2		x	x	x
6.	Mittlere Bremszeit rd.	2		x	x	x
7.	Zeit zum Übertragen der Meßwerte auf den Rotor	10		x	x	x

Bewertung und Gesamtzeiten für den Meßlauf

a) Besonders wichtig für Einzelrotoren: der Einstellvorgang: rd. 240 s
b) Zeit für den ersten Meßlauf eines neuen Rotors: 256 s
c) Zeit für weitere Läufe desselben Rotors: 16 s
d) Zeit für den nächsten Rotor des gleichen Typs, wichtig für Serienfertigung: 16 s

3.1.1.2.3. Unwuchtreduzierverhältnis

a) Im Bereich 20- bis 50mal kleinste erreichbare Restunwucht: 90 %,

b) Im Bereich 100- bis 500mal kleinste erreichbare Restunwucht: 95 %.

(s. Abschn. 3.1.1.3.14)

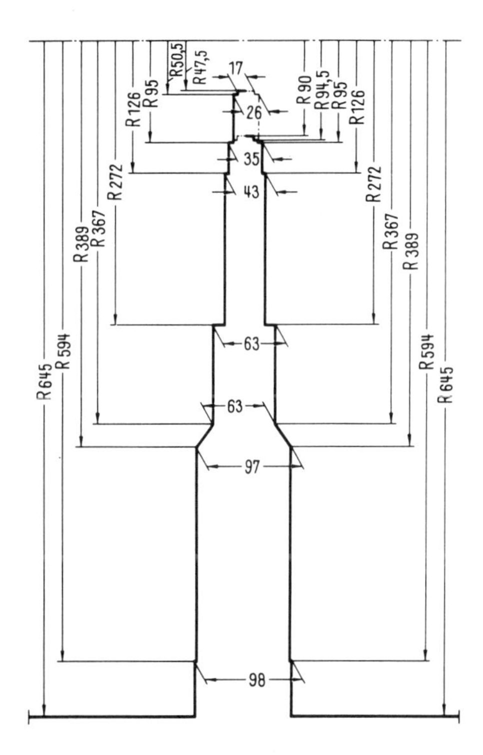

Bild 58. Beispiel für das Grenzprofil eines Lagerständers mit einem Rollenlagereinsatz.

3.1.1.2.4. Rotorabmessungen

a) Beschränkungen in der Kontur des Rotors, Bild 58.

b) Rotordurchmesser,
   über dem Bett: 1250 mm,
   fliegend: 2000 mm.

c) Maximale und minimale Längen:
   – Abstand zwischen den Lagerständermitten max.: 1540 mm;
   – Abstand zwischen den Lagerständermitten min.: 100 mm;

– Max. Abstand zwischen dem Kupplungsflansch (der Gelenkwelle) und der Mitte des entfernten Lagerständers: 1540 mm;
– Minimaler Abstand zwischen dem Kupplungsflansch und der Mitte des benachbarten Lagerständers: 0 mm.

3.1.1.2.5. Lagerzapfen

a) Durchmesser maximal: 180 mm;
b) Durchmesser minimal: 16 mm;
c) Maximal zulässige Umfangsgeschwindigkeit: 40 m/s.

3.1.1.2.6. Einstellbereich der Ausgleichebenen

Kalibrierte Einstellung, Lagerabstand zu Ausgleichebenenabstand max. 20 : 1, Lage der Ausgleichebenen beliebig, auch fliegend, auch Rotorschwerpunkt außerhalb der Lager zulässig, Einstellung entsprechend statischer Unwucht und Momentenunwucht möglich.

3.1.1.2.7. Antrieb

a)

Auswuchtdrehzahlen	Nennmoment am Prüfkörper	
	Stern	Dreieck
230 min^{-1}	220 Nm	650 Nm
420 min^{-1}	120 Nm	360 Nm
740 min^{-1}	70 Nm	200 Nm
1250 min^{-1}	40 Nm	120 Nm

b) Anfahrdrehmoment, bezogen auf das Nennmoment am Prüfkörper: 120 %.
c) Drehmomentspitze, bezogen auf das Nennmoment am Prüfkörper: 120 %.
d) Übertragung der Antriebsleistung auf den Rotor: durch Gelenkwelle, axial um ± 20 mm verschiebbar.
e) Motor
Art: Drehstromschleifringläufermotor
Nennleistung: 15 kW
Nenndrehzahl des Motors: 1450 min^{-1}
Anschlußdaten: 380 V, 50 Hz, 3 Phasen

(s. Abschn. 3.1.1.3.1)

3.1.1.2.8. Bremse

Art: Gegenstrombremse
Bremsmoment, bezogen auf das Nennmoment: max. 100 %. Kann die Bremse als Feststellbremse benutzt werden? Nein (s. Abschn. 3.1.1.3.4).

3.1.1.2.9. Motor und Motorsteuerung entsprechend VDE

Ergänzt werden müssen diese Daten noch durch eine Reihe von Angaben, die sich auf folgende Punkte beziehen:

- Funktionsprinzip (3.1.1.3.3),
- Anzeigesystem (3.1.1.3.2),
- Einstellen der Meßeinrichtung (3.1.1.3.5),
- Umgebungseinfluß (3.1.1.3.13),
- Gesamtbild der Maschine, Bild 59,
- Ebenentrennung (3.1.1.3.5),
- Sonderzubehör,
- Bedingungen für die Installation.

Bild 59. Gesamtbild einer Auswuchtmaschine.

3.1.1.3. Technische Details und ihre Beurteilung

Einige technische Angaben und ihre Bedeutung werden nun in alphabetischer Reihenfolge erläutert (s. a. Abschn. 5):

3.1.1.3.1. Antrieb

Der Antrieb hat die Aufgabe, den Rotor auf die gewünschte Auswuchtdrehzahl zu bringen und diese dann mit einer bestimmten – meist von der Meßeinrichtung geforderten – Genauigkeit zu halten. Bei dem Serienauswuchten von nur einem Rotortyp steht die einfache Handhabung des Antriebs im Vordergrund, sollen viele verschiedene Rotoren ausgewuchtet werden, muß der Antrieb an die unterschiedlichen Anforderungen der Rotoren angepaßt werden können. Bei den betrachteten Auswuchtmaschinen steigt die Meßempfindlichkeit mit der Drehzahl. Universalauswuchtmaschinen, die einen großen Rotorbereich überdecken, haben deshalb (in erster Linie aber zur Drehmomentanpassung) immer mehrere Rotordrehzahlen (s. a. *Gelenkwellenantrieb*).

Alle Antriebe können aufgeteilt werden auf den Elektromotor mit Steuerung und den mechanischen Teil zur Übertragung der Antriebsleistung auf den Rotor. Die Kupplungselemente am Rotor und die Teile, die überwiegend die Bewegung des Rotors mitmachen, sollen diese Übertragungsaufgabe voll erfüllen, dabei aber so leicht wie möglich sein, da sie die erreichbare Auswuchtgüte beeinflussen können. Die *Elektromotoren* sollen so ausgelegt und gesteuert sein, daß sie beim Beschleunigen und Bremsen ein möglichst gleichmäßiges Moment abgeben, das nur geringfügig über dem Nennmoment des Motors liegt. (Ein normaler Drehstromkurzschlußläufer z. B. gibt beim direkten Einschalten etwa das dreifache Nennmoment ab, die Kupplungsteile würden dabei unnötig schwer werden.) Verwendet werden zum Anschluß an das Drehstromnetz:

Kurzschlußläufermotoren mit geeigneter Auslegung oder Anfahrhilfen, außerdem mit Stern-Dreieck-Schaltung, damit Anfahr- und Kippmoment nicht nennenswert über dem Nennmoment liegen, Bild 60. Die Hochlaufzeit ist meist auf kurze Zeit, z. B. 10 s, begrenzt, da sonst eine unzulässige Erwärmung im Motor auftritt.

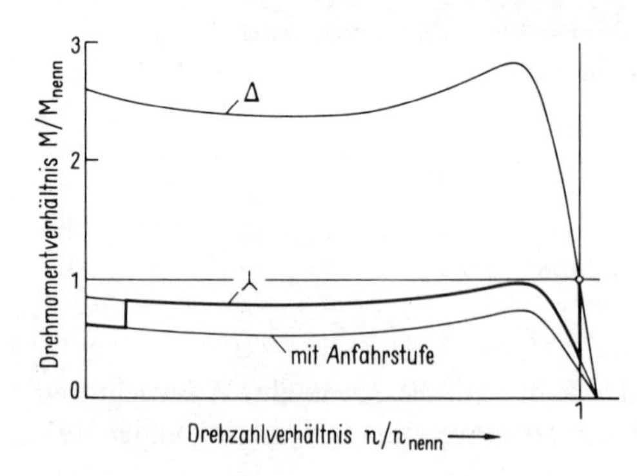

Bild 60. Beispiel für den Drehmomentverlauf eines Drehstrom-Kurzschlußläufermotors mit Anfahrstufe – Stern – Dreieck.

Schleifringläufermotoren mit vielstufigen Anfahrschaltungen.
Im Gegensatz zum Kurzschlußläufer kann dabei durch die Stern-Dreieck-Schaltung das Drehmoment am Rotor im gesamten Drehzahlbereich angepaßt werden. In beiden Fällen können die Anlaßstufen so geschaltet werden, daß das maximale Moment in einem festen Verhältnis zum Nennmoment steht, Bild 61. Beim Schleifringläufermotor mit entsprechender Steuerung kann der Hochlauf wesentlich länger dauern, z. B. 5 min.

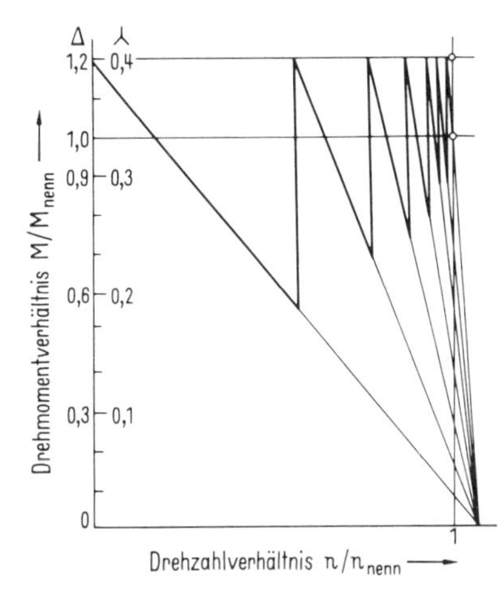

Bild 61. Beispiel für den Drehmomentverlauf eines Drehstrom-Schleifringläufermotors mit siebenstufigen Anlasser und Stern-Dreieck-Schaltung.

Bei den bisher genannten Motoren sind die Drehzahlen bauartbedingt an die Netzfrequenz gekoppelt. Eine Anpassung ist durch Wahl der Polzahl möglich, Kurzschlußläufermotoren werden auch polumschaltbar eingesetzt, mit einem Drehzahlverhältnis 1 : 2, die Nennmomente liegen aber meist nahe beieinander.

Um die Drehzahl kontinuierlich ändern zu können, werden am besten *Gleichstrommotoren* eingesetzt, die die gestellte Aufgabe am elegantesten lösen; denn das Drehmoment kann entweder manuell oder automatisch während des ganzen Hochlaufs auf der gewünschten Größe gehalten werden. Bei Motoren ohne Fremdlüfter können Hochlaufzeiten bis zu 5 min zugelassen werden, fremdbelüftete Motoren ermöglichen beliebig lange Hochlaufzeiten.

Die *Antriebsleistung* wird normalerweise entsprechend den Massenträgheitsmomenten der Rotoren und den gewünschten Hochlaufzeiten gewählt (s. Tabelle 25). Bei beschaufelten Rotoren dagegen muß die Antriebsleistung an die Luftleistung angepaßt werden, das Massenträgheitsmoment ist dabei meist vernachlässigbar. Die Auswuchtdrehzahl beeinflußt die Luftleistung wesentlich (s. Tabelle 26), evtl. kann durch Abdeckung des Rotors die Luftleistung weiter reduziert werden. Reibungsverluste in der Antriebsmechanik und der Rotorlagerung sind dabei nicht berücksichtigt. Nur in Sonderfällen haben diese Faktoren einen Einfluß auf die Wahl der Antriebsleistung (z. B. Losbrechmoment bei Gleitlagerung).

Die *Mechanik* für den Rotorantrieb umfaßt im wesentlichen folgende Systeme:

Beim *Gelenkwellenantrieb* wird der Rotor axial in eine Gelenkwelle angekoppelt (z. B. Kardangelenkwelle), er wird durch sie angetrieben und axial gehalten, Bild 62. Die Gelenkwelle ist so zu wählen, daß das max. auftretende Moment sicher übertragen wird (s. Tabelle 22). Auf der anderen Seite bringt die Gelenkwelle aber eine Fehlermöglichkeit mit sich (s. Abschn. 3.5.2), so daß sie möglichst leicht und klein sein soll. Die maximal zulässige Gelenkwelle wird von der angestrebten Schwerpunktexzentrizität festgelegt (s. Tabelle 24). Bei universell verwendeten Auswuchtmaschinen kann die Erfüllung beider Forderungen auf Schwierigkeiten stoßen: Die Übertragung von 15 kW bei 420 min^{-1} erfordert eine Gelenkwelle für mindestens 350 Nm, für den Rotor von 30 kg ist aber nur eine Gelenkwelle für max. 250 Nm zulässig, wenn im normalen Werkstattbetrieb eine Restunwucht von

Bild 62. Antrieb durch Gelenkwelle.

10 g mm/kg erreicht werden soll. Wenn die Antriebsleistung (und damit das maximal auftretende Drehmoment) nicht reduziert werden kann, muß für diesen leichten Rotor eine höhere Auswuchtdrehzahl verwendet werden. Bei Universalauswuchtmaschinen ist deshalb der Gelenkwellenantrieb meist mit einem mehrstufigen Riemenvorgelege oder einem Schaltgetriebe versehen. Eine axiale Verschiebbarkeit der Gelenkwelle erleichtert – vor allem bei schweren Rotoren – das Ankuppeln.

Bild 63. Antrieb durch Flachriemen.

Beim *Bandantrieb* wird der Rotor oft durch einen Flachriemen, seltener durch einen Rundriemen angetrieben, der den Rotor entweder tangential berührt oder umschlingt, Bild 63. Die Riemenscheibe am Motor und die Motordrehzahl bestimmen die Bandgeschwindigkeit, die Rotordrehzahl ergibt sich aus dem Auflagedurchmesser am Rotor. Da diese Auflagedurchmesser sich nach den Möglichkeiten am Rotor richten und nicht beliebig gewählt werden können, werden mehrere Bandgeschwindigkeiten, etwa durch polumschaltbare Motoren und mehrere Riemenscheiben benötigt.

Axialgegenhalter verhindern ein wahrscheinliches axiales Wegwandern des durch den Bandantrieb nicht fixierten Rotors. Wichtige technische Daten sind der kleinste und größte Auflagedurchmesser des Riemens am Rotor.

Drehfeldantriebe werden bei leichten Motorankern angewandt, die durch ein offenes Drehfeld auf Auswuchtdrehzahl gebracht werden, Bild 64. Nur ein begrenzter Durchmesserbereich kann mit einem Stator betrieben werden, da mit wachsendem Spalt die Hochlauf- und Bremszeiten stark anwachsen.

Bild 64. Drehfeldantrieb.

Eigenantrieb von kompletten Aggregaten, z. B. Elektromotoren oder Kreiseln, bereitet antriebsseitig keine besonderen Schwierigkeiten, da die Anpassung der Antriebsleistung an die Verluste von der Konstruktion her gegeben ist; außerdem sind keinerlei mechanische Kupplungselemente erforderlich, Bild 65.

Bedeutung hat auch noch der *Druckluftantrieb;* er wird fast nur bei beschaufelten Rotoren eingesetzt, z. B. bei Turboladern, Bild 66. In der Funktion ist der Druckluftantrieb ähnlich unproblematisch wie der Eigenantrieb. Weil jedoch die Werksnetze meist keine große Druckluftleistung haben, mehr noch aber aus Geräuschgründen, wird der Druckluftantrieb nur bei kleinen Einheiten angewendet.

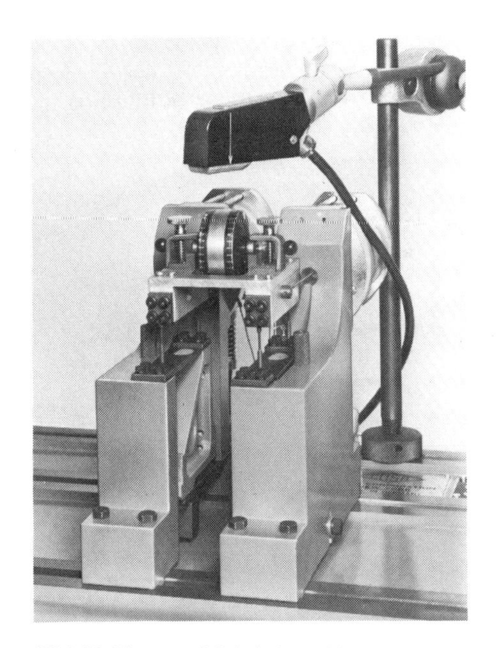

Bild 65. Eigenantrieb bei einem Kreisel.

Bild 66. Druckluftantrieb eines Turboladers.

3.1.1.3.2. Anzeigesysteme

Die Auswuchtmaschine hat Anzeigesysteme zur Bestimmung des Betrages und der Größe der Unwucht. Die ISO 2953 [8] unterteilt in folgende Systeme:

Anzeige des Betrages:

- wattmetrische oder voltmetrische Komponentenmesser, Bild 67,
- wattmetrische oder voltmetrische Betragmesser, Bild 68,

Bild 67. Komponentenmesser.

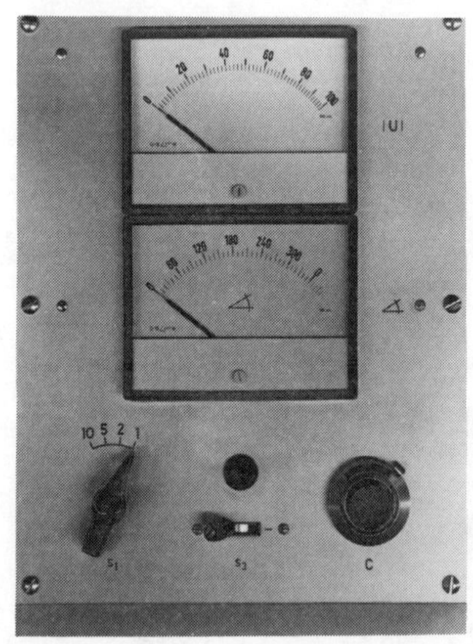

Bild 68. Getrennte Anzeige von Betrag und Winkel.

– wattmetrische oder voltmetrische Vektormesser, Bild 69,
– mechanische, Bild 67 u. 68, oder optische Anzeigegeräte, Bild 69,
– analoge, Bild 67 bis 69, oder Ziffernanzeige, Bild 70.

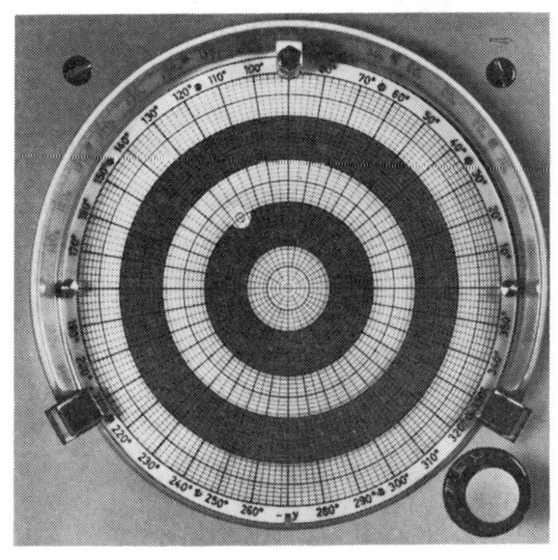

Bild 69. Vektormesser mit Lichtpunkt.

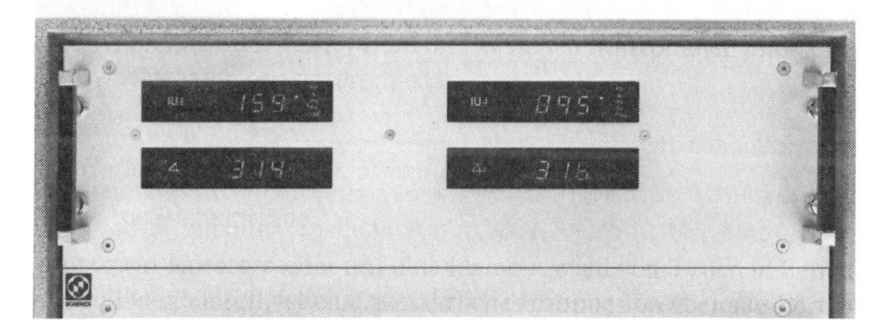

Bild 70. Ziffernanzeige.

Anzeige der Winkellage:

– wattmetrische oder voltmetrische Komponentenmesser, Bild 67,
– wattmetrische oder voltmetrische Vektormesser, Bild 69,
– Winkelanzeige in Grad auf einer Skala, Bild 68,
– Oscilloskope, stroboskopische Anzeigegeräte, Bild 71,
– mechanische, Bild 67 u. 68, oder optische Anzeigegeräte, Bild 69,
– analoge, Bild 67 bis 69, oder Ziffernanzeige, Bild 70.

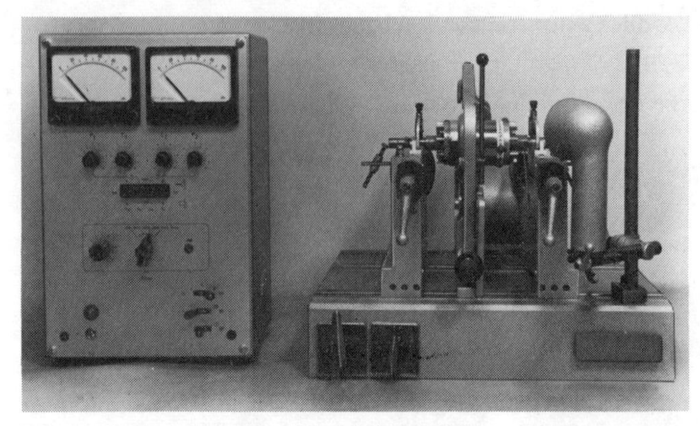

Bild 71. Anzeige der Winkellage mit Stroboskop.

Eine erste Beurteilung der Anzeigesysteme ist nach Beantwortung folgender Fragen möglich:

- Wie viele Meßläufe sind erforderlich, um die vier Meßwerte für das Zwei-Ebenen-Auswuchten zu erhalten?
- Ist ein Instrument für jeden Meßwert vorgesehen oder muß umgeschaltet werden, und wie oft?
- Können die Meßwerte arretiert werden und wie lange?
- Ist für jede Ebene ein getrennter Plus-Minus-Schalter vorhanden, damit die leichte oder die schwere Stelle angezeigt werden kann?

Die Frage, welche Anzeigeart am zweckmäßigsten ist, in Komponenten, vektoriell oder getrennt nach Größe und Winkellage, kann nur in Verbindung mit den Rotoren beantwortet werden. Die Vektoranzeige vermittelt den besten Eindruck des Vektorcharakters der Unwucht und ist bei polarem Ausgleich auch ideal. Die getrennte Größen- und Winkelanzeige hat den Nachteil, daß die mit abnehmender Unwuchtgröße zunehmende Winkelunsicherheit nicht deutlich sichtbar gemacht wird. Bei Festortausgleich ist die Anzeige in den entsprechenden Komponenten am sinnvollsten.

3.1.1.3.3. Aufnehmer

In den modernen Auswuchtmaschinen werden durchweg mechanisch-elektrische Wandler als Aufnehmer verwendet, die die Kraft, den Weg, die Geschwindigkeit oder die Beschleunigung in analoge elektrische Signale verwandeln. Wenn diese Aufnehmer allein nicht ausreichend sind, um das Maschinensystem zu beschreiben (z. B. kraftmessende Auswuchtmaschine –

Geschwindigkeitsaufnehmer), ist das mechanische Element (z. B. Dynamometer) anzugeben.

3.1.1.3.4. Bremsen

Während bei kleinen Rotoren verschiedene Arten von Reibungsbremsen verwendet werden können, enthalten die Antriebe für große Rotoren zweckmäßigerweise eine elektrische Bremsschaltung. Eine Beurteilung erfolgt am besten durch Bremszeit und Zyklenanzahl sowie durch das Bremsmoment im Vergleich zum Nennmoment des Motors (s. Abschn. 3.1.1.2.8).

3.1.1.3.5. Einstellen der Meßeinrichtung

Darunter fallen alle Arbeiten, die erforderlich sind, um die Information über die Lage der Ausgleichebenen, die Lagerebenen, die Ausgleichradien und, falls notwendig, die Auswuchtdrehzahl in die Auswuchtmaschine einzugeben.

Die Aufnehmer messen bei fast allen Maschinen in den Lagerebenen. Die Lagerreaktionen sind normalerweise aber von den Unwuchten in *beiden* Ausgleichebenen beeinflußt; es muß mit Hilfe einer Rechenschaltung die Ebenentrennung durchgeführt werden, so daß die Anzeigen nur noch von den zugeordneten Ausgleichebenen bestimmt sind. Außerdem wird die Anzeige auf leicht ausnutzbare Einheiten kalibriert, z. B. g mm Unwucht, mm Bohrtiefe, mm Materiallänge usw.

Bei den *wegmessenden Auswuchtmaschinen* sind die von den Aufnehmern kommenden Signale nicht nur von den Unwuchten und ihrer Lage zu den Ausgleichebenen abhängig, sondern auch von den Massen und Massenträg-

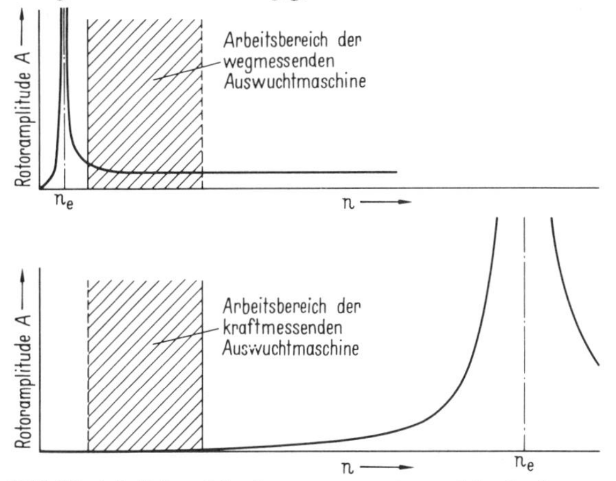

Bild 72. Arbeitsbereiche der wegmessenden und der kraftmessenden Auswuchtmaschine.

heitsmomenten (überkritischer Bereich des Systems Rotor = Masse/Lagerung = Feder (s. a. Abschn. 2.1.6.1.3), Bild 72.

Die richtige Einstellung wird deshalb durch willkürliches Ansetzen von bekannten Unwuchten gefunden. Die Einstellung wird durch eine Kompensationseinrichtung (zur Unterdrückung der Anzeige der Urunwucht) wesentlich erleichtert.

Eine Beurteilung der Einstellbarkeit der Meßeinrichtung für wegmessende Maschinen ist an Hand der folgenden Fragen möglich:

- Wieviel Läufe sind erforderlich, um die Meßeinrichtung für zwei Ebenen einzustellen?
- Wie genau muß die Drehzahl während des Einstellens und des anschließenden Auswuchtens gehalten werden?
- Auf welche Weise wird die Meßeinrichtung auf den ersten Rotor eines neuen Typs eingestellt?
- Ist eine Kompensationseinrichtung vorhanden; wie groß ist die dabei zulässige Restunwucht?

Kraftmessende Auswuchtmaschinen arbeiten im unterkritischen Bereich (s. Abschn. 2.1.6.1.1). Reicht der Drehzahlbereich bis nahe an das Resonanzgebiet, so wird die Einstellung der Meßeinrichtung genauso ausgeführt, wie bei der wegmessenden Auswuchtmaschine beschrieben. Wird nur der Drehzahlbereich weit ab von der Resonanz benutzt, Bild 72, so können die Masseneigenschaften der Rotoren beim Einstellen der Meßeinrichtung (innerhalb des Arbeitsbereichs der Maschine) vernachlässigt werden, so daß die Ebenentrennung – d. h. in diesem Fall die Umrechnung der Lagerreaktionen auf die Ausgleichebenen – nur von den axialen Abständen abhängig ist.

Bei Auswuchtmaschinen mit kalibrierter Einstellung können die entsprechenden Längen, zusätzlich die Ausgleichradien, im Stillstand an Skalen eingestellt werden, Bild 73. Die Fragen zur Beurteilung der Meßeinrichtung lauten dann:

- Wieviel Läufe sind erforderlich, um die Meßeinrichtung für eine Zwei-Ebenen-Auswuchtung einzustellen?
- Wie genau muß die Drehzahl während des Einstellens und beim anschließenden Auswuchten gehalten werden?
- Hat die Meßeinrichtung eine kalibrierte Einstellung oder muß sie für andere Drehzahlen und Massen jeweils neu eingestellt werden?

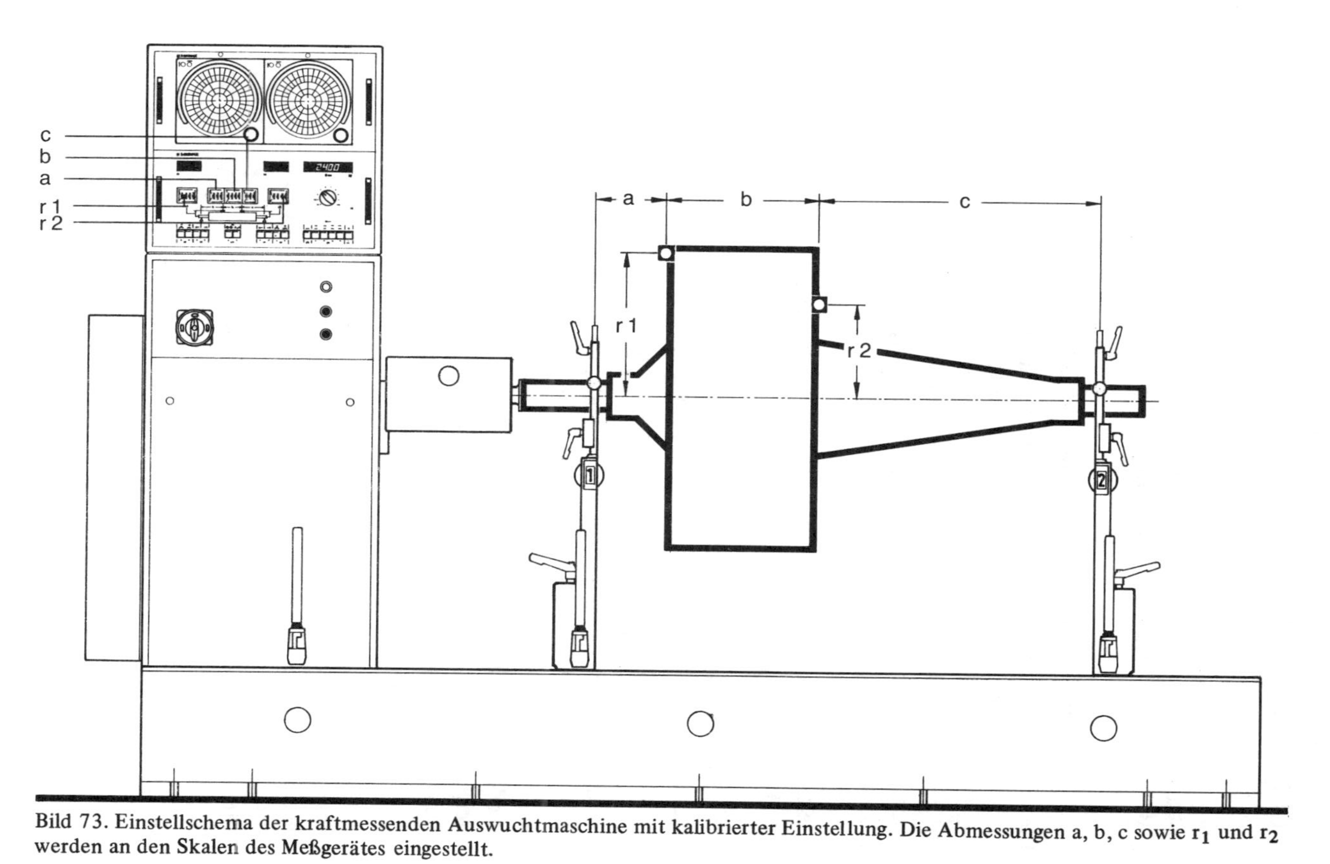

Bild 73. Einstellschema der kraftmessenden Auswuchtmaschine mit kalibrierter Einstellung. Die Abmessungen a, b, c sowie r_1 und r_2 werden an den Skalen des Meßgerätes eingestellt.

3.1.1.3.6. Fundamentierung

Erst durch die richtige Fundamentierung und deren notwendige Abmessungen werden die spezifizierten Eigenschaften der Auswuchtmaschine sichergestellt. Wichtig ist, welche Art der Fundamentierung erforderlich ist, z. B. Arbeitstisch, Hallenboden, Betonfundament.

3.1.1.3.7. Kleinste erreichbare Restunwucht (KER)

Die kleinste Restunwucht, die mit einer Auswuchtmaschine erreicht werden kann, wird in g mm/kg, also als bezogene Unwucht angegeben, zusammen mit dem entsprechenden Ausschlag am Anzeigeninstrument für die Größe. Bei kraftmessenden Auswuchtmaschinen kann an Stelle der bezogenen Unwucht die erreichbare Restunwucht in g mm angegeben werden. Diese Angaben sind für den gesamten Arbeitsbereich der Auswuchtmaschine interessant, wobei vor allem der Einfluß der Masse und der Drehzahl eine Rolle spielt. Sie werden ergänzt durch die absoluten Grenzen des Antriebs oder der Meßeinrichtung.

Die kleinste erreichbare Restunwucht wird beeinflußt von dem Meßverfahren, der Größen- und Winkelanzeige, der Ebenentrennung, der Empfindlichkeitsstufenschaltung, dem Antrieb, der Lagerung usw.

Der angegebene Wert für die kleinste erreichbare Restunwucht bezieht sich auf die gesamte Auswuchtmaschine, wie sie geliefert wird; jedoch kann dieser Wert durch unrunde Zapfen des Rotors, extrem schwere oder lose Adapter oder anderes Zubehör des Benutzers, verschlechtert werden. Die kleinste erreichbare Restunwucht wird durch einen Test, am besten mit einem speziellen Testrotor, kontrolliert (s. Abschn. 3.1.1.4 und 3.1.2.4).

3.1.1.3.8. Lagerung

Die Lagerung unterstützt den Rotor, ermöglicht seine Drehung und muß die Aufnahme unterschiedlicher Zapfendurchmesser meist bei Einhaltung der Spitzenhöhe erlauben. Am einfachsten in der Handhabung sind verstellbare *Tragrollen,* auf die die Lagerzapfen aufgelegt werden, Bild 74.

Bei sehr leichten Rotoren sind auch *Prismenlager* verschleißfest genug, Bild 75.

Genau angepaßt an die Lagerzapfen werden *Gleitlagerhalbschalen* eingesetzt; in Bild 76 z. B. aerostatische Lagerung.

Bild 74. Lagerung auf höhenverstellbaren Tragrollen.

Bild 75. Prismenlagerung.

Geschlossene Lagersysteme mit Wälzlagern oder mit Gleitlagern werden als *Spindellagerung* zur Aufnahme von z. B. Gelenkwellen verwendet, Bild 77.

Zudem sind Systeme wichtig, die den Rotor mit seinen *Betriebslagern* aufnehmen, entweder mit Wälzlagern, Bild 78, oder mit Gleitlagern, Bild 79.

Bild 76. Aerostatische Halbschalenlagerung.

Bild 77. Spindellagerung.

Wie in Abschn. 2.3.8 beschrieben, müssen bestimmte Baugruppen als Einheit ausgewuchtet werden. In allen Fällen, in denen die Lagergehäuse mit aufgenommen werden müssen – oder sogar komplette Aggregate –, ist eine Einrichtung zum *Komplettauswuchten* erforderlich, Bild 80.

3.1.1.3.9. Massenträgheitsmoment, Zyklenanzahl

Um die Qualität des Antriebs und seiner Steuerung beurteilen zu können, wird das maximal zulässige Massenträgheitsmoment des Rotors um die Schaftachse, das in der festgelegten Zeit beschleunigt werden kann, für jede

Bild 78. Rotor mit eigenen Wälzlagern.

Drehzahl angegeben. Hinzu kommt die Angabe über die Zyklenanzahl. Die Zyklenanzahl ist die Anzahl der Läufe (Beschleunigen und Abbremsen), die die Maschine in einer Stunde ohne Zerstörung ausführen kann, wenn ein Rotor mit dem jeweiligen maximalen Massenträgheitsmoment ausgewuchtet wird.

3.1.1.3.10. Meßverfahren

Die Verfahren, die heute eingesetzt werden, um die Signale der Aufnehmer zu analysieren, zu messen und anzuzeigen, sind im wesentlichen:

Bild 79. Gleitlagerung einer hochtourigen Auswuchtmaschine.

Bild 80. Komplettauswuchten auf einer Sonderlagerung.

– Wattmeterverfahren,
– Phasenempfindliche Gleichrichtung,
– Filter mit Stroboskop.

Die Güte der Verfahren und der jeweiligen Ausführung ist am besten durch die Tests zur kleinsten erreichbaren Restunwucht (s. Abschn. 3.1.1.4 und 3.1.2.4) und zum Unwuchtreduzierverhältnis (s. Abschn. 3.1.1.5 und 3.1.2.5) zu kontrollieren. Für einen realistischen Test müssen auch die Randbedingungen (z. B. Rauhigkeit und Rundheit der Lagerzapfen, Lagerart und -zustand sowie Umgebungseinflüsse) dem praktischen Einsatz ähnlich sein.

3.1.1.3.11. Testrotor, Testmassen

Die technischen Daten der Testrotoren, die zum Überprüfen der horizontalen Auswuchtmaschine verwendet werden sollen, sind in Bild 81 und Tabelle 10 festgelegt. Die Testrotoren sind aus Stahl gefertigt. Für Universalauswuchtmaschinen werden zwei Testrotoren verwendet, die möglichst

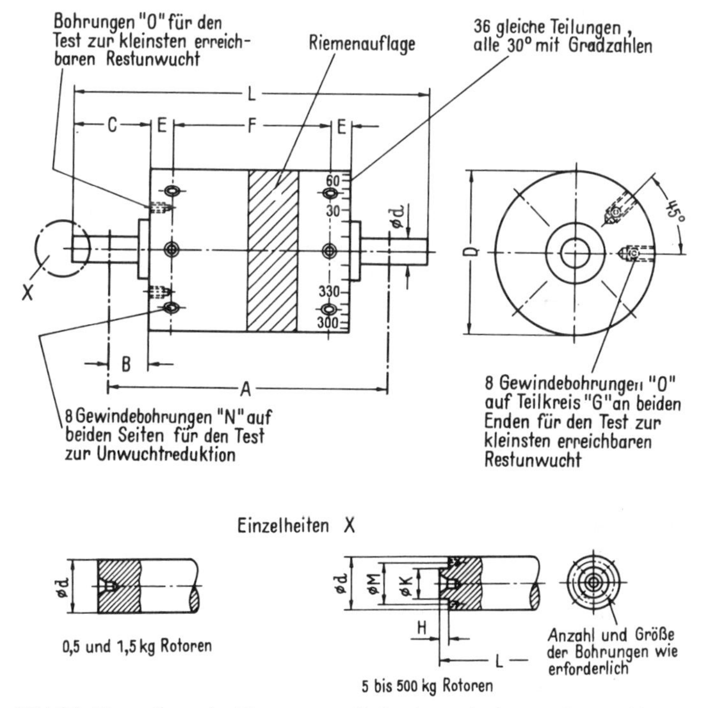

Bild 81. Vermaßung der Testrotoren für horizontale Auswuchtmaschinen.

Tabelle 10. Abmessungen, Masse (Gewicht) und Drehzahlen der Testrotoren

	Rotormasse	Trägheitsmoment $J = Gr_i^2$	Durchmesser D	Gesamtlänge L	Lagerzapfendurchmesser d	Lagerabstand A	B	C	E
	kg	kg m²	mm	mm	mm	mm	mm	mm	mm
1	0,5	0,0001	38	95	8	76	9,5	19	6
2	1,6	0,0006	56	140	12	112	14	28	9,5
3	5	0,004	82	205	17	164	20,5	41	11,5
4	16	0,03	120	300	25	240	30	60	15
5	50	0,2	176	440	35	352	44	88	27
6	160	1,3	260	650	50	520	65	130	40
7	500	9	380	950	75	760	95	190	60

*) Diese Abmessungen sind nur Vorschläge.
**) Die kritischen Drehzahlen sind für starre Lager gerechnet.

nahe an der oberen und unteren Grenze des Gewichtsbereichs liegen. Für Einzweckmaschinen ist *ein* Testrotor ausreichend.

Die Auswuchtmaschine soll nach ISO 2953 [8] mit dem schweren Rotor bei der höchsten zulässigen Drehzahl, mit dem leichten Rotor bei der niedrigsten zulässigen Drehzahl geprüft werden.

Diese Forderung prüft die Auswuchtmaschine an den Grenzen der dynamischen Belastbarkeit und der Meßempfindlichkeit, widerspricht aber dem praktischen Einsatz, bei dem der leichte Rotor auf eine hohe Drehzahl gefahren wird und der schwere Rotor so niedrigtourig wie möglich ausgewuchtet wird. Es ist zu empfehlen, einen Test durchzuführen, der dem jeweiliger Einsatzfall (oder Einsatzgebiet) entspricht. Wenn der Benutzer besondere Forderungen hat, z. B. nahe zusammenliegende oder fliegende Ausgleichebenen, so können besondere Tests sinnvoll sein.

Die Testmassen sind üblicherweise anschraubbar, der Schwerpunkt und die Masse müssen genau bekannt sein. Folgende Testmassen sind erforderlich:

Für den Test zur kleinsten erreichbaren Restunwucht (KER):

zwei gleiche Testmassen, entsprechend dem 5fachen der angegebenen kleinsten erreichbaren Restunwucht, Genauigkeit der Masse 0,5 %.

Für den Test zum Unwuchtreduzierverhältnis (URV):

zwei gleiche Testmassen zwischen dem 10- und 25fachen der angegebenen kleinsten erreichbaren Restunwucht,

zwei gleiche Testmassen zwischen dem 50- und 250fachen der angegebenen kleinsten erreichbaren Restunwucht.

für horizontale Auswuchtmaschinen.

F	G	H*)	K*)	M*)	N	O	kritische Drehzahl **)	höchste Auswucht-drehzahl
mm	mm	mm	mm	mm	mm	mm	min^{-1} x 1000	min^{-1} x 1000
45	19	–	–	–	M3	M2	200	20
65	28	–	–	–	M3	M2	140	14
100	41	2	4	10	M6	M3	95	9,5
150	60	3	8	16	M6	M3	65	6,5
210	88	4	10	24	M12	M6	45	4,5
310	130	5	25	40	M12	M6	30	3
450	190	5	25	60	M20	M12	20	2

Auszug ISO 2953

Die Masse muß auf 0,1 (100 % – URV) genau sein. Bei einem Unwucht-reduzierverhältnis von 90 % also auf 1 %.

Die Position der Testmassen am Rotor muß die entsprechende Genauigkeit haben:

- der Ausgleichebenenabstand mit dem vorstehend errechneten Prozentsatz,
- der Ausgleichradius mit dem gleichen Prozentsatz,
- die Winkellage mit dem gleichen Prozentsatz, bezogen auf 1 Radiant (z. B. 1 % von 1 Radiant = 1 % von 57,3° ≈ 0,6°).

3.1.1.3.12. Überlastung

Die gelegentliche Überlastung durch die Rotormasse ist nur für die unterste Drehzahl interessant und wird auch nur für diese angegeben. Diese Maximalmasse kann von der Auswuchtmaschine getragen werden, ohne daß augenblicklich ein Schaden eintritt. Eine andauernde Einwirkung wird aber zu einer Verschlechterung der Leistungsfähigkeit der Auswuchtmaschine führen.

3.1.1.3.13. Umgebungseinflüsse

Einige von außen her vorliegende Bedingungen können die garantierte Leistungsfähigkeit der Auswuchtmaschine beeinflussen, z. B. Temperatur, Feuchtigkeit, Drehzahlschwankungen, Schwankungen des elektrischen Netzes in der Spannung und in der Frequenz. Von Interesse ist der Bereich, in dem die spezifisierte Leistungsfähigkeit erhalten bleibt. In allen Fällen, in denen sich die angegebene Leistungsfähigkeit auf eine andere Lagerung bezieht, ist anzugeben, ob sich die Werte durch Verwendung von Wälzlagern auf den Rotorzapfen erheblich verändern.

3.1.1.3.14. Unwuchtreduzierverhältnis (URV)

Bei Festlegung des Unwuchtreduzierverhältnisses wird vorausgesetzt, daß das Hinzufügen oder Wegnehmen von Unwuchten ohne Fehler durchgeführt wird und daß die Auswuchtmaschine mit normaler Sorgfalt bedient wird.

Bei Anzeigesystemen, die maßgeblich auf das Urteilsvermögen des Bedienungsmannes vertrauen, z. B. Stroboskoplampen für die Winkelanzeige, werden realistische, auf den Rotor bezogene Werte auf Grund praktischer Erfahrung festgelegt. Das Unwuchtreduzierverhältnis ist normalerweise von dem Verhältnis zwischen der Urunwucht und der angestrebten Restunwucht abhängig. Deshalb werden zwei Werte angegeben, einer für die 20- bis 50fache, der andere für die 100- bis 500fache angegebene kleinste erreichbare Restunwucht (dabei sind die Unwuchten beider Ausgleichebenen zusammengefaßt). Der Test zur Kontrolle des Unwuchtreduzierverhältnisses wird in Abschn. 3.1.1.5 beschrieben.

3.1.1.3.15. Wirtschaftlichkeit

Darunter ist das Vermögen der Auswuchtmaschine zu verstehen, den Bedienungsmann beim Auswuchten eines Rotors so zu unterstützen, daß der Rotor innerhalb möglichst kurzer Zeit auf eine festgelegte Restunwucht ausgewuchtet ist. Die Wirtschaftlichkeit wird am besten mit einem Testrotor, Bild 81 und Tabelle 10, festgelegt. Dabei wird der schwerste, für die Auswuchtmaschine zulässige Testrotor benutzt. Wenn *ein* Rotortyp von besonderem Interesse ist, sollte abweichend von der ISO ein Testrotor verwendet werden, der ähnliche Daten aufweist. Folgende Bezeichnungen werden verwendet:

Meßlauf: Er besteht maximal aus den Schritten:

a) Einrichten der Maschine einschließlich Zubehör, Adapter usw.,

b) Einstellen der Meßeinrichtung,

c) Vorbereiten des Rotors auf den Auswuchtlauf,

d) mittlere Beschleunigungszeit,

e) Gewinnung der Meßwerte,

f) mittlere Bremszeit,

g) Zeit für die Übertragung der Meßwerte auf den Rotor und

h) Zeit für andere Vorgänge, z. B. Beachten von Sicherheitsbestimmungen.

Die Punkte a) und b) sind für das Auswuchten von Einzelrotoren von besonderer Bedeutung. Für den ersten Lauf eines Rotors sind die Schritte a) bis h) notwendig, für die folgenden Läufe des gleichen Rotors d) bis h). Für den ersten Lauf eines wiederkehrenden Rotortyps (Serienfertigung) werden die Schritte c) bis h) benötigt.

Auswuchtlauf: Er umfaßt außer dem Meßlauf, der unterschiedlichen Umfang haben kann, noch den anschließenden Ausgleich für diesen Meßlauf.

Boden-Boden-Zeit: Sie ist die Gesamtzeit für alle zum Erreichen der geforderten Restunwucht notwendigen Auswucht- und Kontrolläufe sowie für das Be- und Entladen.

Produktionsrate: Sehr oft wird die Angabe der Produktionsrate verwendet; sie ist der in Stück/Stunde ausgedrückte reziproke Wert der Boden-Boden-Zeit.

Taktzeit: Befinden sich in der Maschine (Auswuchtmaschine und Ausgleichstation) manchmal oder stets mehr als ein Rotor, so ist die Taktzeit anzugeben, d. h. die Zeit, die von der Eingabe eines Rotors bis zur Eingabe des nächsten vergeht.

3.1.1.4. Test der kleinsten erreichbaren Restunwucht (KER)

Darunter ist die Restunwucht des gesamten Rotors zu verstehen. Der Test umfaßt folgende Schritte (s. a. Abschn. 3.1.1.3.7):

a) Einrichten der Mechanik und Einstellen der Meßeinrichtung auf den gewählten Testrotor. Dabei ist sicherzustellen, daß die Restunwucht des Rotors das 5fache der angegebenen kleinsten erreichbaren Restunwucht nicht übersteigt.

b) Es werden zwei künstliche Unwuchten angesetzt, die dem 10- bis 20fachen Wert der KER entsprechen. Diese Unwuchten brauchen nicht gleich groß und ganz genau bekannt zu sein, es ist jedoch darauf zu achten, daß sie
   - nicht in der gleichen Ebene,
   - nicht in einer Ausgleichebene,
   - nicht unter gleichem Winkel,
   - nicht um 180° versetzt

   angebracht werden.

c) Der Rotor wird im normalen Auswuchtvorgang durch Ausgleich in beiden Ebenen ausgewuchtet. Dabei sind maximal vier Auswuchtläufe zulässig.

d) Die Winkelbezugsmarke wird gegenüber dem Rotor um 60° verdreht, bei Gelenkwellenmaschinen durch Verdrehen der Gelenkwelle am Rotor, bei gelenkwellenlosem Antrieb durch Versetzen der Schwarz-Weiß-Marke usw. Dadurch werden Fehler des Antriebssystems, der Spindellagerung und bestimmte Fehlermöglichkeiten der Meßeinrichtung in voller Größe meßbar.

e) Dann werden in beiden Ausgleichebenen die beiden Testmassen, die jeweils dem 5fachen Wert der KER entsprechen (gemeinsam also dem 10fachen Wert), angesetzt, und zwar beide Testmassen stets in gleicher Richtung, in beliebiger Reihenfolge in alle zur Verfügung stehenden Bohrungen. Die Größenanzeigen zu jeder Winkellage werden für jede Ausgleichebene getrennt notiert.

f) Ähnlich wie in Abschn. 2.3.9 beschrieben, werden die Meßwerte über der Winkellage aufgezeichnet und die Punkte durch eine mittelnde Sinuslinie verbunden. Eine zur Gradachse parallele (horizontale) Gerade ist der arithmetische Mittelwert der Meßwerte. Im Abstand von 12 % dieses Mittelwertes werden nach beiden Seiten hin zwei Geraden gezogen, Bild 82 (10 % entsprechen der angegebenen KER, 2 % werden für Fehler bei Durchführung des Tests angenommen).

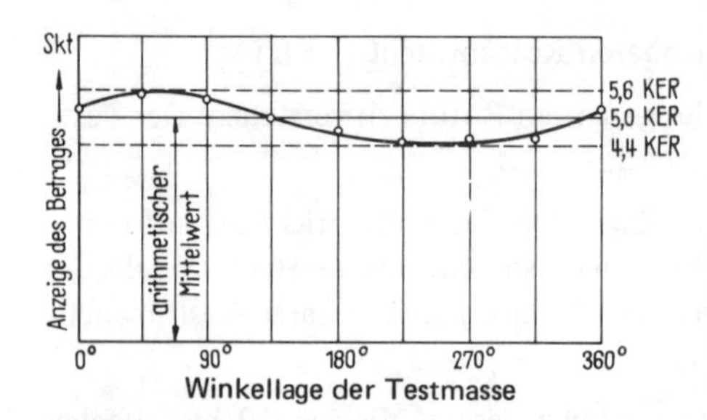

Bild 82. Graphische Kontrolle der Meßwerte einer Ebene beim Test zur kleinsten erreichbaren Restunwucht.

Bewertung: Wenn alle Meßpunkte innerhalb dieser beiden äußeren Geraden liegen, ist die angegebene kleinste erreichbare Restunwucht erreicht.

Beide Ausgleichebenen werden getrennt aufgezeichnet.

Ist die Größenanzeige nicht stabil, so sind für jede Winkellage die Maximal- und Minimalwerte aufzunehmen und einzuzeichnen. Auch dabei müssen alle Punkte innerhalb der beiden Geraden liegen (s. a. Abschn. 2.3.9).

Der entsprechende Test für Ein-Ebenen-Auswuchtmaschinen wird in Abschn. 3.1.2.4 bei den vertikalen Auswuchtmaschinen beschrieben.

3.1.1.5. Test des Unwuchtreduzierverhältnisses (URV)

Durch diesen Test wird die Gesamtgenauigkeit der Größenanzeige, der Winkelanzeige und der Ebenentrennung geprüft. Der Ausgangszustand ist der nach Abschn. 3.1.1.4 gut ausgewuchtete Rotor nach dem Schritt c), die Maschine zeigt die schwere Stelle an:

a) Es wird Polarkoordinatenpapier mit Toleranzkreisen um bestimmte Punkte bei 0°, 90°, 180° und 270° vorbereitet, Bild 83. Diese Punkte haben vom Mittelpunkt einen Abstand, der den Testunwuchten für den 10- bis 25fachen Betrag der angegebenen kleinsten erreichbaren Restunwucht entspricht (s. Abschn. 3.1.1.3.11). Der Radius R der Toleranzkreise ist gleich der angegebenen kleinsten erreichbaren Restunwucht je

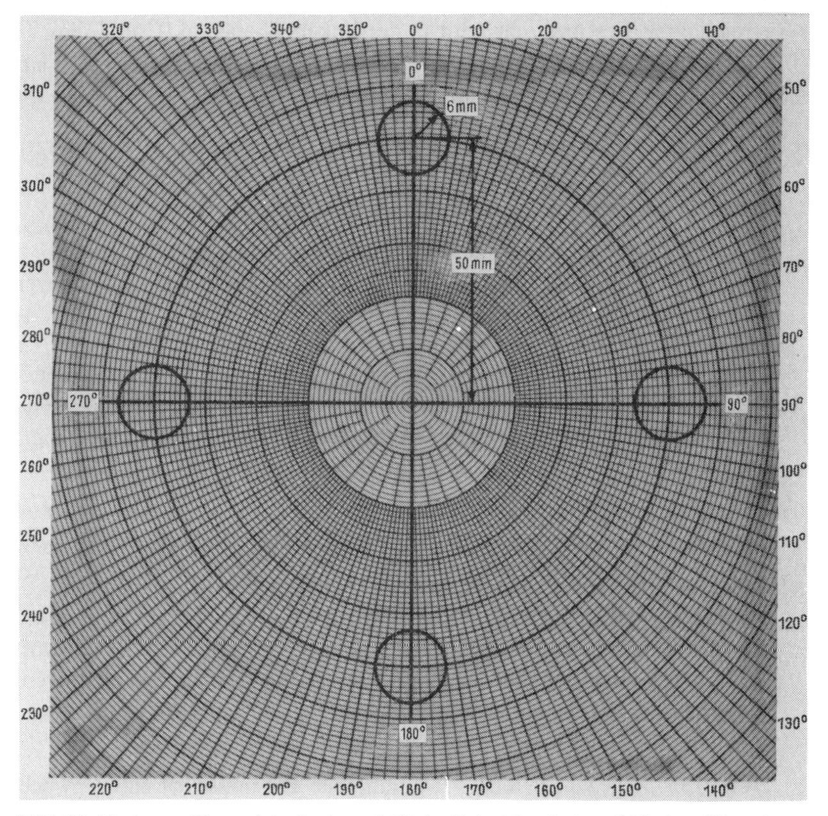

Bild 83. Test zum Unwuchtreduzierverhältnis. Beispiel mit dem 25fachen Wert der angegebenen kleinsten erreichbaren Restunwucht.

Ausgleichebene zuzüglich dem Betrag, auf den die Testunwucht verringert wird, wenn das Unwuchtreduzierverhältnis zugrunde gelegt wird:

$$R = \frac{KER}{2} + (1 - URV)\, U_t.$$

Beispiel: Angegebene kleinste erreichbare Restunwucht (KER) = 8 g mm; die beiden Testmassen haben den 25fachen Unwuchtwert: U_t = 200 g mm; Unwuchtreduzierverhältnis: URV = 90 %. Abstand der Punkte von dem Mittelpunkt: 200 g mm, entspricht 50 mm in der Zeichnung (gewählt). Radius der Kreise: $R = \frac{8}{2}$ g mm + (1 – 0.9) 200 g mm = 24 g mm, das entspricht 6 mm.

b) 1. Lauf: Eine Testmasse mit der 10- bis 25fachen Unwucht der kleinsten erreichbaren Restunwucht wird in der linken Ebene bei 0° und die andere in der rechten Ebene bei 90° angesetzt. Die Meßwerte werden aufgenommen und in das Diagramm eingetragen.

c) 2. Lauf: Die Testmasse in der linken Ebene wird nach 90° weitergesetzt, die in der rechten Ebene nach 180°, so daß sie wieder 90° entfernt voneinander sind. Die Meßwerte werden eingetragen.

d) 3. Lauf: Die Testmasse in der rechten Ebene wird nach 270° weitergesetzt, so daß die Testmassen jetzt 180° auseinanderliegen. Die Meßwerte werden eingetragen.

Alle eingetragenen Meßwerte sollen in den gezeichneten Toleranzkreisen liegen. Wenn nur ein Punkt außerhalb liegt, kann der Test wiederholt werden; liegen mehrere nicht in der Toleranz, ist die Maschine zuerst neu zu justieren.

Nach dem gleichen Prinzip wird der Bereich der 50- bis 250fachen kleinsten erreichbaren Restunwucht geprüft; es ergeben sich folgende Abweichungen:

a) Es wird Polarkoordinatenpapier mit Toleranzkreisen um bestimmte Punkte bei 45°, 135°, 225° und 315° vorbereitet, Bild 84. Der Abstand vom Mittelpunkt entspricht wieder der Größe der Testmassen. Der Radius R der Kreise entspricht der Größe der angegebenen kleinsten erreichbaren Restunwucht je Ausgleichebene zuzüglich dem Betrag, auf den die Testunwucht durch das Unwuchtreduzierverhältnis verringert wird.

   Beispiel: Angegebene KER = 8 g mm; jede Testmasse hat eine Unwucht U_t = 800 g mm; URV: 95 %.
   Abstand der Punkte vom Mittelpunkt: 800 g mm, entspricht in der Dar-

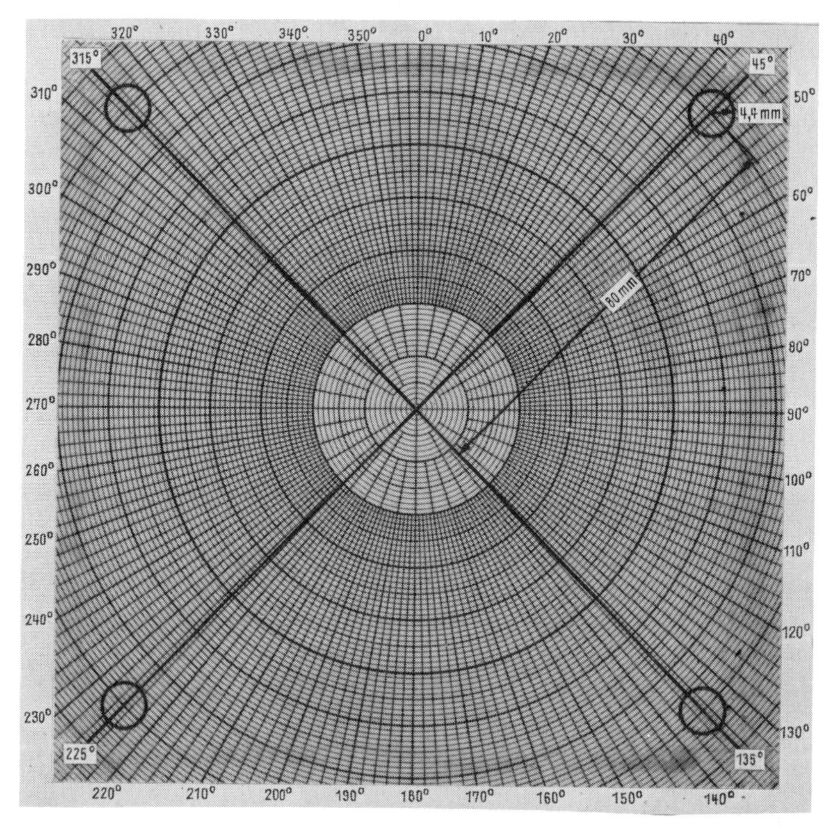

Bild 84. Test zum Unwuchtreduzierverhältnis. Beispiel mit dem 100fachen Wert der angegebenen kleinsten erreichbaren Restunwucht.

stellung 80 mm (angenommen). Radius der Kreise: $R = \frac{8}{2}$ g mm + (1 – 0,95) 800 g mm = 44 g mm, entspricht 4,4 mm. Die Testmassen werden nach dem gleichen Schema gesetzt wie oben unter b) bis d) beschrieben, nur um 45° verschoben:

b) 1. Lauf: Testmassen bei 45° und 135°.

c) 2. Lauf: Testmassen bei 135° und 225°.

d) 3. Lauf: Testmassen bei 135° und 315°.

Die Beurteilung ist die gleiche wie oben beschrieben. Die Toleranzfelder für beide Tests (mit 10- bis 25facher und mit 50- bis 250facher KER) können auch zusammen auf ein Diagrammpapier gezeichnet werden; es ist dann nur darauf zu achten, daß für beide Tests unterschiedliche Zeichenmaßstäbe gelten. Der Test für Ein-Ebenen-Auswuchtmaschinen wird in Abschn. 3.1.2.5 bei den vertikalen Auswuchtmaschinen beschrieben.

3.1.1.6. Auswuchtmaschinen für nachgiebige Rotoren

Für Auswuchtmaschinen zum Auswuchten nachgiebiger Rotoren gibt es noch keine ISO-Empfehlung. Erfahrungsgemäß sind jedoch einige zusätzliche Punkte zu beachten. Wesentliche Bedingungen für den Auswuchtprozeß dieser Rotoren (s. Abschn. 2.4) sind ein stufenlos regelbarer, richtig dimensionierter Antrieb, eine geeignete Rotorabstützung und eine Meßeinrichtung, die den Bedienungsmann kontinuierlich über den sich ändernden Unwuchtzustand informiert.

Die Genauigkeit, mit der der Antrieb gefahren werden kann und mit der er geregelt wird, muß um so höher sein, je größer die Drehzahlabhängigkeit des Unwuchtzustandes ist. Die Antriebsleistung wird so gewählt, daß ein Leistungsüberschuß zum Beschleunigen oder Bremsen in kritischen Drehzahlbereichen oder Zuständen vorhanden ist. Bei großen Rotoren würde dies zu sehr unwirtschaftlichen Antriebsgrößen führen. Das Risiko für die Rotoren und die Auswuchtmaschine kann in diesen Fällen durch den Einsatz von Lagerständern mit variabler Steifigkeit vermindert werden (um die kritischen Drehzahlen zu verlagern; s. Abschn. 2.4.3.2).

Bei der Lagerabstützung ist zu beachten, ob sie isotrop, d. h. in allen Radialrichtungen gleich steif ist. In diesem Fall treten alle kritischen Drehzahlen nur einmal auf. Während bei kraftmessenden Auswuchtmaschinen die Veränderung des Unwuchtzustandes fast immer über die Lager gemessen werden kann, ist bei anisotrop-wegmessenden Auswuchtmaschinen eine zusätzliche Meßhilfe – eine Abtastung der Biegelinie senkrecht zur normalen Meßrichtung – erforderlich, da die Eigenformen in Meßrichtung erst bei höheren Drehzahlen auftreten als senkrecht zur Meßrichtung (s. Abschn. 2.4.3.2).

Die Meßeinrichtung soll beide Lagerebenen (oder Ausgleichebenen) gleichzeitig anzeigen und automatisch und schnell dem geänderten Unwuchtzustand bei der Drehzahländerung folgen. Bei Resonanzannäherung oder -durchgang ist die Anschaulichkeit der vektoriellen Anzeige am günstigsten (s. Abschn. 2.1.6.1).

3.1.2. Vertikale Auswuchtmaschinen

3.1.2.1. Auswuchtaufgabe

Gegenüber den horizontalen Auswuchtmaschinen (s. Abschn. 3.1.1.1) ergeben sich manche Abweichungen. Einige Gesichtspunkte entfallen, die Daten sind in Übereinstimmung mit dem Vermaßungsschema für Rotoren auf vertikalen Maschinen anzugeben, Bild 85.

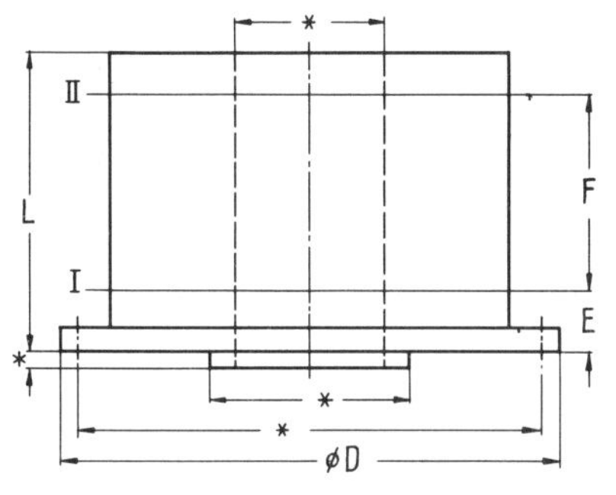

Bild 85. Vermaßung eines Rotors zum Auswuchten auf einer vertikalen Auswuchtmaschine.
I untere Ausgleichebene,
II obere Ausgleichebene,
* Abmessungen für die Montage des Körpers auf der Maschine, z. B. Teilkreis mit Lochzahl und Größe der Bohrungen, zentrale Bohrung, Zentrierung.

3.1.2.2. Angebot und technische Dokumentation

Das für horizontale Maschinen verwendete Schema (s. Abschn. 3.1.1.2) kann mit entsprechenden Änderungen verwendet werden:

Rotorabmessungen

a) Rotordurchmesser in mm.

b) Rotorhöhen, gesamt in mm, Schwerpunkthöhe in mm; diese Angaben sind für jede Drehzahl erforderlich; bei stufenlos regelbarem Antrieb ist eine Kurve am zweckmäßigsten.

c) Beschränkung der Kontur des Rotors, im wesentlichen zur Spindel hin, Bild 86, evtl. auch durch Schaltgeräte oder Ausgleicheinheiten.

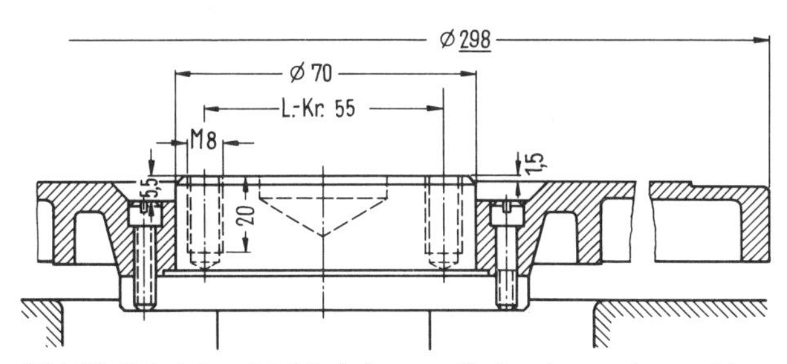

Bild 86. Spindelanschluß bei einer vertikalen Auswuchtmaschine.

Einfluß der Momentenunwucht

Die meisten Vertikalwuchtmaschinen werden zum Auswuchten in einer Ausgleichebene eingesetzt. Dabei ist der Einfluß der Momentenunwucht (ME) auf die Anzeige der statischen Unwucht interessant. Er ist anzugeben in g mm/g mm².

3.1.2.3. Technische Details und ihre Beurteilung

Von den bei den horizontalen Maschinen genannten Punkten (Abschn. 3.1.1.3) ändern sich für die vertikalen Maschinen:

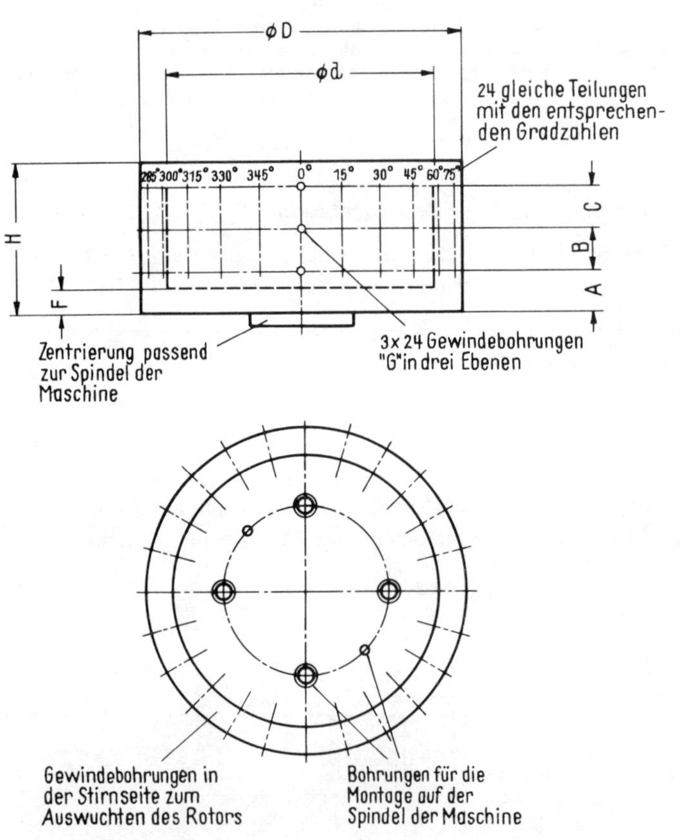

Bild 87. Vermaßung der Testrotoren für vertikale Auswuchtmaschinen.

Testrotoren, Testmassen

Die technischen Daten der Testrotoren sind in Bild 87 und Tabelle 11 zusammengefaßt (Testmassen für Zwei-Ebenen-Auswuchtmaschinen s. Abschn. 3.1.1.3).

Bei Ein-Ebenen-Auswuchtmaschinen werden folgende Testmassen benötigt:

Für den Test zur kleinsten erreichbaren Restunwucht (KER):

1 Testmasse mit dem 10fachen Wert der angegebenen kleinsten erreichbaren Restunwucht.

Für den Test zum Unwuchtreduzierverhältnis (URV):

1 Testmasse mit dem 20- bis 50fachen Wert der angegebenen kleinsten erreichbaren Restunwucht,

1 Testmasse mit dem 100- bis 500fachen Wert der angegebenen kleinsten erreichbaren Restunwucht.

Für den Test des Einflusses der Momentenunwucht (ME):

2 Testmassen mit dem 50- bis 250fachen Wert der angegebenen kleinsten erreichbaren Restunwucht.

Tabelle 11. Abmessungen und Massen (Gewichte) der Testrotoren für vertikale Auswuchtmaschinen.

	Rotor-masse G	Trägheits-moment $J = G r_i^2$	Außen-durch-messer D	Innen-durch-messer d	Höhe H	A	B	C	F	G
	kg	kg m²	mm	mm	mm	mm	mm	mm	mm	mm
1	1,1	0,0025	110	99	55	8	20	20	6,5	M 3
2	3,5	0,017	160	144	80	12	30	30	9,5	M 3
3	11	0,12	230	206	127	19	45	45	13	M 6
4	35	0,8	345	310	170	25	60	60	20	M 10
5	110	5,5	510	460	255	38	90	90	30	M 10

3.1.2.4. Test der kleinsten erreichbaren Restunwucht (KER)

Der Test läuft genauso ab, wie in Abschn. 3.1.1.4 beschrieben; bei Ein-Ebenen-Auswuchtmaschinen wird nur eine Testmasse gesetzt, und zwar in die untere (horizontale Maschine: linke) Ausgleichebene des Rotors.

Bei vertikalen Auswuchtmaschinen kommt noch die Kontrolle der Spindel hinzu. Nach dem normalen Testumfang wird der Rotor abgenommen und die Spindel allein geprüft. Die Größe der Unwucht, die dann angezeigt wird, soll kleiner sein als die angegebene kleinste erreichbare Restunwucht.

3.1.2.5. Test des Unwuchtreduzierverhältnisses (URV)

Der Ablauf entspricht dem in Abschn. 3.1.1.5 für die horizontalen Maschinen angegebenen. Bei Ein-Ebenen-Auswuchtmaschinen wird dagegen nur jeweils eine Testmasse in die untere (horizontale Maschine: linke) Ausgleichebene gesetzt und damit die kombinierte Genauigkeit der Größen- und der Winkelanzeige geprüft.

3.1.2.6. Test des Einflusses der Momentenunwucht

Der Testrotor wird wie in Abschn. 3.1.1.4, einschließlich Schritt c), beschrieben ausgewuchtet; dann werden, um 180° gegeneinander versetzt, zwei gleich große Unwuchten zwischen dem 50- und 250fachen Wert der kleinsten erreichbaren Restunwucht in den beiden äußeren Ebenen angesetzt. Diese Momentenunwucht wird dreimal um je 90° weitergesetzt; die Meßwerte werden notiert. Keiner der vier Meßwerte A darf den Wert der kleinsten erreichbaren Restunwucht zuzüglich dem Produkt aus der angesetzten Momentenunwucht mit dem genannten Einflußwert übersteigen:

$$A \leqslant KER + U_m\,ME.$$

Beispiel: Angegebene kleinste erreichbare Restunwucht: KER = 5 g mm; Momentenunwuchteinfluß : ME = 1/400 g mm/g mm².

Die Testmassen haben eine Unwucht von je U_t = 1000 gmm (angenommen). Bei einem Ebenenabstand von 40 mm ergibt sich die Momentenunwucht zu: $U_m = 40000\ \text{g mm}^2$.

Als Meßwert ist dann maximal zulässig:

$$A_{zul} = 5\ \text{g mm} + 40000\ \text{g mm}^2\ \frac{1}{400}\ \frac{\text{g mm}}{\text{g mm}^2} = 105\ \text{g mm}.$$

3.1.3. Schwerpunktwaagen

Nach ISO-Definition [7] sind darunter Einrichtungen zu verstehen, bei denen der auszuwuchtende Körper nicht rotiert, die aber trotzdem einen Meßwert für den Unwuchtvektor, also Größe und Winkellage geben. Der Körper wird dabei mit vertikaler Achse aufgenommen, das Gewichtskraftmoment seines (um die Schwerpunktexzentrizität) außerhalb der Aufnahmeachse liegenden

Bild 88. Schwerpunktwaage für Propeller.

Schwerpunktes wird zur Messung benutzt, Bild 88. Auf Schwerpunktwaagen können nur Ein-Ebenen-Auswuchtungen durchgeführt werden, d. h. es kann nur die statische Unwucht beseitigt werden (s. Abschn. 2.2.4 und 2.2.5), da bei der Momentenunwucht der Schwerpunkt bereits auf der Schaftachse liegt.

Die wesentlichen Punkte für die Auswahl und das Testen der Schwerpunktwaagen sind identisch mit den Problemen, die in Abschn. 3.1.2.1 bis 3.1.2.5 (vertikale Auswuchtmaschinen) beschrieben sind, nur der Antrieb entfällt.

3.2. Ausgleich

3.2.1. Fehler beim Ausgleich

Beim Ausgleichen der gemessenen Unwucht sind in der Praxis Fehler unvermeidlich; dies führt dazu, daß eine Verminderung der Urunwucht entsprechend dem Unwuchtreduzierverhältnis nicht möglich ist: Die Ausgleichmasse ist in der Größe nie völlig genau und hat immer ein unvorhersehbares Volumen. Die Einstellung der Meßeinrichtung bezieht sich stets auf einen vermuteten Wert, kann also im allgemeinen Fall nicht stimmen. Fehler treten auf durch Abweichungen in:

- der Ausgleichmasse,
- der Lage der Ausgleichebenen,
- den Ausgleichradien,
- den Winkeln der Ausgleichmassen.

Die Größe der einzelnen Fehler ist sehr stark von der Art des Ausgleichs abhängig, kann also nicht getrennt davon angegeben werden. An einfachen Beispielen soll aber gezeigt werden, auf welche Bedingungen zu achten ist:

Ausgleichmassen: Der Fehler kann klein gehalten werden, wenn definiert Massen zugesetzt oder weggenommen werden (0,1 bis 1 %). Extrem groß werden die Abweichungen, wenn flächig von Hand Material abgetragen wird (je nach Übung 10 bis 50 %).

Lage der Ausgleichebenen: Beim Ausgleich in Achsrichtung (z. B. axiales Bohren von den Stirnseiten aus) verlagert sich der Schwerpunkt der Ausgleichmasse mit der Größe. Die Ebenentrennung gilt also nicht generell, sondern nur für eine bestimmte Bohrtiefe. In allen anderen Fällen ist ein Einfluß auf die Anzeige der anderen Seite vorhanden. Der prozentuale Einfluß ist dabei direkt proportional der Abweichung aus der Soll-Ausgleichebene. Ausschlaggebend für die Störung durch die falsche Ebenentrennung ist aber nicht der prozentuale Einfluß, sondern der absolute Einfluß, d. h. die Fehlanzeige in der anderen Ebene. Der absolute Einfluß ist das Produkt aus der Ausgleichmasse und dem prozentualen Einfluß. Der absolute Einfluß, und damit der Fehler, wird gemittelt, wenn auf etwa 2/3 der durchschnittlichen axialen Ausgleichtiefe eingestellt wird. In diesem Fall ist im Bereich von 1/4 maximaler Bohrtiefe bis zur maximalen Bohrtiefe der absolute Einfluß etwa konstant, unterhalb 1/4 maximaler Bohrtiefe nimmt er ab.

Beispiel: Abstand der Stirnseiten voneinander 200 mm, in der Praxis hat sich ergeben: durchschnittliche Bohrtiefe (= halbe maximale Bohrtiefe) von beiden Seiten 20 mm. Die richtige Lage der Ausgleichebenen ist dann: $2/3 \cdot 20 \approx 13$ mm, von der Stirnseite aus gerechnet, obwohl der Schwerpunkt für den mittleren Ausgleich 10 mm tief liegt. Abstand der Ausgleichebenen voneinander: $200 - 2 \cdot 2/3 \cdot 20 \approx 173$ mm.

Ausgleichradien: Der Ausgleichradius kann sehr genau sein, wenn z. B. axial ausgeglichen wird (etwa 0,1 bis 1 % Fehler), kann aber bei radialem Ausgleich oder Ausgleich auf dem Umfang sehr groß werden. Der Fehler bei radialem Ausgleich (z. B. durch Bohren) ist abhängig von dem Radius der Oberfläche, von der aus gebohrt wird, und von der Bohrtiefe (s. Tabelle 38). Eingestellt wird die Meßeinrichtung auf die Hälfte der durchschnittlichen Bohrtiefe; der relative Fehler im Ausgleich dieser Ebene ist dann in beiden Richtungen – bei kleinerer oder größerer Bohrtiefe – gleich groß.

Ausgleich am Umfang: Wird die Ausgleichmasse über einen größeren Winkel auf dem Radius r verteilt (z. B. Abfräsen eines Wulstes), so verringert sich bei größerem Winkel der wirksame Radius, d. h. die Ausgleichunwucht nimmt nicht mehr linear mit dem Winkel zu (s. Tabelle 39). Die Meßeinrichtung wird am besten auf den Mittelwert der wirksamen Radien bei maximalem Winkel und Winkel 0° eingestellt (nicht auf den wirksamen Radius des mittleren Winkels), wobei Tabelle 39 zu Hilfe genommen werden kann. Dadurch wird der relative Fehler für extreme Ausgleiche gleich groß.

Beispiel: Maximaler Winkel 150°, wirksamer Radius 0,74 r; minimaler Winkel 0°, wirksamer Radius r; mittlerer Radius 0,87 r. (Radius des mittleren Winkels von 75°: 0,93 r.)

Ausgleich durch Spreizen von zwei Ausgleichmassen: Durch Spreizen um den Winkel α von zwei gleich großen Ausgleichmassen auf dem Radius r können beliebige Unwuchten zwischen 0 und 2 U_a ausgeglichen werden. Einstellung der Meßeinrichtung am besten auf den richtigen Radius. Anzeige für Winkel und Betrag getrennt mit einer nicht-linearen Betragteilung, so daß direkt der Spreizungswinkel abgelesen werden kann (s. Tabelle 40).

Winkel: Die Winkellage der Ausgleichmasse kann bei definierter Materialzugabe oder -abnahme sehr genau sein (1 bis 3 % Fehler), bei flächiger Korrektur steigt der Fehler stark an (bis zu 20 %). Wichtig ist die Ankopplung des Winkelbezugssystems, seine Genauigkeit und Spielfreiheit sowie die Übertragung des Meßwertes auf den Rotor.

Das Verhältnis zwischen der Urunwucht und Restunwucht bestimmt in Verbindung mit dem Unwuchtreduzierverhältnis die Größe des beim Ausgleich zulässigen Fehlers: Beim Verhältnis 5 : 1 und einem Unwuchtreduzierverhältnis von 90 % ist ein maximaler Fehler von etwa 11 % zulässig, dann kann immer noch mit einem Schritt die Toleranz erreicht werden. Ist das Verhältnis Urunwucht zu Restunwucht größer, aber immer noch kleiner als das Unwuchtreduzierverhältnis, dann führt nur ein sehr exakter Ausgleich in einem Schritt zum Ziel (im Grenzfall kann der Ausgleichfehler bis auf rd. 1 % reduziert werden). In diesem Grenzbereich ist zu prüfen, ob nicht der Zeitaufwand für den 1-Schritt-Ausgleich den für einen 2-Schritt-Ausgleich übertrifft. Wenn das Verhältnis Urunwucht zu Restunwucht größer ist als das Unwuchtreduzierverhältnis, kann nicht mehr in einem Schritt ausgeglichen werden.
Diese Aussagen treffen nur auf den Einzelrotor zu. Bei Serienprodukten wird die Größe der Unwucht einer größeren Anzahl von Rotoren statistisch ausgewertet und der Ausgleich so ausgelegt, daß ein bestimmter Prozentsatz in die geforderte Toleranz ausgewuchtet werden kann. Rotoren mit extremen Unwuchten, die die Toleranz nicht erreichen, werden z. B. aussortiert oder nachkorrigiert.

3.2.2. Ausgleicharten

Ausgleichen bedeutet (s. a. Abschn. 2.2.1), den Unwuchtzustand so zu verändern, daß die Massenträgheitsachse hinreichend genau mit der Schaftachse übereinstimmt (s. Abschn. 2.2.8). Eine Möglichkeit des Ausgleichens besteht darin, die Schaftachse so zu verlagern, daß sie hinreichend genau mit der Massenträgheitsachse zusammenfällt. Dieses Verfahren – Wuchtzentrieren genannt – wird in einigen Fällen beim Ein-Ebenen-Auswuchten und beim Zwei-Ebenen-Auswuchten angewendet. Dabei wird z. B. der Rotor in einer (beliebigen) Anfangslage aufgenommen, die Unwucht um die dadurch gegebene Schaftachse festgestellt und anschließend die Zentrierbohrung (oder Passung, Lagerzapfen usw.) entsprechend versetzt angebracht bzw. fertig bearbeitet, Bild 89.

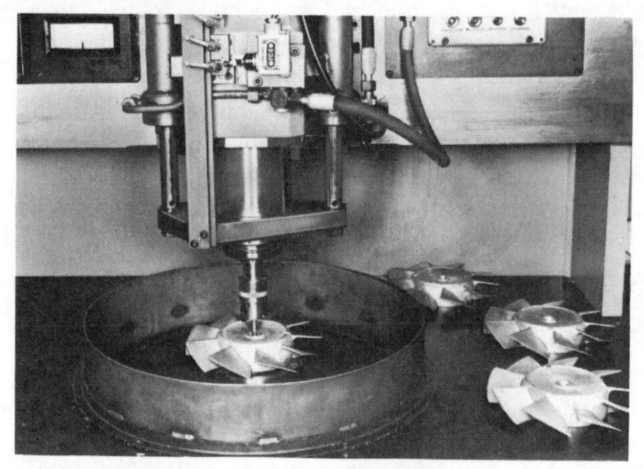

Bild 89. Wuchtzentrieren von Lüfterrädern.

Der üblichere Weg ist aber die Verlagerung der Massenträgheitsachse zu der Schaftachse hin durch Verlagern, Zusetzen oder Abnehmen von Material. Dazu sind alle fertigungstechnisch überhaupt möglichen Verfahren einsetzbar. Welche Ausgleichart im Einzelfall gewählt wird, hängt vor allem vom Rotor und den geforderten Ausgleichzeiten sowie den Kosten ab.
Ein kurzer Überblick soll die Vielfalt der Möglichkeiten verdeutlichen.

3.2.2.1. Zugeben von Material

- Einsetzen von Kerbstiften,
- Eindrehen von Schrauben,

– Einziehen von Rundstahl,
– Anschrauben von Ausgleichmassen,
– Annieten von Ausgleichmassen,
– Einschieben von Blechstreifen,
– Aufsetzen von Klammern,
– Aufsetzen von Ringen auf Zapfen,
– Einsetzen von Nutensteinen,
– Aufschweißen,
– Auflöten,
– Aufspritzen,
– Auftragen von Kittmasse (evtl. aushärtend).

3.2.2.2. Verlagern von Material

– Radiusänderung, z. B. durch Hinein- oder Herausschrauben,
– Winkeländerung durch gegenseitiges Verschieben von zwei (oder mehreren) gleich großen Massen, z. B. in einer Nut.
– Winkeländerung durch gegenseitiges Verdrehen von zwei gleichen Exzenterausgleichmassen auf der Welle des Rotors.

3.2.2.3. Abnehmen von Material

– Ausbohren,
– Abfräsen,
– exzentrisches Abdrehen,
– Abschleifen,
– Abhobeln,
– Abschneiden,
– Abtragen durch Strahlen.

Sehr große Unwuchten können wirtschaftlich nur durch Zusetzen von Material ausgeglichen werden; bei normalen und kleinen Unwuchten ergeben sich keine prinzipiellen Prioritäten.

3.2.3. Ausgleichzeit

Die Ausgleichzeit bestimmt gerade bei modernen, leistungsfähigen Auswuchtmaschinen in großem Maß die Zeit je Auswuchtlauf. In manchen Fällen muß der Wuchter nach dem Messen der Unwucht zuerst die Größe der Ausgleichmassen berechnen, dann geht er weg, um sich die entsprechende Ausgleichmasse absägen, bohren und befeilen zu lassen (oder sie selbst anzufertigen). Dann wird in den Rotor an der gemessenen Winkellage (bei gegebenem Radius) ein Loch gebohrt, Schraube und Mutter sowie das erforderliche Werkzeug herbeigeholt und die Ausgleichmasse befestigt: Die Maschine steht eine halbe Stunde ungenutzt still. Ist die geforderte Restunwucht noch nicht erreicht, wiederholt sich das gleiche noch ein- oder zweimal. Typisch ist auch, daß in vielen Fällen keine passende Waage vorhanden ist, um die Ausgleichmassen abzuwiegen.

Fast immer läßt sich der Ausgleich vernünftig organisieren, z. B.
- indem gestufte Ausgleichmassen vorbereitet werden;
- indem ein Festortausgleich vorgesehen ist und die Bohrungen bereits in der mechanischen Fertigung eingebracht werden.

Das Anschrauben der richtigen Gewichtstücke (oder Gewichtsatzes) ist dann eine Sache von wenigen Minuten.

Eine Einteilung der Ausgleichart in Abhängigkeit von der benötigten Zeit ist nicht möglich, aber für jede Ausgleichart lassen sich drei wesentliche Stufen angeben, die bei fallenden Ausgleichzeiten generell steigende Maschinenkosten bedeuten:
- handbedienter Ausgleich,
- halbautomatischer Ausgleich,
- vollautomatischer Ausgleich.

Der Reihe nach bedeutet dies:
- Übertragen der Meßwerte und Betätigen des Ausgleichs von Hand,
- Übertragen der Meßwerte von Hand, Ausgleich automatisiert oder umgekehrt,
- Übertragen der Meßwerte und Ausgleich automatisiert.

Diese Grenzen sind fließend und somit nicht genau zu erfassen, da es immer zusätzliche Hilfen gibt, die eine Brücke zu der nächsten Stufe schlagen. Zudem sind für den Ausgleich in jeder Ebene zwei Meßwerte zu übertragen: der Betrag und die Winkellage. Es gibt Fälle, in denen z. B. die Winkellage automatisch eingedreht wird, der Betrag aber von Hand auszubohren ist, andere, in denen die Winkellage von Hand eingedreht und der Betrag automatisch ausgebohrt wird. Das Ansetzen von gut vorbereiteten Gewichtstücken erfordert (bei gleichem finanziellen Aufwand) normalerweise weniger Zeit als die Materialabnahme. Der richtige Maßstab, der anzulegen ist, wenn aus der Fülle der Möglichkeiten die optimale herausgesucht werden soll, ist die Boden-Boden-Zeit, in der auch die Zeit für Be- und Entladen mit enthalten ist.

3.3. Beladen und Entladen

Das Be- und Entladen muß sorgfältig durchdacht und organisiert werden, vor allem bei:

- Serienfertigung,
- Ausgleich außerhalb der Auswuchtmaschine,
- sehr kostbaren oder sehr leicht zu zerstörenden Rotoren,
- unhandlichen und schweren Rotoren.

Bild 90. Handbediente Auswuchtmaschine.

Als allgemeine Regeln gelten:

- die Transportwege sind so kurz wie möglich zu halten,
- die Bewegung soll vor allem horizontal verlaufen,
- mechanische Hilfen (Zug, Kran, Hubeinrichtung) sollen die Bedienungsperson von schwerer körperlicher Arbeit entlasten, präzise zu steuern sein und jederzeit zur Verfügung stehen.

Auch der Transport kann automatisiert werden. Bei handbedienten Auswuchtmaschinen werden alle Vorgänge vom Bedienungsmann durchgeführt, Bild 90. Bei halbautomatischen Auswuchtmaschinen wird der Rotor nur von Hand eingelegt und das Programm gestartet; nach Ablauf des Arbeitsganges wird der Rotor wieder entnommen, Bild 91. Zu vollautomatischen Auswuchtmaschinen wird der Rotor auf der Zulaufseite durch irgendein Fördermittel zugeführt, ohne Eingreifen eines Menschen ausgewuchtet und auf der anderen Seite ausgegeben, Bild 92.

Das automatische Be- und Entladen ist nur bei entsprechend großen Serien sinnvoll, bei kleinen Serien wiegen die Einsparungen nicht einmal die zusätzlich erforderliche Einrichtzeit auf, so daß hier vorteilhafter mit manuell gesteuerten Hilfen gearbeitet wird.

Bild 91. Halbautomat; Auswuchtmaschine und Ausgleichstation werden von Hand beschickt.

Bild 92. Vollautomat mit Transporteinrichtung.

3.4. Vorbereitung und Durchführung des Auswuchtens

3.4.1. Konstruktionsrichtlinien und Zeichnungsangaben

Bereits bei der Konstruktion eines Rotors ist darauf zu achten, daß alle asymmetrisch liegenden Massen soweit wie möglich in derselben Ebene ausgeglichen sind, Bild 93, und daß die erforderliche Anzahl Ausgleichebenen an den richtigen Stellen geschaffen werden. Außerdem ist (meist

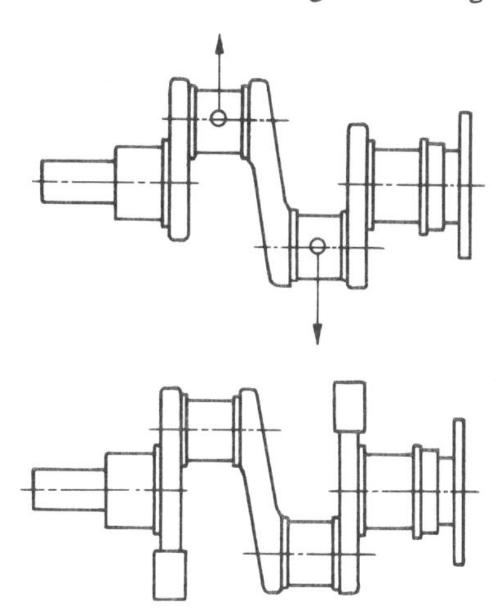

Bild 93. Zeichnerischer Vorausgleich.

in Verbindung mit der Arbeitsvorbereitung) zu überlegen, welche Ausgleichart angewandt werden soll; dementsprechend ist Material zuzugeben, Bohrungen oder Nuten usw. vorzusehen.

Auf der Fertigungszeichnung ist zu vermerken, in welchem Zustand der Rotor ausgewuchtet werden soll (z. B. mit aufgezogenen Wälzlagern). Die Ausgleichebenen und die Lagerebenen sollen eingezeichnet und vermaßt sein, ebenso die Ausgleichradien, wenn sie nicht beliebig wählbar sind. Weiterhin sind eindeutige Angaben zu machen über die Ausgleichart, das zu benutzende Werkzeug, etwa vorhandene Begrenzungen im Ausgleich (maximal zulässige Bohrtiefe) und die zulässige Restunwucht je Ebene.

3.4.2. Auslegen des Ausgleichs

Für das zweckmäßigste Auswuchten von in Serie gefertigten Rotoren spielt die Häufigkeitsverteilung der Unwucht eine wesentliche Rolle [15].

Von einer Anzahl von Rotoren wird die Unwucht gemessen und in einem Balkendiagramm dargestellt, Bild 94. Wird die Toleranz T und ein Vielfaches der Toleranz V, (aus dem Unwuchtreduzierverhältnis (URV) der Auswuchtmaschine abgeleitet) in dieses Diagramm eingetragen, so kann direkt angegeben werden, wieviel Prozent der Rotoren vermutlich in *einem* Schritt ausgeglichen werden können. In Bild 94 sind dies etwa 90 %. Alle Rotoren mit Unwuchten größer als V benötigen mehr als einen Schritt.

Die vermessenen Rotoren zeigen als größte Unwucht 22 T. In Einzelfällen können jedoch auch größere Unwuchten auftreten. Es ist festzulegen, bis zu welcher Unwucht noch ausgeglichen werden soll und welche Unwuchten Ausschuß bedeuten.

Der Ausgleich für alle Rotoren mit Unwuchten größer V = 10 T braucht nur sicherzustellen, daß nach der ersten Korrektur Werte kleiner V erreicht werden. Bei gestuften Massen würden z. B. 2 Massen (15 T und 30 T) ausreichend sein, um bei Anfangsunwuchten zwischen 10 T und 35 T) (1 V und 3,5 V stets Ergebnisse besser 5 T (0,5 V) zu erzielen.

Für Unwuchten kleiner 10 T (Anfangsunwuchten oder Zwischenergebnisse nach dem ersten Schritt) sind Stufungen zwischen 1,5 T und 2 T zu empfehlen (abhängig von der Genauigkeit der Auswuchtmaschine und der Präzision des Ausgleiches). Bei 1,5 T/3 T/4,5 T/6 T/7,5 T/9 T sind 6 Massen nötig, bei 1,8 T/3,6 T/5,4 T/7,2 T/9 T nur 5 Massen (für Fehler ist aber weniger Spielraum vorhanden).

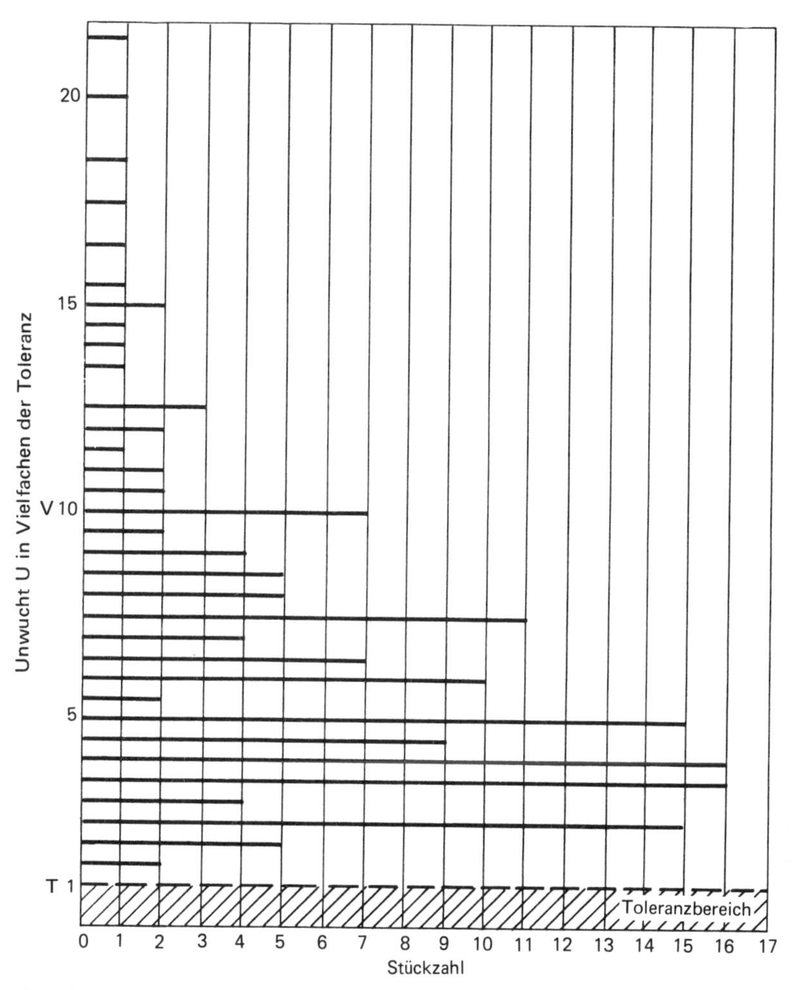

Bild 94. Typische Verteilung des Betrages der Unwucht (bei zentrischer Häufigkeitsverteilung).

Die Stufung der Schritte und der Ausgleichmassen muß für jeden Rotor in Verbindung mit dem vorgesehenen Ausgleich optimiert werden, um minimale Stückkosten zu erzielen.

3.4.3. Arbeitsvorbereitung

Das Auswuchten muß, wie jeder andere Fertigungsvorgang, von der Arbeitsvorbereitung richtig geplant werden, wenn es wirtschaftlich sein soll. Voraussetzung dafür ist, daß die Möglichkeiten der Auswuchtmaschine und der gewählten Ausgleichart richtig für den jeweiligen Rotor genutzt werden. Während Halb- und Vollautomaten meist auf ganz bestimmte Rotoren zugeschnitten werden und die Einzelzeiten und die Stückzeit bereits bei der Auswahl der geeignetsten Maschine diskutiert werden, wächst die Schwierigkeit, die Zeiten richtig festzulegen, mit umfangreicher Handbedienung und wechselnden Rotortypen. Aber gerade dabei sollten ernsthafte Anstrengungen gemacht werden. Während bei Vollautomaten durch weitere Verfeinerungen im Einzelfall die Taktzeit manchmal um 5 bis 10 % gedrückt werden kann, ist es beim nichtgeplanten manuellen Auswuchten oft ohne Schwierigkeiten möglich, 50 bis 90 % Zeitersparnis zu erreichen.

Der Weg führt normalerweise über Arbeitsstudien zu Arbeitsplänen für die einzelnen Rotoren, die zusätzlich zu den Angaben der Fertigungszeichnungen noch eine Reihe von Bedingungen festlegen: z. B. Auswuchtdrehzahl,

Tabelle 12. Universalauswuchtmaschine mit danebenstehender Bohrmaschine.

Bedienung	Befehl	Ablauf
Abtastring aufstecken, einlegen in die Auswuchtmaschine		
	auswuchten	
		Hochlauf messen arretieren bremsen
Übergeben an Bohrmaschine eindrehen Ebene 1 bohren wenden eindrehen Ebene 2 bohren übergeben an Auswucht- maschine		
	Kontrolle	
		Hochlauf messen arretieren bremsen
entnehmen Abtastring abnehmen ablegen		

Gelenkwelle, Position der Lagerständer auf dem Bett, Lagerart und Einstellung, Einstellwerte für die Meßeinrichtung (hier mit Ausgleichradien), Werkzeug(-maschine) und Einsatzbedingungen, etwa erforderliche Vorrichtungen für das Einlagern, Antreiben oder Ausgleichen der Rotoren.

Auch beim Auswuchten kann von Arbeitsplänen bereits durchgeführter Arbeiten auf ähnliche, neu anfallende Rotoren geschlossen werden.

Als Beispiel unterschiedlicher Automatisierungsstadien und die dadurch möglichen Zeiteinsparungen soll der Ausgleich durch Bohren an kleinen Elektroankern, z. B. Alternatoren, dienen. Tabelle 12 bis 15 und Bild 95 und 97 bis 99 verdeutlichen die Zusammenhänge, Bild 96 zeigt den Zeitplan zu den Tabellen: Bild 96 c): Während ein Rotor in der Ausgleichstation ist, wird der soeben ausgeglichene Rotor kontrolliert und anschließend der nächste Rotor vermessen, Bild 96 d): In allen Stationen laufen die Vorgänge parallel ab, d. h. es befinden sich immer sieben Rotoren in der Maschine.

Tabelle 13. Auswuchtmaschine mit zwei angebauten Bohrmaschinen.

Bedienung	Befehl	Ablauf
einlegen		
	auswuchten	
		Hochlauf
		messen
		arretieren
		bremsen
eindrehen Ebene 1		
spannen		
bohren		
entspannen		
eindrehen Ebene 2		
spannen		
bohren		
entspannen		
	Kontrolle	
		Hochlauf
		messen
		arretieren
		bremsen
entnehmen		
ablegen		

Tabelle 14. Auswuchtmaschine mit angegliederter Ausgleichstation.

Bedienung	Befehl	Ablauf
einlegen in die		
Auswuchtmaschine		
	auswuchten	
		Hochlauf
		messen
		speichern
		bremsen
positionieren		
entnehmen		
einlegen in die		
Ausgleichstation		
	spannen	
		spannen
		bohren, beide Ebenen
		entspannen
entnehmen		
einlegen in die		
Auswuchtmaschine		
	Kontrolle	
		Hochlauf
		messen
		bremsen
entnehmen		
ablegen		

Tabelle 15. Rundtransfer-Auswuchtmaschine.

Bedienung	Befehl	Ablauf
		Rotor im Zubringer
		Einlegen in Einlegestation
		Transport zur Meßstation
		Hochlauf
		Messen und Speichern
		Bremsen
		Transport zur
		Positionierstation
		Positionieren
		Transport zur
		Ausgleichstation
		Spannen
		Bohren, beide Ebenen
		entspannen
		Transport zur
		Kontrollstation
		Hochlauf
		Messen
		Bremsen
		Transport zur Entlade-
		station
		Entladen zur
		Sortiereinrichtung
		Sortieren

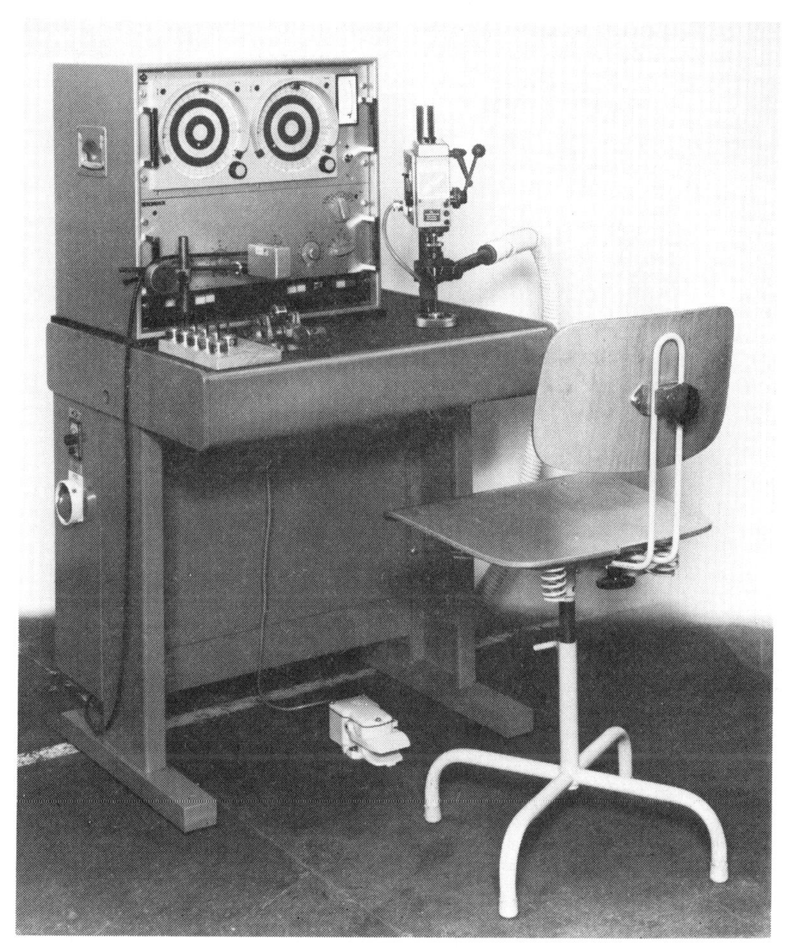

Bild 95. Auswuchtmaschine für kleine Elektroanker in Tischausführung mit separater Bohrstation.

3.4.4. Vorbereitungen am Rotor

Um einen Rotor auswuchten zu können, muß er eingelagert und angetrieben werden und mit einem Winkelbezug versehen sein. Nicht alle Rotoren erfüllen von sich aus diese Forderungen, sie müssen dann speziell vorbereitet werden. Am besten ist es, wenn alle Vorbereitungen für das Auswuchten in den normalen Fertigungsprozeß aufgenommen werden, z. B.:

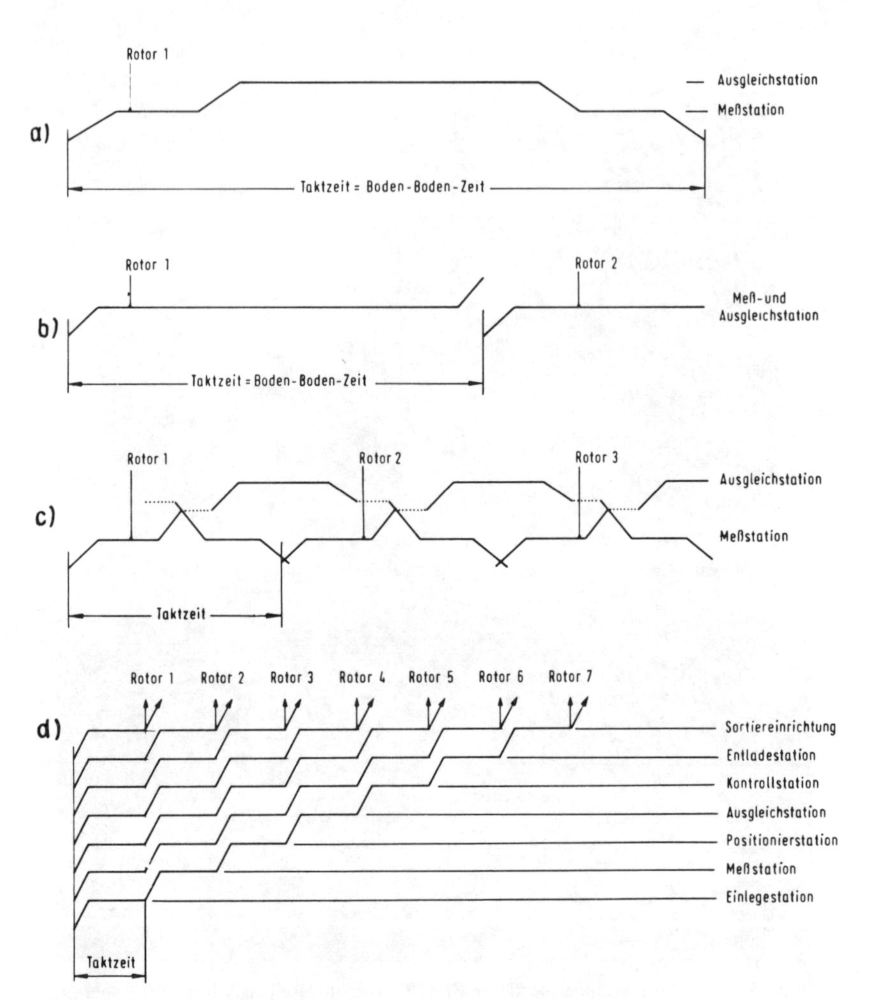

Bild 96. Zeitpläne für die Maschinen von Bild 95 und 97 bis 99.

- Aufziehen der betriebsmäßigen Wälzlager für das Einlagern in der Auswuchtmaschine,
- Fertigen der Zentrierung und der Gewindebohrungen für den Gelenkwellenanschluß,
- Bohren der Löcher für den Festortausgleich in richtiger Winkellage zu dem Lochbild des Gelenkwellenanschlusses.

Bild 97. Auswuchtmaschine mit angebauten Bohreinheiten.

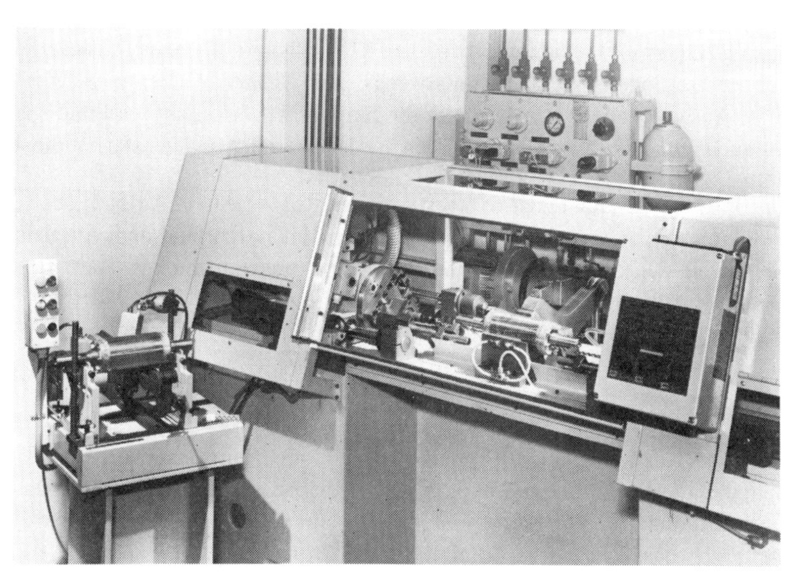

Bild 98. Auswuchtmaschine mit angegliederter Ausgleichstation.

Bild 99. Automat mit Rundtransport.

Häufig sind es im Fertigungsprozeß nur Kleinigkeiten, die beim Auswuchten von großer Bedeutung sind. Ein angegossener, kleiner Nocken z. B., der beim Auswuchten als Bezugsmarke für den Winkel verwendet wird und später auch zum Eindrehen des richtigen Winkels in der Ausgleichstation dient.

Die optimale Lösung hängt so stark von dem Rotor, seinem Aufbau, der Fertigung, der Auswuchtmaschine mit ihrem Meßsystem und dem Ausgleich ab, daß sie sicher nie leicht zu finden ist. Die Problemstellung ist aber im ingenieurmäßigen Sinn sehr interessant, und ihre richtige Beantwortung trägt zu kurzen Auswuchtzeiten wesentlich bei.

3.4.5. Fertigungsgang Auswuchten

Wenn das Auswuchten richtig geplant wird, braucht nur festgestellt zu werden, daß der Bedienungsmann nach Anweisung auswuchtet. Je mehr in die Entscheidung des „Wuchters" gestellt wird, um so deutlicher wird die Tatsache sichtbar, daß andere Abteilungen der Firma ihre Aufgaben in dieser Hinsicht nicht voll erfüllen.

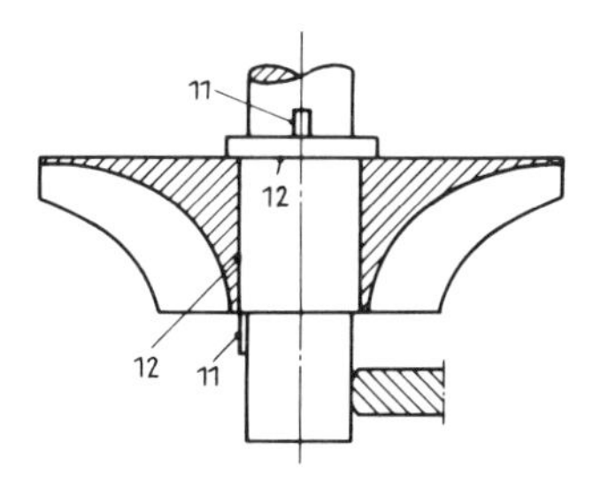

Rotor auf Hilfswelle

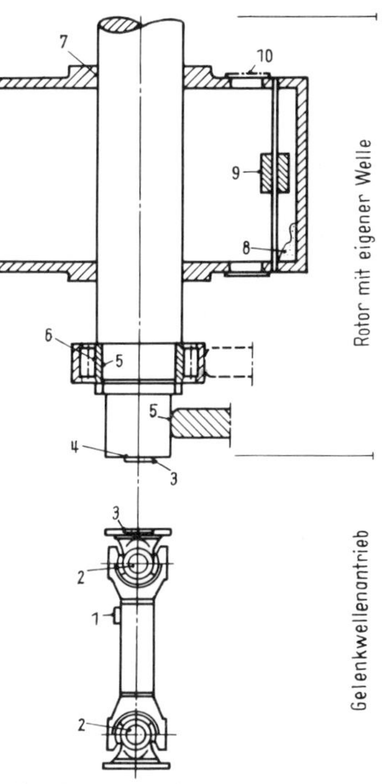

Bild 100. Mechanische Fehlermöglichkeiten beim Auswuchten.

Fehler:	Abhilfe:
1. Unwucht der Gelenkwelle	Auswuchten, Umschlagwuchtung des Rotors (s. Abschn. 2.3.7.1)
2. Spiel, Klemmen der Gelenkwelle	Nacharbeiten bzw. Auswechseln der Gelenkwelle
3. Spiel	bessere Passung, kann jedoch bei der Umschlagwuchtung mit erfaßt werden (s. Abschn. 2.3.7.1)
4. Exzentrizität und Planschlag der Gelenkwellenzentrierung	genauer fertigen, der Fehler kann *nicht* erfaßt werden
5. Exzentrizität zwischen Lagerstelle im Betrieb und auf der Auswuchtmaschine	Betriebslagerstellen verwenden
6. Exzentrizität des Wälzlagerinnenringes	bei Auswuchtgüten, die in der Größenordnung des Lagerfehlers liegen, müssen die Wälzlager (oder deren Innenringe) mit auf die Auswuchtmaschine genommen werden (s. Abschn. 2.3.8)
7. Verdrehen aufgesetzter Teile	Teile gegen Verdrehen sichern. Teile von Rotoren, die nach dem Auswuchten noch einmal demontiert werden müssen, sind zu kennzeichnen und in der gleichen Lage zu montieren
8. lose Teile, z.B. Bohrspäne, Schweißperlen, Walzhaut	lose Teile entfernen
9. federnde Teile, deren Lage drehzahlabhängig ist	Teile festlegen, wenn nicht möglich, bei Betriebsdrehzahl auswuchten (s. Abschn. 2.4.2)
10. unvollständig montierter Rotor	fehlende Teile oder Ersatzmassen montieren
11. Unwucht der Hilfswelle	Hilfswelle auswuchten oder Rotor auf Umschlag auswuchten (s. Abschn. 2.3.7)
12. Exzentrizität und Planschlag des Rotorsitzes auf der Hilfswelle	Hilfswelle genauer fertigen, in Einzelfällen Rotor auf Umschlag auswuchten (s. Abschn. 2.3.7) Der Sitz der Betriebswelle muß einwandfrei sein, da ein dadurch entstehender Fehler *nicht* erfaßbar ist

3.5. Allgemeine Hinweise

3.5.1. Begrenzung der Auswuchtgüte durch den Rotor

Bei der Festlegung der Auswuchtgüte der Rotoren muß die Stabilität ihres Unwuchtzustandes berücksichtigt werden: Es hat z. B. keinen Sinn, einen Rotor auf 1 μm auswuchten zu wollen, dessen Unwuchtzustand sich von Lauf zu Lauf oder von der Auswuchtmaschine zum Betriebszustand (evtl. unter erhöhter Temperatur) um 2 oder 3 μm verändert.

Für die Gütestufe G 1 sollte – auf jeden Fall bei höheren Drehzahlen – kein Gelenkwellenantrieb mehr verwendet werden. Die Gütestufe G 0,4 erfordert grundsätzlich Eigenantrieb im eigenen Gehäuse unter Betriebsbedingungen.

3.5.2. Mechanische Fehlermöglichkeiten beim Auswuchten

In Bild 100 sind einige typische Fehler zusammengestellt, die immer wieder auftreten. Für Abhilfe muß nur dann gesorgt werden, wenn der Fehler unzulässig groß ist.

4. Auswuchten im Betriebszustand

4.1. Aufgabenstellung beim Betriebsauswuchten

Unter Betriebsauswuchten versteht man das Auswuchten rotierender Teile oder ganzer Maschinen, die am Einsatzort oder im Prüffeld unter betriebsmäßigen Bedingungen laufen und deren Schwingungszustand noch nicht zufriedenstellt.

Zur Beurteilung des Schwingungszustandes dient Richtlinie VDI 2056 „Beurteilungsmaßstäbe für mechanische Schwingungen von Maschinen“ [1]. Nach ihr ist die effektive Schnelle (der Effektivwert der Schwinggeschwindigkeit) zugrunde zu legen, wobei für die vier wichtigsten Maschinengruppen unterschiedliche Beurteilungsmaßstäbe gelten, Bild 101 [1]. Der auswuchttechnisch erfaßbare Teil des Schwingungszustandes, der Unwuchtanteil, ist zwar nur *eine* Schwingungsursache unter vielen, kann aber wesentlich zur Erhöhung des Schwingungspegels beitragen. Wenn ein ausgewuchteter Rotor im Betrieb nicht ruhig läuft, kann dies unzählige Ursachen haben, von denen einige, die auf Unwuchten zurückführbar sind, aufgezählt werden sollen:

- fehlerhaftes oder ungenügendes Auswuchten,
- elastische oder plastische Verformung des Rotors (s. Abschn. 2.4),
- Fertigungs- oder Monatgefehler zusammengesetzter Rotoren (s. Abschn. 2.3.8),
- thermische Verformungen,
- ungleichmäßiger Verschleiß im Betrieb.

Das Auswuchten wird durch die betriebsmäßige Lagerung erheblich erschwert. Im Gegensatz zu der Auswuchtmaschine meidet die Betriebslagerung im allgemeinen nicht so deutlich das Resonanzgebiet, auch die Dämpfungen sind nicht mehr vernachlässigbar. Zudem können die beiden Lagerabstützungen einer Maschine recht unterschiedliche Charakteristiken haben. Deshalb sind die Probleme, die mit der Ermittlung des Unwuchtwinkels, der Kalibrierung des Betrages und der Ebenentrennung zusammen-

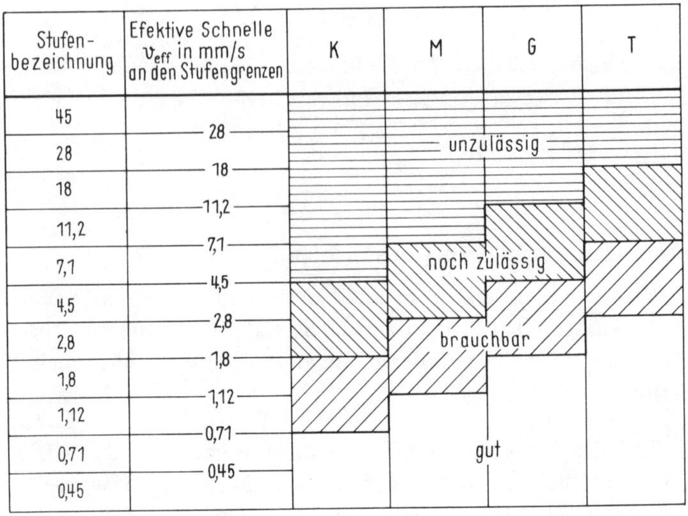

Stufenbezeichnung	Efektive Schnelle v_{eff} in mm/s an den Stufengrenzen	K	M	G	T
45					
	28				
28					
	18				
18					
	11,2				
11,2					
	7,1				
7,1					
	4,5				
4,5					
	2,8				
2,8					
	1,8				
1,8					
	1,12				
1,12					
	0,71				
0,71					
	0,45				
0,45					

unzulässig
noch zulässig
brauchbar
gut

Bild 101. Beispiele der Beurteilungsstufen für vier Maschinengruppen.

K **Kleinmaschinen, fest aufgestellt oder mit der gesamten Maschine fest verbunden, Elektromotoren bis 15 kW;**

M **mittlere Maschinen, Elektromotoren von 15 bis 75 kW, fest aufgestellte Maschinen bis etwa 300 kW auf besonderen Fundamenten;**

G **größere Kraft- und Arbeitsmaschinen mit nur umlaufenden Massen auf starren oder schweren Fundamenten;**

T **Großmaschinen auf tiefabgestimmten Fundamenten**

hängen, komplexer als auf der Auswuchtmaschine (s. a. Abschn. 2.1.6 und 3.1.1.3).

4.2. Meßtechnische Hilfsmittel

Beim Auswuchten auf der Auswuchtmaschine werden die Kräfte oder Schwingungen an den Lagern für die Messung benutzt. Die Aufgabenstellung ist beim Auswuchten im Betriebszustand grundsätzlich ähnlich: auch dabei wird die Lagerreaktion nach Betrag und Winkellage vermessen. Es liegt deshalb nahe, die gleichen Meßverfahren zu verwenden; die Meßgeräte werden nur der spezifischen Aufgabenstellung angepaßt. Im Gegensatz zur Auswuchtmaschine, bei der die Aufnehmer und der Winkellagengeber fest installiert sind, müssen beim Betriebsauswuchten diese Teile jedesmal neu angesetzt werden, Bild 102.

Bild 102. Auswuchten im Betriebszustand. Die Aufnehmer sind in den Lagerebenen angeschraubt, der Winkelbezug wird durch einen Induktivgeber hergestellt, der den Rotor abtastet.

4.3. Theorie des Auswuchtens im Betriebszustand

Zuerst muß geklärt werden, wie viele Ausgleichebenen und Meßebenen erforderlich sind. Man kann davon ausgehen, daß jedes Rotorsystem mindestens zwei Lagerstellen hat. Ist ein Auswuchten in einer Ebene ausreichend (s. Abschn. 2.3.5), so sind eine Meßebene und eine Ausgleichebene erforderlich. Soll in zwei Ebenen ausgeglichen werden, so werden auch zwei Meßebenen benötigt. Ein zweifach gelagerter Rotor mit mehr als zwei Ausgleichebenen, z. B. ein wellenelastischer Rotor (s. Abschn. 2.4.3), erfordert ebenfalls nur zwei Meßebenen, es sei denn, es würden noch zusätzliche Forderungen hinzukommen – z. B. Rundlauf in bestimmten, außerhalb der Lagerstellen liegenden Ebenen.

Je mehr Lagerebenen vorhanden sind, um so mehr Meßebenen sind erforderlich. Eine allgemein gültige, einfache Regel, wie die Anzahl der Meßebenen und Ausgleichebenen zu bemessen ist, läßt sich leider nicht aufstellen, da zu viele verschiedene Einflüsse bestehen.

Das Verfahren, das beim Auswuchten im Betriebszustand angewendet wird, ist einfach zu verstehen: Die Schwingungsvektoren, die zu Beginn (Urunwucht) gemessen werden, werden durch Testläufe mit willkürlich angesetzten Unwuchten so kalibriert und justiert, daß man sie als Unwuchtvektoren lesen kann.

4.3.1. Betriebsauswuchten in einer Ebene

Es ist nur eine Meßebene notwendig, Bild 103; die Schritte sind:

1. Lauf: Der Schwingungsvektor $\vec{S}_1$ (in bezug auf das willkürlich angebrachte Winkelbezugsystem) wird gemessen.

2. Lauf: Durch Ansetzen einer beliebigen, aber definierten Testunwucht in der Ausgleichebene wird der Schwingungszustand typisch verändert. Der Schwingungsvektor $\vec{S}_2$ wird gemessen. Die Differenz zwischen $\vec{S}_2$ und $\vec{S}_1$ ist der durch die Testunwucht hervorgerufene Schwingungsvektor $\vec{S}_3$ (s. a. Abschn. 2.1.2).

Auswertung: Beim Auswuchten möchte man nun den Schwingungsvektor $\vec{S}_1$ nicht so verändern, daß sich der Vektor $\vec{S}_2$ ergibt, sondern daß null – oder die gewünschte Toleranz – erreicht wird. Dazu muß der Vektor $\vec{S}_3$ in die richtige Richtung gedreht und entsprechend in der Größe verändert werden.

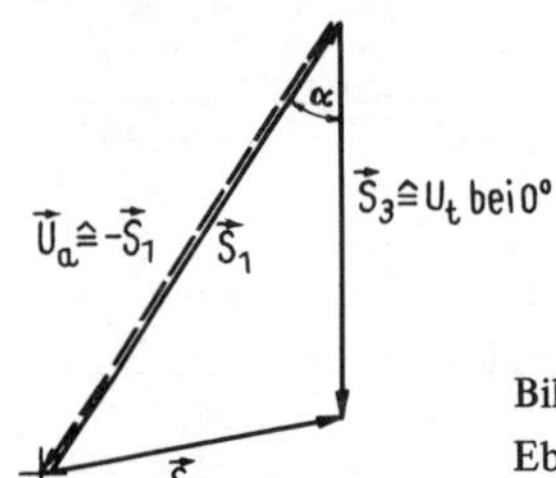

Bild 103. Vektordiagramm zum polaren Ausgleich in einer Ebene. $\vec{S}_1 \mathrel{\hat{=}} 55$ mm; $\vec{S}_2 \mathrel{\hat{=}} 31$ mm; $\vec{S}_3 \mathrel{\hat{=}} 39$ mm; $\alpha \mathrel{\hat{=}} 33°$.

Beispiel: In Bild 103 sind die gemessenen Schwingungsvektoren $\vec{S}_1$ und $\vec{S}_2$ mit einem beliebig gewählten Maßstab eingezeichnet. Die Testunwucht U_t = 1000 g mm, bei 0° des Bezugssystems angesetzt, verursacht den Vektor $\vec{S}_3$. Die erforderliche Ausgleichunwucht hat dann die Größe:

$U_a = U_t\, S_1/S_3 = 1000\frac{55}{39} = 1410$ g mm, die Winkellage: um 33° gegenüber 0° nach rechts gedreht. (S_1 bedeutet, daß nur der Betrag berücksichtigt wird.)

Wenn der Ausgleich in Komponenten durchgeführt werden soll, sieht die Auswertung der Messung etwas anders aus:

Beispiel: Bild 104 zeigt die gleichen Schwingungsvektoren $\vec{S}_1$, $\vec{S}_2$ und $\vec{S}_3$ wie Bild 103. Es ist ein Ausgleich in 120°-Komponenten vorgesehen, die drei Ausgleichorte sind mit 1, 2 und 3 bezeichnet, die Testunwucht U_t = 1000 g mm wurde in dem Ausgleichort 1 angebracht.

Erforderlich ist je eine Ausgleichunwucht in dem Ort 1: U_{a1} = 1615 g mm und in dem Ort 2: U_{a2} = 895 g mm.

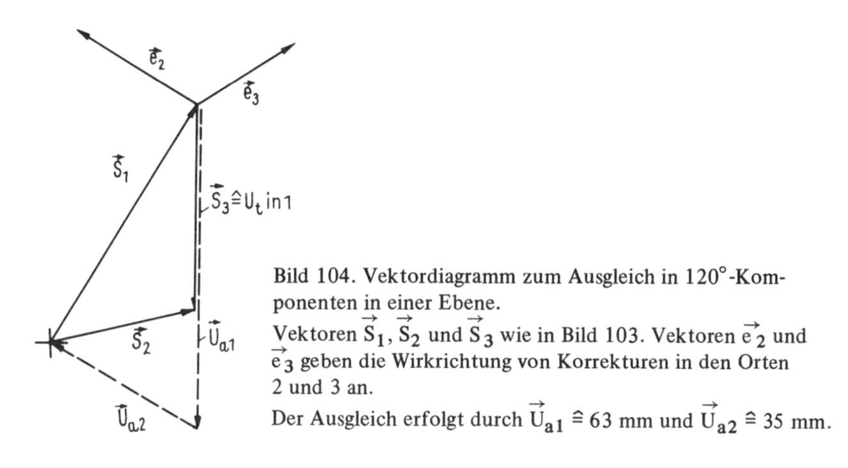

Bild 104. Vektordiagramm zum Ausgleich in 120°-Komponenten in einer Ebene.
Vektoren $\vec{S}_1$, $\vec{S}_2$ und $\vec{S}_3$ wie in Bild 103. Vektoren $\vec{e}_2$ und $\vec{e}_3$ geben die Wirkrichtung von Korrekturen in den Orten 2 und 3 an.
Der Ausgleich erfolgt durch $\vec{U}_{a1} \hat{=}$ 63 mm und $\vec{U}_{a2} \hat{=}$ 35 mm.

Wenn bei Festortausgleich mehrere Kombinationsmöglichkeiten von Ausgleichorten bestehen, um auf null zu kommen, so wählt man diejenige, bei der am wenigsten Massen benötigt werden; dies sind stets benachbarte Orte.

Die Auswertung der Meßergebnisse, also die Ermittlung der Ausgleichmassen, wird bei dem Ein-Ebenen-Auswuchten am besten graphisch durchgeführt.

4.3.2. Betriebsauswuchten in zwei Ebenen

Es sind zwei Meßebenen notwendig, Bild 105.

1. Lauf: Die Schwingungsvektoren $\vec{S}_1$ in beiden Ebenen werden aufgenommen.

2. Lauf: Durch Ansetzen einer definierten Testunwucht in der linken Ausgleichebene entstehen die Vektoren $\vec{S}_2$. Der Vektor $\vec{S}_3$ in der linken Ebene stellt die gewünschte Veränderung infolge der Testunwucht dar, der Vektor $\vec{S}_3$ in der rechten Ebene ist der Einfluß dieser Testunwucht.

3. Lauf: Die Testunwucht wird aus der linken Ausgleichebene entfernt und in die rechte Ausgleichebene gesetzt. Es entstehen die Vektoren $\vec{S}_4$. Der

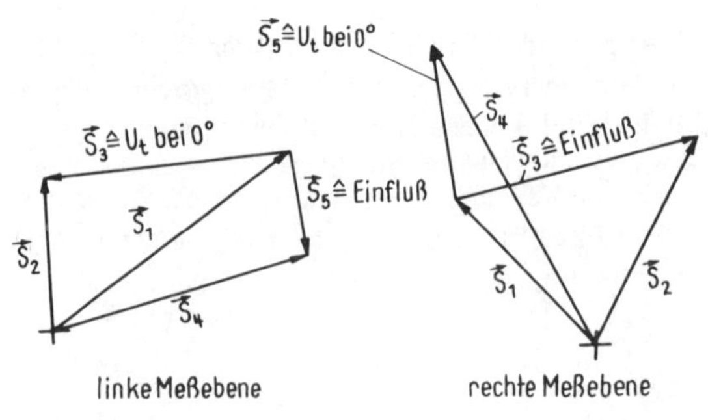

Bild 105. Vektordiagramme für die Meßläufe zum Auswuchten in zwei Ebenen.

Vektor $\vec{S}_5$ in der rechten Ebene stellt die gewünschte Veränderung infolge der Testunwucht dar, der Vektor $\vec{S}_5$ der linken Ebene ist der Einfluß dieser Testunwucht.

Auswertung: Wenn die Einflüsse klein genug sind, kann jede Ebene so behandelt werden, als ob ein Ein-Ebenen-Auswuchten gefordert wäre. Es wird immer erst eine, dann die andere Ebene ausgewuchtet. Dabei verändert sich der in einer Ebene erzielte Zustand bei einer Korrektur der anderen Ebene

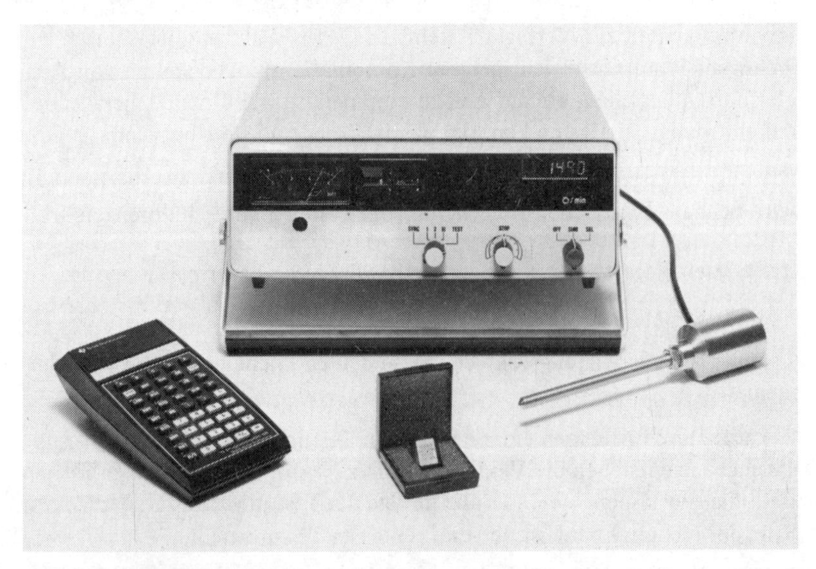

Bild 106. Auswertung der Meßwerte einer Betriebsauswuchtung mit Taschenrechner und Programm-Modul.

infolge des Einflusses wieder: Die Maschine kann nur in mehreren Schritten ausgewuchtet werden. Ist der Einfluß größer – im Grenzfall so groß, daß auch bei unendlich vielen Schritten nicht auf beiden Ebenen die gewünschte Toleranz erreicht werden kann –, so wird eines der graphischen, graphisch-numerischen oder rein numerischen Verfahren zur Auswertung der Meßwerte eingesetzt [16]. Interessant ist in diesem Zusammenhang, daß die Auswertung mit einem Computer für die Zukunft eine gute Chance hat, Bild 106.

4.3.3. Betriebsauswuchten in mehr als zwei Ebenen

Dabei muß unterschieden werden, ob es sich um einen Rotor mit zwei Lagerebenen handelt, der wellenelastisch ist und deshalb mehr als zwei Ausgleichebenen hat, oder ob es ein mehrfach gelagerter Rotor mit entsprechend vielen Ausgleichebenen ist.

Beim *wellenelastischen Rotor* (s. Abschn. 2.4.3) geschieht das niedrigtourige Auswuchten wie ein normales Zwei-Ebenen-Auswuchten. Die Gewichtsätze für die einzelnen Biegeeigenformen werden genauso ermittelt, wie auf einer Auswuchtmaschine (s. Abschn. 2.4.3.5). Um die richtige Winkellage und Größe der Gewichtssätze zu finden, ist für jede Biegeeigenform ein Testlauf erforderlich. Häufig stößt man dabei auf Schwierigkeiten, wenn z. B. die Ausgleichebenen nicht zugänglich sind oder nicht der ganze Drehzahlbereich zum Auswuchten zur Verfügung steht. In diesem Fall muß in wenigen Ebenen ein Kompromiß erzielt werden.

Der *mehrfachgelagerte Rotor* (nicht wellenelastisch) bereitet vom Prinzip her Schwierigkeiten. Die Meßwerte sind nicht nur von den Unwuchten abhängig – dazu würden zwei Ebenen ausreichen –, sondern auch von der Fluchtungsgenauigkeit der Lagerzapfen und den Lagerbedingungen. Liegen z. B. die Lagerzapfen nicht auf einer Achse, so werden an mehreren Lagern Kräfte oder Wege zwangsweise auftreten. Da diese Lagerreaktionen im Gegensatz zu den Unwuchtreaktionen drehzahlunabhängig auftreten, besteht prinzipiell eine Möglichkeit, sie aufzudecken, indem bei verschiedenen Drehzahlen gemessen wird. Im allgemeinen hat es keinen Sinn, die Zwangsreaktionen der Lager bei Betriebsdrehzahl mit auszuwuchten, es ist besser, die Ursache zu beseitigen. In diesem Fall wird meist eine Justage des Rotors und seiner Lagerung oder eine mechanische Nacharbeit erforderlich sein.

Unter diese Kategorie fallen nicht nur starr gekuppelte Rotoren mit insgesamt mehr als zwei Lagerstellen, sondern auch elastisch verbundene Rotoren mit je zwei Lagern, bei denen über das Kupplungselement ein Zwang von einem Rotor auf den anderen ausgeübt wird.

4.3.4. Bedingungen für das Auswuchten im Betriebszustand

a) Die Lagerungs- und Kupplungsbedingungen sind sorgfältig zu prüfen, damit nicht etwa Zwänge mit allen sich daraus ergebenden Konsequenzen übersehen werden.

b) Die einmal gewählte Drehzahl und der gewählte Zustand im System müssen bei den folgenden Meßläufen jeweils wieder zugrunde gelegt werden.

c) Die Meßwerte müssen reproduzierbar sein, d. h. jeder Lauf mit dem gleichen Unwuchtzustand und den gleichen Randbedingungen muß den gleichen Schwingungszustand und damit die gleichen Meßwerte ergeben.

d) Eine systematische Auswertung der Meßergebnisse ist nur dann möglich, wenn sich das Schwingungssystem linear und phasentreu verhält: Eine Verdoppelung der Testunwucht muß eine doppelt so große Veränderung hervorrufen; wird die Testunwucht um den Winkel α gedreht, so muß auch der entsprechende Schwingungsvektor um den Winkel α drehen.

4.4. Praxis des Auswuchtens im Betriebszustand

Beim Auswuchten im Betriebszustand ist meist nur ein Ein-Ebenen-Auswuchten erforderlich. Auch typische Rotoren mit zwei Ausgleichebenen, die bereits auf einer Auswuchtmaschine ausgewuchtet wurden, nun aber, bedingt durch Verschleiß, Reparatur o. ä., eine Nachkorrektur benötigen, können meist in einer Ebene hinreichend beruhigt werden.

Das Auswuchten wellenelastischer Rotoren wird heute immer mehr auf hochtourigen Spezialauswuchtmaschinen vorgenommen, so daß auch in diesem Fall nicht mehr die ganze Prozedur zu erledigen ist, sondern nach Reparaturen und anläßlich der Wartung kleine Retuschen ausreichen.

Die Meßebenen sollen möglichst mit den Lagerebenen übereinstimmen. Wichtig ist, daß keine elastischen oder plastischen Glieder, Abdeckungen usw. dazwischenliegen. Grundsätzlich sollte in jeder Meßebene horizontal und vertikal gemessen werden. In kritischen Fällen, z. B. bei mehrfach gelagerten Rotoren, ist eine zusätzliche axiale Messung günstig.

Ist eine Maschine schon einmal im Betriebszustand ausgewuchtet worden und die Auswertung noch vorhanden, so kann – gleiche Bedingungen für die Maschine und gleiches Meßgerät vorausgesetzt – ohne weitere Testläufe aus dem ersten Meßlauf auf die erforderliche Korrektur geschlossen werden.

5. Bezeichnungen und Definitionen der Auswuchttechnik, Faktoren und Tabellen

Zur Verständigung in einem Fachgebiet wie der Auswuchttechnik ist es wichtig, die gleichen Bezeichnungen mit der gleichen Bedeutung zu verwenden. Obwohl noch nicht alle Bezeichnungen verbindlich festgelegt sind, ist auf internationaler Ebene die Arbeit so weit gediehen, daß sich keine gravierenden Veränderungen mehr ergeben dürften. Die folgenden Bezeichnungen und Definitionen sind in Anlehnung an die ISO 1925 „Balancing-Vocabulary“ Ausg. 1974 [7] zusammengestellt worden. Sie sind in Abschn. 5.1 bis 5.5 alphabetisch geordnet. Die dem Stichwort entsprechenden Ausdrücke in der englischen und der französischen Sprache stehen in der linken Spalte. Häufig sind für einen Begriff mehrere Bezeichnungen möglich oder üblich. In diesem Fall wurde die Bezeichnung gewählt, die die Sachlage am besten beschreibt bzw. dem fremdsprachlichen Ausdruck analog ist.

5.1. Mechanik

Flexural critical speed
Vitesse critique de flexion

Biegekritische Drehzahl. Die Drehzahl, bei der eine maximale Ausbiegung des Rotors auftritt.

Axis of rotation
Axe de rotation

Drehachse. Die Drehachse ist die gerade Linie, um die sich ein Körper dreht. Wenn die Lager nicht isotrop sind, gibt es keine stationäre Drehachse. Bei starren Lagern fällt die Drehachse mit der Schaftachse zusammen, bei nichtstarren Lagern nicht unbedingt.

Equilibrium centre
Centre d'équilibre

Gleichgewichtspunkt. Der Punkt, in dem die Schaftachse die achsensenkrechte Querebene schneidet, die durch den Schwerpunkt des stillstehenden Rotors geht.

Principal inertia axis
Axe principal d'inertie

Hauptträgheitsachse. Für jeden Punkt eines Körpers lassen sich drei kartesische Koordinaten (aufeinander senkrecht stehende Achsen) angeben, für die die Zentrifugalmomente null werden. Diese Achsen werden Hauptträgheitsachsen genannt, die entsprechenden Massenmomente Hauptträgheitsmomente

Principal moments of inertia Moments principaux d'inertie	*Hauptträgheitsmomente.* Ist der betrachtete Punkt der Schwerpunkt des Körpers, dann werden die Achsen zentrale Hauptträgheitsachsen genannt, die Massenmomente zentrale Hauptträgheitsmomente. In der Auswuchttechnik wird der Ausdruck Hauptträgheitsachse gebraucht, um *die* zentrale Hauptträgheitsachse zu bezeichnen, die am besten mit der Schaftachse übereinstimmt.
Critical speed Vitesse critique	*Kritische Drehzahl.* Die Drehzahl, bei der im System Resonanz auftritt.
Centre of gravity (Mass centre) Centre de gravité (Centre de masse)	*Schwerpunkt.* Der Punkt in einem Körper, durch den die Resultierende der Gewichtskräfte seiner Massenelemente geht, und zwar für alle Orientierungsrichtungen des Körpers in bezug auf ein gleichförmiges Gravitationsfeld.
Multiple frequency vibration Vibration à un multiple de la fréquence de rotation	*Schwingung mit einem Vielfachen der Drehzahl.* Eine Schwingung mit einem ganzzahligen Vielfachen der Rotordrehzahl.

5.2. Rotoren

Inboard rotor Rotor intérieur	*Beidseits gelagerter Rotor.* Rotor mit zwei Lagerzapfen, dessen Schwerpunkt zwischen den Lagern liegt.
Flexural principal mode Mode principal de flexion	*Biegeeigenform.* Die Eigenform eines Rotors bei der biegekritischen Drehzahl eines ungedämpften Rotor-Lager-Systems.
Outboard rotor Rotor extérieur	*Fliegend gelagerter Rotor.* Rotor mit zwei Lagerzapfen, dessen Schwerpunkt außerhalb der Lager liegt.
Foundation Assise	*Fundament.* Ein Gebilde, das das mechanische System trägt.
Bearing Palier	*Lager.* Ein Teil, das einen Lagerzapfen unterstützt und in dem sich der Lagerzapfen dreht.
Bearing support Support de palier	*Lagerständer.* Das Teil oder die Gruppe von Teilen, die die Last vom Lager auf den Unterbau übertragen.
Bearing axis Axe du palier	*Lagerachse.* Die mittlere gerade Linie, welche die Mitten der Querschnittskonturen *eines* Lagers miteinander verbindet.
Journal Tourillon	*Lagerzapfen.* Das Teil eines Rotors, das in einem Lager läuft und mit ihm Kontakt hat oder von ihm getragen wird.

Journal axis Axe du tourillon	*Lagerzapfenachse.* Die mittlere gerade Linie, die die Mitten der Querschnittskonturen eines Lagerzapfens verbindet.
Journal centre Centre du tourillon	*Lagerzapfenmittelpunkt.* Der Schnittpunkt der Lagerzapfenachse mit der Mittelebene des Lagerzapfens.
Flexible rotor Rotor flexible	*Nachgiebiger Rotor.* Ein Rotor, der der Definition des „starren Rotors" nicht genügt.
Local mass eccentricity Excentricité locale de masse	*Örtliche Schwerpunktexzentrizität.* Für axial dünne, achsensenkrecht herausgeschnittene Rotorelemente die Entfernung zwischen Schaftachse und Schwerpunkt jedes Einzelelementes.
Rotor Rotor	*Rotor.* Ein rotierender Körper, dessen Lagerzapfen durch Lager unterstützt sind. Der Ausdruck Rotor wird manchmal auch auf scheibenförmige Körper angewandt, die keine Lagerzapfen haben – etwa eine Schwungscheibe; im Sinne obiger Definition wird solch ein scheibenförmiger Körper erst dann ein Rotor, wenn er auf eine Welle mit Lagerzapfen gesetzt wird.
Shaft axis Axe de l'arbre	*Schaftachse.* Die gerade Linie, die die Lagerzapfenmittelpunkte miteinander verbindet.
Mass eccentricity Excentricité de masse	*Schwerpunktexzentrizität.* Bei einem zweifach gelagerten Rotor die Entfernung seines Schwerpunktes von der Schaftachse.
Rigid Rotor Rotor rigide	*Starrer Rotor.* Ein Rotor gilt als starr, wenn er in zwei (beliebig gewählten) Ausgleichebenen korrigiert werden kann und wenn seine Restunwucht nach dieser Korrektur die Auswuchttoleranzen (in bezug auf die Schaftachse) bei jeder Drehzahl bis zu der maximalen Betriebsdrehzahl nicht wesentlich übersteigt. Dabei wird vorausgesetzt, daß der Rotor unter dynamischen Bedingungen läuft, die dem endgültigen Lagersystem nahekommen.
Perfectly balanced rotor Rotor parfaitement équilibré	*Vollkommen ausgewuchteter Rotor.* Ein Rotor ist vollkommen ausgewuchtet, wenn seine Masse derart verteilt ist, daß er auf die Lager keine Schwingkräfte oder -bewegungen auf Grund von Zentrifugalkräften überträgt.

5.3. Unwucht

Viele Definitionen in diesem Abschnitt beziehen sich auf den Unwuchtzustand in starren Rotoren. Sie können auch auf den nachgiebigen Rotor angewandt werden, aber da sich der Unwuchtzustand in solchen Rotoren mit der

Drehzahl ändert, müssen die Unwuchtwerte, die für solche Rotoren gegeben werden, an die jeweilige Drehzahl gebunden sein.

Equivalent n^{th} modal unbalance
Déséquilibre modal équivalente d'ordre n

Äquivalente Unwucht in der n-ten Eigenform. Die kleinste Einzelunwucht, die der Wirkung der „Unwucht in der n-ten Eigenform“ auf die n-te Eigenform entspricht.

Balance quality
Qualité d'équilibrage

Auswuchtgüte. Das Produkt aus der spezifischen Restunwucht mit der Winkelfrequenz des Rotors.

Specific unbalance
Déséquilibre spécifique

Bezogene Unwucht. Der Betrag der statischen Unwucht, geteilt durch die Masse des Rotors. Sie entspricht der Verlagerung des Schwerpunktes aus der Schaftachse heraus (Schwerpunktexzentrizität).

Dynamic unbalance
Déséquilibre dynamique

Dynamische Unwucht. Eine dynamische Unwucht liegt vor, wenn die zentrale Hauptträgheitsachse nicht mit der Schaftachse zusammenfällt.

Statische Unwucht, quasi-statische Unwucht und Momentenunwucht sind also Sonderfälle der dynamischen Unwucht.

Die Größe der dynamischen Unwucht kann angegeben werden durch zwei komplementäre Unwuchtvektoren in zwei festgelegten Ebenen (senkrecht zu der Schaftachse), die vollständig den Unwuchtzustand des Rotors darstellen.

Controlled initial unbalance
Déséquilibre initial contrôlé

Kontrollierte Urunwucht. Eine Urunwucht, die durch Auswuchten der Einzelteile und/oder sorgfältige Konstruktion, Fertigung und Montage des Rotors in engen Grenzen gehalten wird.

Couple unbalance
Déséquilibre de couple

Momentenunwucht. Dieser Zustand liegt vor, wenn die zentrale Hauptträgheitsachse die Schaftachse im Schwerpunkt schneidet.

Quasi-static unbalance
Déséquilibre quasi-statique

Quasi-statische Unwucht. Dieser Zustand liegt vor, wenn die zentrale Hauptträgheitsachse die Schaftachse in einem Punkt schneidet, der nicht der Schwerpunkt ist.

Resultant unbalance force
Force de déséquilibre résultante

Resultierende Unwuchtkraft. Die resultierende Kraft des Systems von Fliehkräften aller Massenelemente des Rotors. Sie wird stets auf die Schaftachse bezogen und ist gleich der Fliehkraft auf Grund der statischen Unwucht.

Resultant unbalance moment
Moment de déséquilibre résultant

Resultierendes Unwuchtmoment. Das resultierende Moment des Systems von Fliehkräften aller Massenelemente des Rotors um einen beliebigen Punkt auf der Schaftachse.

Größe und Winkellage des resultierenden Moments ist im allgemeinen von der Lage dieses Bezugspunktes abhängig.

Das resultierende Moment ist unabhängig von der Lage des Bezugspunktes, wenn die resultierende Unwuchtkraft null ist.

Residual unbalance
Déséquilibre residuel

Restunwucht. Die Unwucht jeglicher Art, die nach dem Auswuchten zurückbleibt.

Static unbalance
Déséquilibre statique

Statische Unwucht. Der Zustand, bei dem die zentrale Hauptträgheitsachse parallel zu der Schaftachse liegt.

Die Größe der statischen Unwucht kann durch die Resultierende der beiden dynamischen Unwuchtvektoren angegeben werden.

Im Englischen und Französischen ist ein entsprechender Ausdruck nicht vorhanden: s. Unwuchtvektor und Unwuchtzustand

Unwucht. Die physikalische Größe, die einen Unwuchtzustand hervorruft.

Thermally induced unbalance
Déséquilibre causé par la condition thermique

Thermisch bedingte Unwucht. Die Unwucht, die durch eine Temperaturänderung des Rotors verursacht ist.

n^{th} modal unbalance
Déséquilibre modal d'ordre n

Unwucht in der n-ten Eigenform. Die Unwucht, die nur die n-te Eigenform des Rotor-Lager-Systems beeinflußt. Diese Unwucht ist nicht eine einzelne Unwucht, sondern eine Verteilung längs des Rotors, die der n-ten Eigenform entspricht.

Amount of unbalance
Valeur de déséquilibre

Unwuchtbetrag. Die Mengenangabe der Unwucht in einem Rotor (bezogen auf eine Ebene), ohne die Winkellage der Unwucht zu berücksichtigen.

Er wird gewonnen, indem das Produkt der Unwuchtmasse mit dem Abstand ihres Schwerpunktes von der Schaftachse gebildet wird.

Maßeinheiten für die Unwucht sind z. B. g mm oder oz in.

Unbalance force
Force de déséquilibre

Unwuchtkraft. Die Fliehkraft (bezogen auf die Schaftachse) einer Ebene des Rotors, die auf Grund der Unwucht in dieser Ebene entsteht.

Unbalance mass
Masse de déséquilibre

Unwuchtmasse. Die Masse, die man auf einem bestimmten Radius so annimmt, daß das Produkt aus dieser Masse und der Radialbeschleunigung gleich der Unwuchtkraft ist.

Unbalance moment
Moment de déséquilibre

Unwuchtmoment. Das Moment der Fliehkraft eines Massenelementes des Rotors um einen Bezugspunkt auf der Schaftachse.

Unbalance vector
Vecteur de déséquilibre

Unwuchtvektor. Ein Vektor, dessen Größe der Unwuchtbetrag und dessen Richtung der Unwuchtwinkel ist.

Angle of unbalance
Angle de déséquilibre

Unwuchtwinkel. Gegeben ist ein Polarkoordinatensystem in einer zur Schaftachse senkrechten Ebene. Der Unwuchtwinkel ist dann der Winkel, unter dem die Unwuchtmasse in diesem Koordinatensystem liegt.

Unbalance
Déséquilibre

Unwuchtzustand. Der Zustand, der in einem Rotor existiert, wenn als Folge von Fliehkräften Schwingkräfte oder -bewegungen auf seine Lager übertragen werden.

Initial unbalance
Déséquilibre initial

Urunwucht. Die Unwucht jeglicher Art, die in dem Rotor vor dem Auswuchten vorhanden ist.

Permissible residual unbalance
Déséquilibre residuel admissible

Zulässige Restunwucht. Der maximale Unwuchtbetrag eines starren Rotors, unterhalb dessen der Unwuchtzustand als zulässig angesehen wird.

5.4. Auswuchten

Method of correction
Méthode de correction

Ausgleich. Ein Vorgang, durch den die Massenverteilung eines Rotors so korrigiert wird, daß die Unwuchten oder die Unwuchtschwingungen bis auf einen zulässigen Wert verringert werden. Die Korrektur wird üblicherweise durch Hinzufügen oder Abnehmen von Material am Rotor durchgeführt.

Correction plane
Plan de correction

Ausgleichebene. Eine Ebene senkrecht zu der Schaftachse eines Rotors, in der die Unwucht korrigiert wird.

Balancing
Equilibrage

Auswuchten. Auswuchten ist ein Vorgang, durch den die Massenverteilung eines Rotors geprüft und, wenn nötig, korrigiert wird, um sicherzustellen, daß die umlauffrequenten Schwingungen der Lagerzapfen und/oder die Lagerkräfte bei Betriebsdrehzahl in festgelegten Grenzen liegen.

Modal balancing
Equilibrage modal

Auswuchten nach Eigenformen. Ein Verfahren zum Auswuchten nachgiebiger Rotoren, in dem Schwingungen der einzelnen Biegeeigenformen verringert werden.

High speed balancing Equilibrage à haute vitesse	*Hochtouriges Auswuchten.* Bei nachgiebigen Rotoren ein Auswuchten bei Drehzahlen, bei denen der Rotor nicht mehr starr ist.
Low speed balancing Equilibrage à basse vitesse	*Niedrigtouriges Auswuchten.* Bei nachgiebigen Rotoren ein Auswuchten bei Drehzahlen, bei denen der Rotor noch starr ist.
Field balancing Equilibrage in situ	*Betriebsauswuchten.* Auswuchten eines Rotors in eigener Lagerung und Lagerabstützung (in Betriebszustand).
	Dynamisches Auswuchten. siehe: Zwei-Ebenen-Auswuchten.
	Dynamisches Richten. siehe: Viel-Ebenen-Auswuchten.
Single-plane-balancing Equilibrage dans un plan	*Ein-Ebenen-Auswuchten.* Ein Vorgang, bei dem die Massenverteilung eines starren Rotors durch einen Ausgleich in nur einer Ebene korrigiert wird, um sicherzustellen, daß die statische Restunwucht in festgelegten Grenzen liegt.
Measuring plane Plan de mesure	*Meßebene.* Eine Ebene senkrecht zur Schaftachse, in der Betrag und Winkel der Unwucht bestimmt werden.
	Statisches Auswuchten. siehe: Ein-Ebenen-Auswuchten.
Unbalance tolerance Tolérance de déséquilibre	*Unwuchttoleranz.* Bei einem starren Rotor derjenige Unwuchtbetrag in einer Radialebene, der als Maximum festgelegt ist, unter dem der Unwuchtzustand als zulässig angesehen wird.
Multi-plane balancing Equilibrage multi-plans	*Viel-Ebenen-Auswuchten.* Jeglicher Auswuchtvorgang an einem nachgiebigen Rotor, der einen Unwuchtausgleich in mehr als zwei axial auseinanderliegenden Ausgleichebenen erfordert.
Two-plane balancing Equilibrage dans deux plans	*Zwei-Ebenen-Auswuchten.* Ein Vorgang, durch den die Massenverteilung eines starren Rotors korrigiert wird, um sicherzustellen, daß die verbleibende dynamische Unwucht in festgelegten Grenzen liegt.

5.5. Auswuchtmaschinen und -einrichtungen

Darunter versteht man Einrichtungen, die für die Unwucht in einem Rotor einen Meßwert liefern, der für die Korrektur der Massenverteilung verwendet werden kann, so daß die umlauffrequenten Schwingkräfte oder Schwingwege, falls nötig, reduziert werden können.

Claimed minimum achievable unbalance
Qualité d'équilibrage réalisable déclarée

Angegebene kleinste erreichbare Restunwucht. Der Wert der kleinsten erreichbaren Restunwucht, der durch den Hersteller für seine Maschine angegeben wird (s. a. Abschn. 3.1.1.3.7).

Balancing machine minimum response
Réponse minimale d'une machine à équilibrer

Ansprechfähigkeit einer Auswuchtmaschine. Das Maß für die Fähigkeit einer Auswuchtmaschine, unter festgelegten Bedingungen eine minimale Unwucht zu spüren und anzuzeigen.

Correction plane interference
Influence du balourd dans le plan opposé au plan de correction

Ausgleichebeneneinfluß. Die Veränderung der Unwuchtanzeige einer Ausgleichsebene, welche bei einer bestimmten Veränderung der Unwucht in der anderen Ausgleichebene beobachtet wird.

Correction plane interference ratio
Taux d'interférence du plan de correction

Ausgleichebenen-Einflußverhältnis. Die Einflußverhältnisse I_{AB} und I_{BA} der beiden Ausgleichsebenen A und B eines Rotors werden durch folgende Verhältnisse definiert:

$$I_{AB} = \frac{U_{AB}}{U_{BB}},$$

wobei U_{AB} und U_{BB} die Unwuchtanzeigen für die Ausgleichebenen A und B sind, verursacht durch das Zufügen einer bestimmten Unwucht in der Ebene B; und

$$I_{BA} = \frac{U_{BA}}{U_{AA}},$$

wobei U_{BA} und U_{AA} die Unwuchtanzeigen für die Ausgleichebenen A und B sind, verursacht durch das Zufügen einer bestimmten Unwucht in der Ebene A.

Das Ausgleichebenen-Einflußverhältnis soll bei einer Auswuchtmaschine, bei der die Ebenentrennung sorgfältig durchgeführt wurde, minimal sein.
Das Verhältnis wird üblicherweise als Prozentsatz angegeben.

Correction unit
Unité de correction

Ausgleicheinheit. Eine Einheit des Unwuchtbetrages, der an einer Auswuchtmaschine angezeigt wird. Zweckmäßigerweise bezieht sie sich auf einen bestimmten Radius und eine bestimmte Ausgleichebene und wird üblicherweise als Einheit einer willkürlich gewählten Größe, wie Bohrlochtiefe bei gegebenem Durchmesser, Masse, Länge des Lötdrahtes, Anzahl der Schrauben oder Stifte usw., ausgedrückt.

Centrifugal balancing machine Machine à équilibrer centrifuge rotative	*Auswuchtmaschine.* Eine Einrichtung, die für Lagerung und Rotation, des Rotors sorgt und eine Meßeinrichtung für die umlauffrequenten Schwingkräfte oder Schwingwege hat.
	Betriebsauswuchtgerät. siehe: Tragbares Auswuchtgerät.
	Cross-Effekt. siehe: Ausgleichebeneneinfluß.
	Dynamische Auswuchtmaschine. siehe: Zwei-Ebenen-Auswuchtmaschine.
Plane separation Séparation de plan	*Ebenentrennung.* Der Arbeitsgang bei einer Auswuchtmaschine, durch den für einen bestimmten Rotor das Ausgleichebenen-Einflußverhältnis verringert wird.
Plane separation network Réseau de plan de séparation	*Ebenentrennschaltung.* Ein elektrischer Schaltkreis zwischen den Aufnehmern und den Anzeigegeräten, der die Ebenentrennung auf elektrischem Wege durchführt (ohne daß die Aufnehmer in bestimmte Radialebenen geschoben werden müssen).
Single plane balancing machine Machine à équilibrer à un seul plan	*Ein-Ebenen-Auswuchtmaschine.* Eine Einrichtung, in der der Rotor nicht rotiert oder rotiert und die eine Information für die Durchführung einer Ein-Ebenen-Auswuchtung liefert.
Mechanical adjustment Mise au point mécanique	*Einrichten der Mechanik.* Die Arbeiten an einer Auswuchtmaschine, um ihre Mechanik auf das Auswuchten eines Rotors vorzubereiten.
Setting Réglage	*Einstellen der Meßeinrichtung.* Die Arbeiten, um die Information über die Lage der Ausgleichebenen, die Lagerstellen, die Ausgleichradien- und, wenn erforderlich, die Auswuchtdrehzahl in das Meßgerät einzugeben.
Calibration rotor Rotor d'étalonnage	*Einstellrotor.* Ein Rotor – üblicherweise der erste einer Serie –, der für das Einstellen einer Auswuchtmaschine verwendet wird.
Calibration Etalonnage	*Einstellvorgang.* Der Arbeitsgang, durch den eine Auswuchtmaschine für einen gegebenen Rotor und alle mit ihm übereinstimmenden Rotoren so abgeglichen wird, daß die Unwuchtanzeigeinstrumente direkt in den gewählten Ausgleicheinheiten für festgelegte Ausgleichebenen abgelesen werden können. Der Einstellvorgang umfaßt das Einrichten der Maschine und das Einstellen des Meßgerätes.

Balancing machine sensitivity Sensibilité d'une machine à équilibrer	*Empfindlichkeit einer Auswuchtmaschine.* Da ist unter festgelegten Bedingungen die Zunahme der Unwuchtanzeige – ausgedrückt als Zeigerbewegung je Änderung des Unwuchtbetrages um eine Einheit. Meistens wird bei Auswuchtmaschinen der Kehrwert, also die Anzahl Unwuchteinheiten je Anzeigeeinheit angegeben.
Counterweight Contrepoids	*Gegengewicht.* Eine Masse, die an einem Wuchtkörkörper angesetzt wird, um eine rechnerisch ermittelte Unwucht an einer gewünschten Stelle herabzusetzen. Solche Gegengewichte können verwendet werden, um einen asymmetrischen Körper ins dynamische Gleichgewicht zu bringen oder um Biegemomente in einem Körper – wie z. B. einer Kurbelwelle – zu vermindern.
Balancing machine accuracy Précision d'une machine à équilibrer	*Genauigkeit einer Auswuchtmaschine.* Die Grenzen, innerhalb derer Betrag und Winkel der Unwucht unter festgelegten Bedingungen gemessen werden können.
Mandrel Mandrin	*Hilfswelle.* Eine genau gefertigte Welle, auf die der Wuchtkörper zum Auswuchten montiert wird.
Permanent calibration Etalonnage permanent	*Kalibrierte Einstellung.* Die Eigenschaft einer kraftmessenden Auswuchtmaschine, welche den Einstellvorgang für jeden Rotor innerhalb des Arbeitsbereichs der Maschine ermöglicht, indem Informationen über die Lage der Ausgleichebenen und der Lagerebenen sowie die Ausgleichradien (und evtl. die Drehzahl) eingegeben werden.
Minimum achievable residual unbalance Qualite d'équilibrage réalisable	*Kleinste erreichbare Restunwucht (KER).* Der kleinste Wert der Restunwucht, den eine Auswuchtmaschine erzielen kann.
Compensator Compensateur	*Kompensationseinrichtung.* Eine in die Auswuchtmaschine eingebaute Einrichtung, mit der die Urunwucht des Rotors zu null gemacht werden kann (üblicherweise auf elektrischem Weg), um so den Einstellvorgang zu beschleunigen.
Component measuring device Appareil de mesurage des composantes	*Komponentenmeßgerät.* Ein Gerät zum Anzeigen und Messen des Unwuchtvektors als Komponenten in einem gewählten Koordinatensystem.
Hard bearing machine Machine à équilibrer a palier durs	*Kraftmessende Auswuchtmaschine.* Eine Maschine, deren Auswuchtdrehzahl unterhalb der Eigenfrequenz des Systems Lagerung–Rotor liegt.

Löscheinrichtung.
siehe: Kompensationseinrichtung.

Swing diameter
Diamètre utilisable

Maximaler Rotordurchmesser. Der größte Durchmesser, der noch auf einer Auswuchtmaschine eingelagert werden kann.

Gravitational balancing machine
Machine à équilibrer par gravité

Schwerpunktswaage. Eine Einrichtung, die eine Lagerung für einen nicht rotierenden starren Rotor enthält und eine Information über Betrag und Winkel der statischen Unwucht liefert.

Statische Auswuchtmaschine.
siehe: Ein-Ebenen-Auswuchtmaschine.

Test rotor
Rotor de vérification

Testrotor. Ein starrer Rotor mit geeigneter Masse zum Prüfen von Auswuchtmaschinen. Er muß hinreichend genau ausgewuchtet und gefertigt sein, um das Anbringen exakter Unwuchten durch Ansetzen von zusätzlichen Massen mit großer Reproduzierbarkeit in Betrag und Winkel zu erlauben.

Parasitic mass
Masse parasite

Tote Masse. Bei einer Auswuchtmaschine sind das alle Massen – ausgenommen die Masse des Rotors selbst –, die durch die Unwuchtkräfte im Rotor bewegt werden müssen.

Field balancing equipment
Matériel d'équilibrage de chantier

Tragbares Auswuchtgerät. Eine aus mehreren Teilen bestehende Meßeinrichtung, die eine Information für das Auswuchten eines zusammengebauten, nicht in einer Auswuchtmaschine montierten Maschinenaggregates liefert.

Überkritische Auswuchtmaschine.
siehe: Wegmessende Auswuchtmaschine.

Überlagerungsschaltung.
siehe: Ebenentrennschaltung.

Unterkritische Auswuchtmaschine.
siehe: kraftmessende Auswuchtmaschine.

Unbalance reduction ratio
Rapport de réduction de déséquilibre

Unwuchtreduzierverhältnis (URV). Das Verhältnis zwischen der Abnahme der Unwucht infolge einer einzigen Korrektur zu der Urunwucht:

$$URV = \frac{U_1 - U_2}{U_1} = 1 - \frac{U_2}{U_1};$$

dabei ist:

U_1 der Betrag der Urunwucht,

U_2 der Betrag der verbliebenen Unwucht nach einer Korrektur.

	Das Unwuchtreduzierverhältnis ist ein Maß für die Güte der gesamten Unwuchtkorrektur. Der Wert soll bei einem sorgfältig durchgeführten Prozeß ein Maximum sein. Das Verhältnis wird üblicherweise als Prozentsatz angegeben.
Vector measuring device Appareil de mesurage de vecteur	*Vektormeßgerät.* Ein Gerät, das die Unwucht, als Unwuchtvektor anzeigt, üblicherweise mittels eines Punktes oder einer Linie.
Soft bearing balancing machine Machine à équilibrer à paliers souples	*Wegmessende Auswuchtmaschine.* Eine Auswuchtmaschine, deren Auswuchtdrehzahl oberhalb der Eigenfrequenz des Systems Lagerung–Rotor liegt.
Angle datum mark Marques d'angle	*Winkelbezugsmarke.* Eine Markierung am Rotor, die ein rotorfestes Winkelbezugssystem kennzeichnet. Sie kann optischer, magnetischer, mechanischer oder radioaktiver Natur sein.
Angle reference generator Générateur de référence d'angle	*Winkellagengeber.* Eine Einrichtung beim Auswuchten, die ein Signal erzeugt, durch das die Winkelstellung des Rotors definiert ist.
Production efficiency Rendement	*Wirtschaftlichkeit.* Die Fähigkeit einer Maschine, den Bedienungsmann beim Auswuchten eines Rotors so zu unterstützen, daß der Rotor innerhalb möglichst kurzer Zeit auf eine festgelegte Restunwucht ausgewuchtet werden kann (nähere Angaben über Meßlauf, Auswuchtlauf, Boden–Boden–Zeit, Produktionsrate und Taktzeit s. Abschn. 3.1.1.3.15).
Dynamic balancing machine Machine à équilibrer dynamique	*Zwei-Ebenen-Auswuchtmaschine.* Eine Einrichtung, in der der Rotor rotiert und die eine Information für eine Zwei-Ebenen-Auswuchtung liefert. Auf einer Zwei-Ebenen-Auswuchtmaschine kann auch eine Ein-Ebenen-Auswuchtung durchgeführt werden.

5.6. Dezimale Vielfache und Teile von Einheiten

Dezimale Vielfache und Teile von Einheiten können durch Vorsetzen von bestimmten Vorsilben (Vorsätze) vor den Namen der Einheit bezeichnet werden.

Zehnerpotenzen	*Vorsatz*	*Vorsatzzeichen*
10^{12}	Tera	T
10^{9}	Giga	G
10^{6}	Mega	M
10^{3}	Kilo	k
10^{2}	Hekto	h
10^{1}	Deka	da
10^{-1}	Dezi	d
10^{-2}	Zenti	c
10^{-3}	Milli	m
10^{-6}	Mikro	μ
10^{-9}	Nano	n
10^{-12}	Pico	p

Die Vorsatzzeichen stehen ohne Zwischenraum vor dem Einheitenzeichen.

Zur Bezeichnung eines dezimalen Vielfachen oder Teiles einer Einheit darf nicht mehr als *ein* Vorsatzzeichen verwendet werden, z. B.:

1/1000 μm = 1 nm(Nanometer), nicht 1 mμm (Millimikrometer). Bevorzugt werden die Vielfache 10^3, 10^6, 10^{12} und die Teile 10^{-3}, 10^{-6}, 10^{-9}, 10^{-12} verwendet (Auszug DIN 1301 [12]).

5.7. Umrechnungsfaktoren für SI-Einheiten und anglo-amerikanische Maße

Länge:

1 m (Meter)	=	3,28 ft (foot)
	=	39,4 in (inch)
1 ft = 12 in	=	0,305 m
1 in	=	25,4 mm (Millimeter)
1 mil = 1 thou = 1/1000 in	=	25,4 μm (Mikrometer)
1 μ in (micro inch)	=	0,0254 μm

Kraft:

1 N (Newton)	=	0,225 lb (pound force)
1 lb = 16 oz (ounce force)	=	4,45 N

Masse (Gewicht):

1 kg (Kilogramm)	= 2.20 lb (pound mass)
	= 35.3 oz (ounce mass)
1 g (Gramm)	= 0.0353 oz
	= 0.564 dram
1 lb = 16 oz	= 0,454 kg
1 oz = 16 dram	= 28,4 g
1 dram	= 1,77 g

Unwucht:

1 kg mm	= 0.0868 lb in
	= 1.39 oz in
1 g mm	= 0.0222 dram in
1 lb in = 16 oz in	= 11,5 kg mm
1 oz in = 16 dram in	= 0,720 kg mm
1 dram in	= 45,0 g mm
1 g in (Gramm inch)	= 25,4 g mm
1 kg mm^2	= 0.0547 oz in^2
1 oz in^2	= 18,3 kg mm^2

Drehmoment:

1 N m (Newton Meter)	= 0.738 lb ft (pound foot)
1 lb ft	= 1,36 N m

Massenträgheitsmoment:

1 kg m^2	= 23,7 lb ft^2
	= 0.738 slug ft^2
1 lb ft^2	= 0,0421 kg m^2
1 slug ft^2 $\left(\frac{1\ \text{lb}}{32{,}2\ \frac{\text{ft}}{\text{s}^2}}\ \text{ft}^2\right)$	= 1,36 kg m^2

Tabelle 16. Umrechnungstafel für Weg, Geschwindigkeit, Beschleunigung bei rein sinusförmigen Schwingungen.

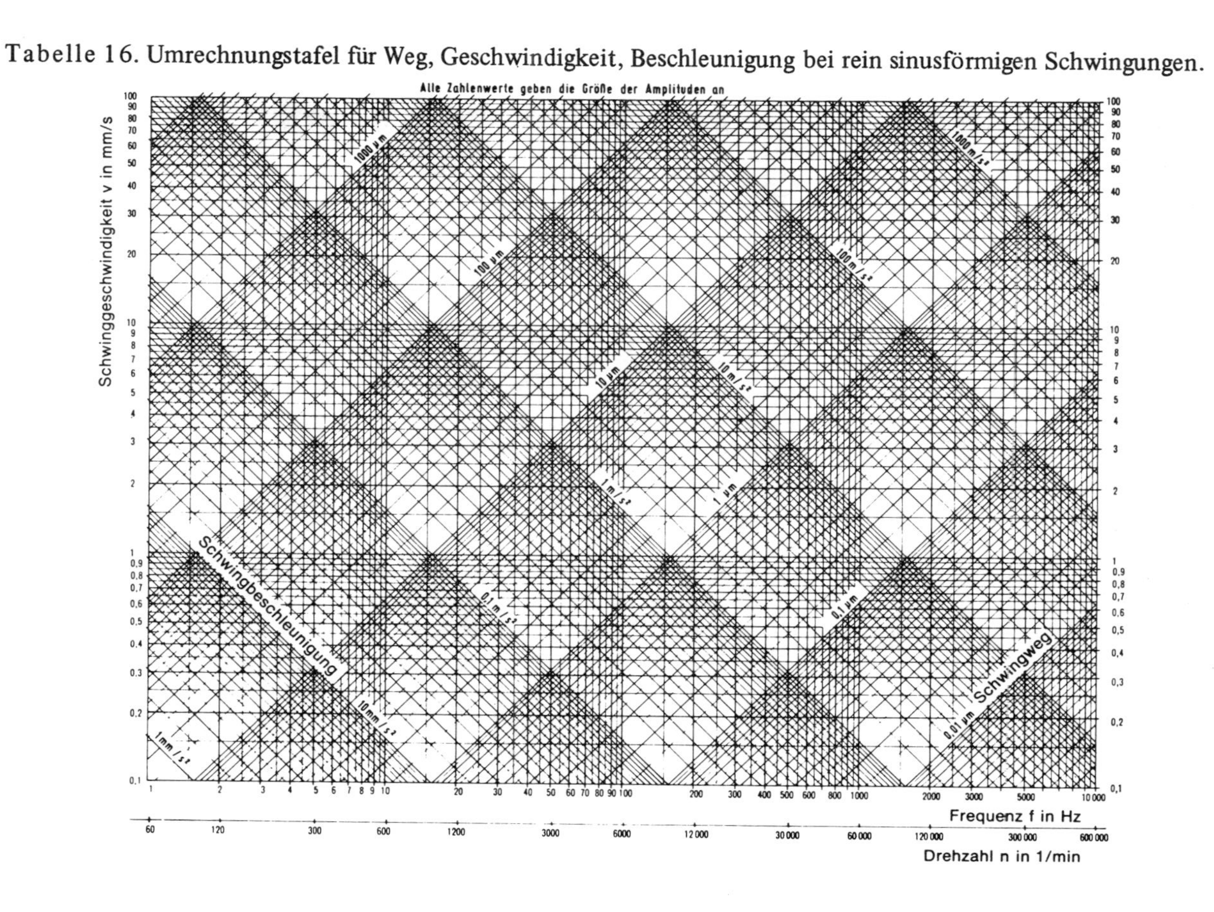

Tabelle 17. Zusammenhang zwischen Unwucht, Drehzahl und Fliehkraft.

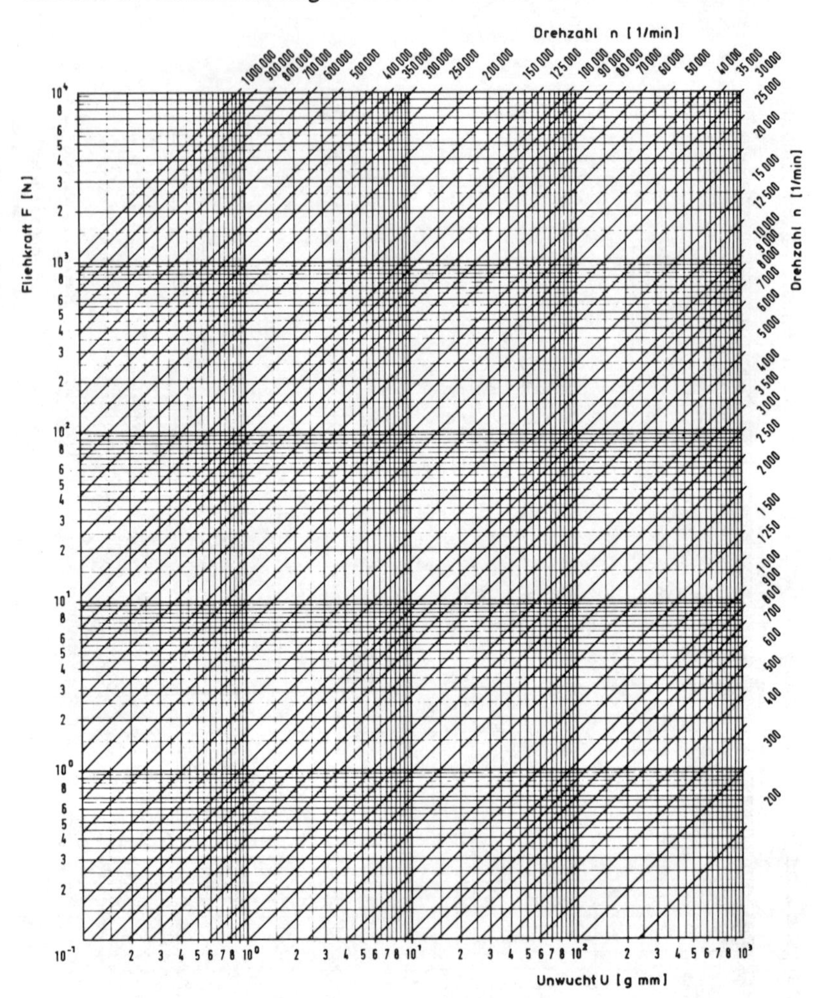

Tabelle 18. Umrechnung von Unwuchten aus dem SI-Einheiten-System in das Zollsystem.

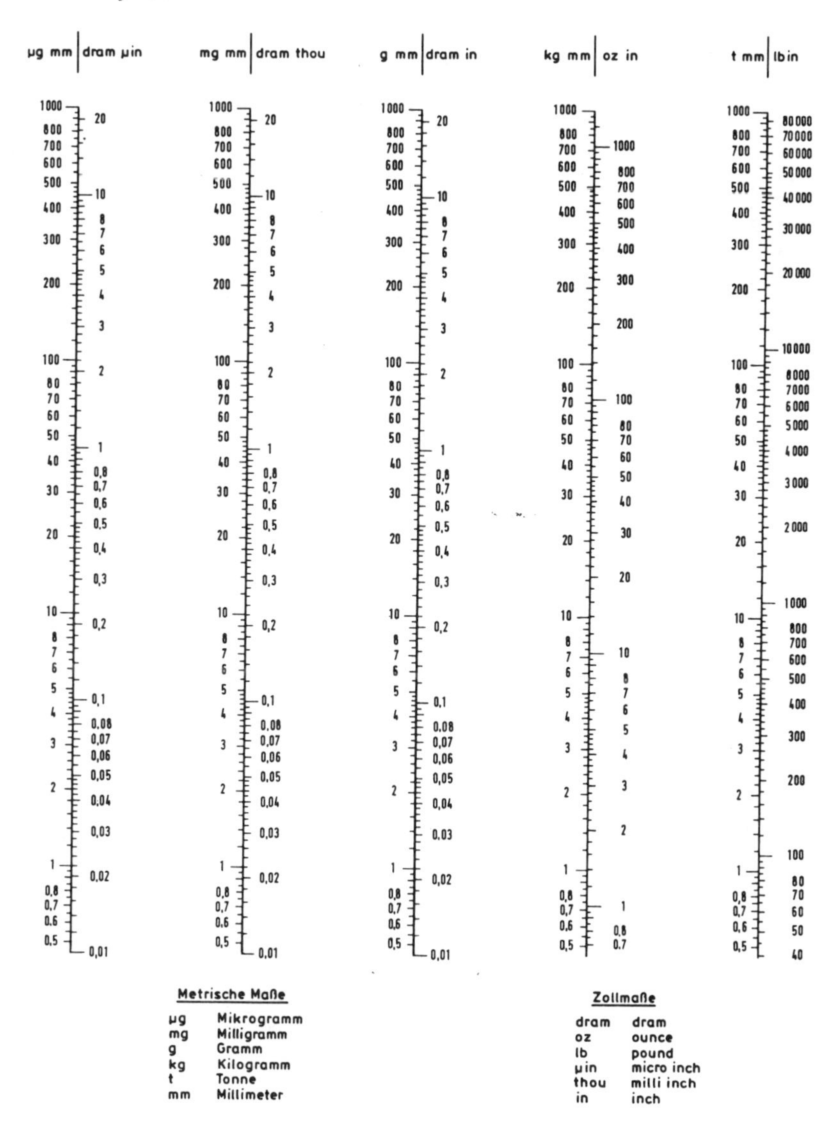

Tabelle 19. Nomogramm zur Aufteilung der zulässigen Restunwucht $U_{zul\,s}$ auf zwei Ausgleichebenen I und II.

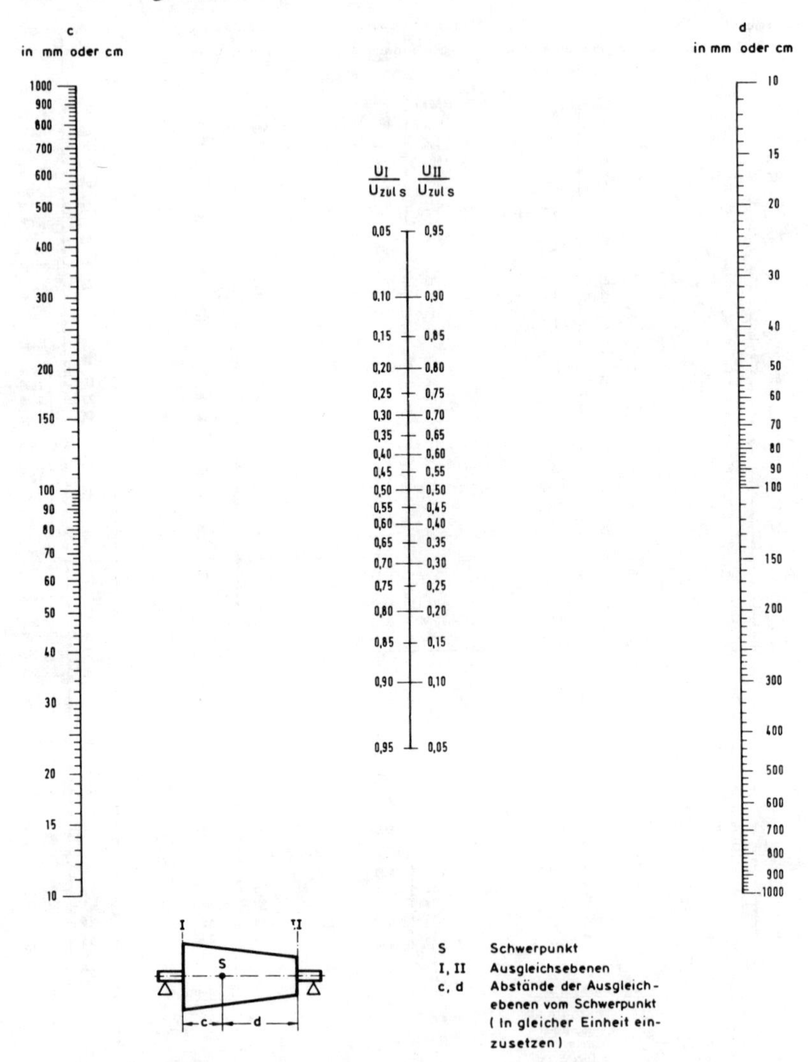

Tabelle 20. Nomogramm für den Zusammenhang zwischen Schwerpunktexzentrizität e, Rotormasse m und statischer Unwucht U_S.

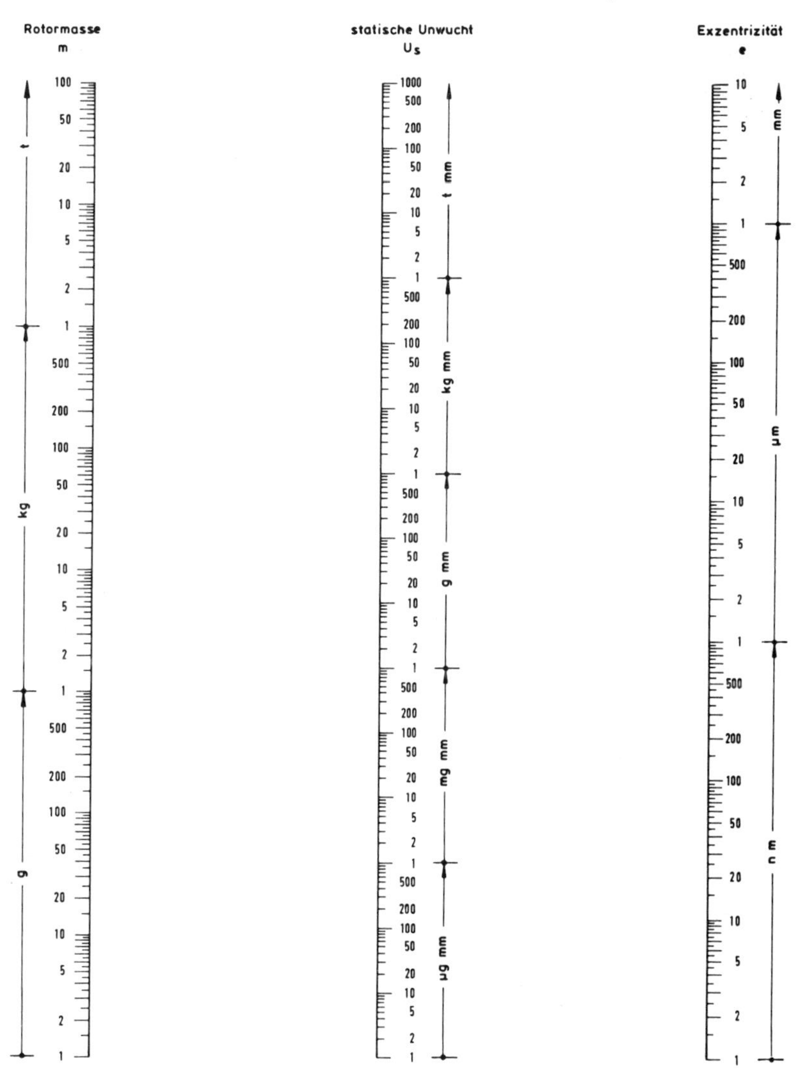

Tabelle 21. Nomogramm für den Zusammenhang zwischen den Massenträgheitsmomenten J_x und J_z, der Schrägstellung α und der Momentenunwucht U_m.

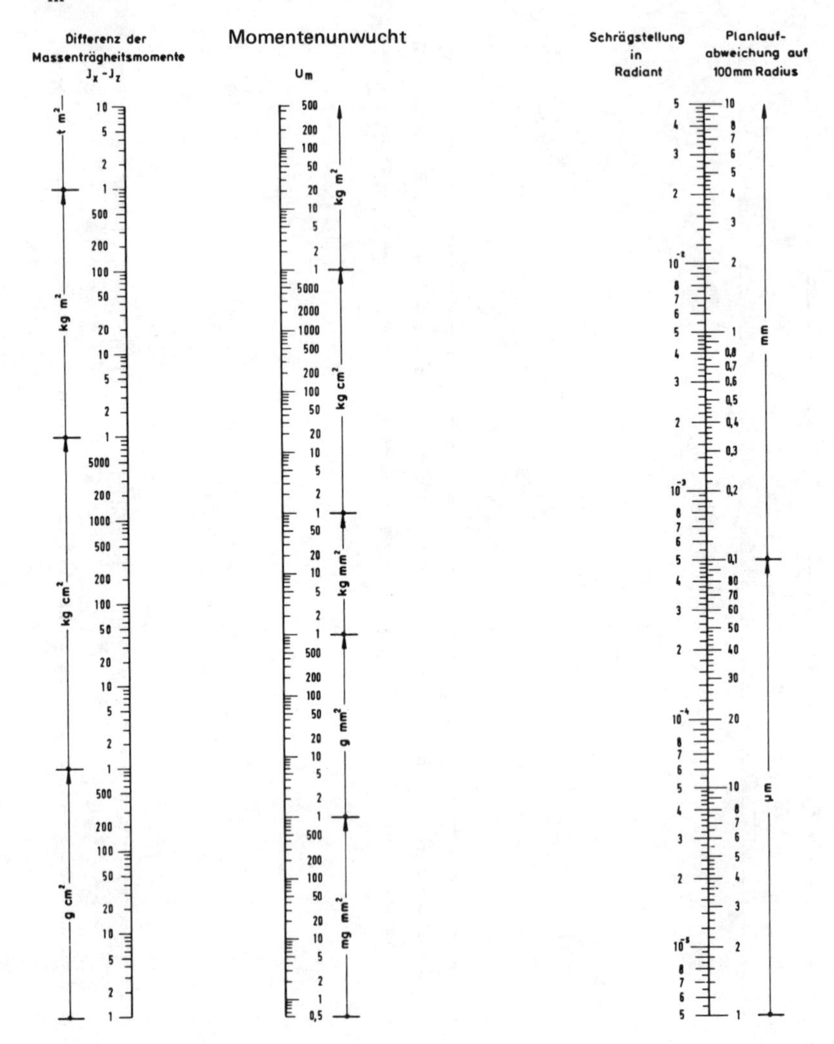

Tabelle 22. Nomogramm zur Ermittlung des Drehmomentes oder der kleinsten zulässigen Rotordrehzahl bei gegebener Gelenkwelle (Annahme: max. auftretendes Moment = Nennmoment).

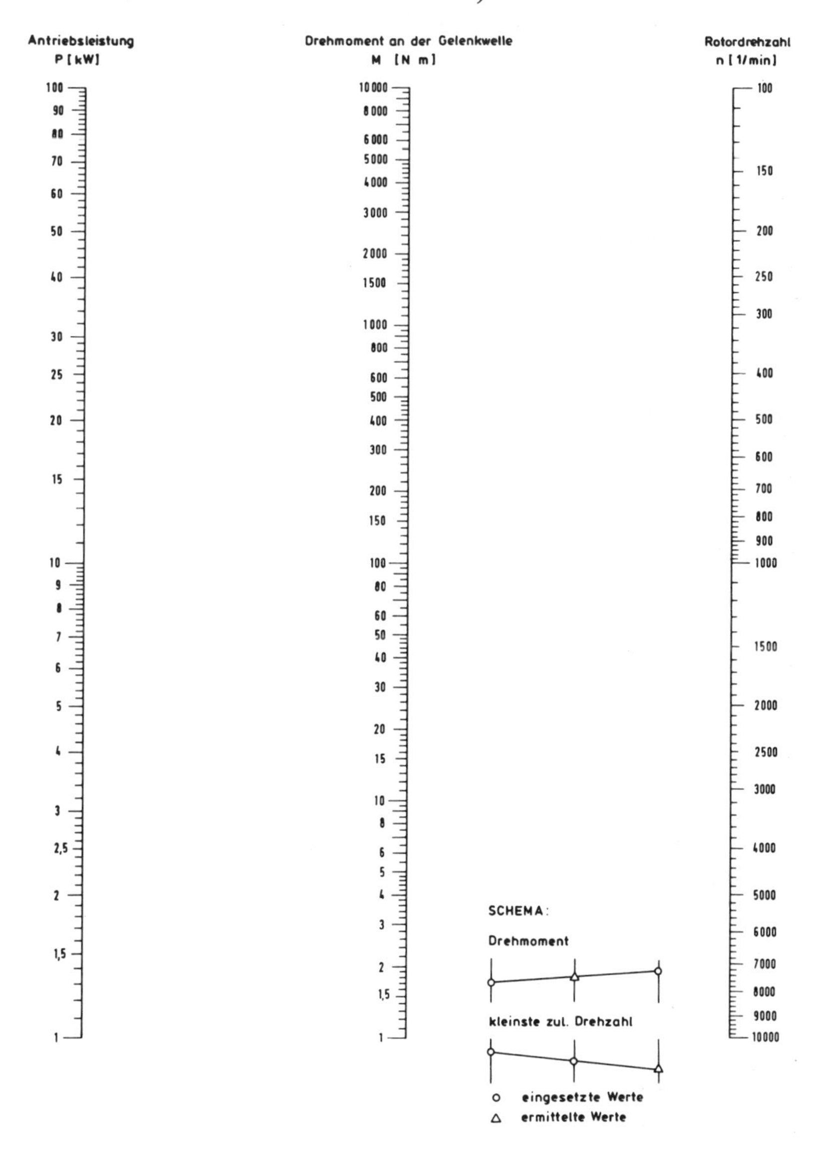

Tabelle 23. Nomogramm zur Ermittlung des Massenträgheitsmomentes aus den Rotordaten (für Stahl mit der Dichte $\rho = 7{,}85\ g/cm^3$).

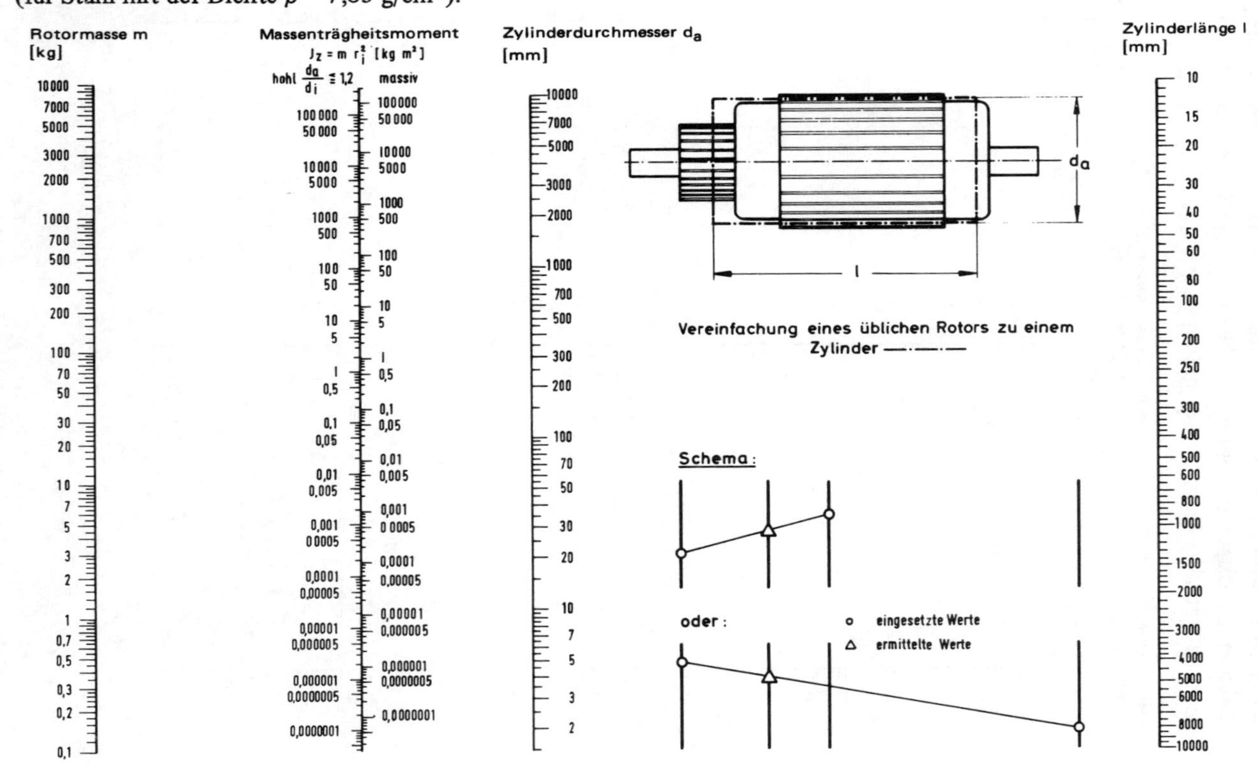

Tabelle 24. Nomogramm zur Ermittlung der maximal zulässigen Gelenkwelle in Abhängigkeit von der Auswuchtgüte.

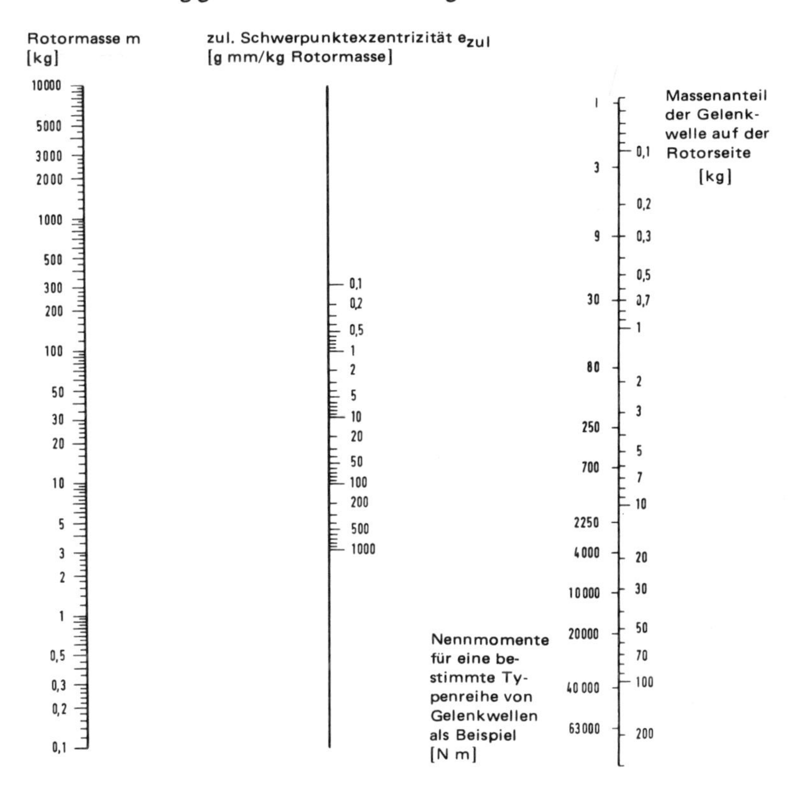

Tabelle 25. Nomogramm zur Ermittlung der oberen Drehzahlgrenze oder der Hochlaufzeit.

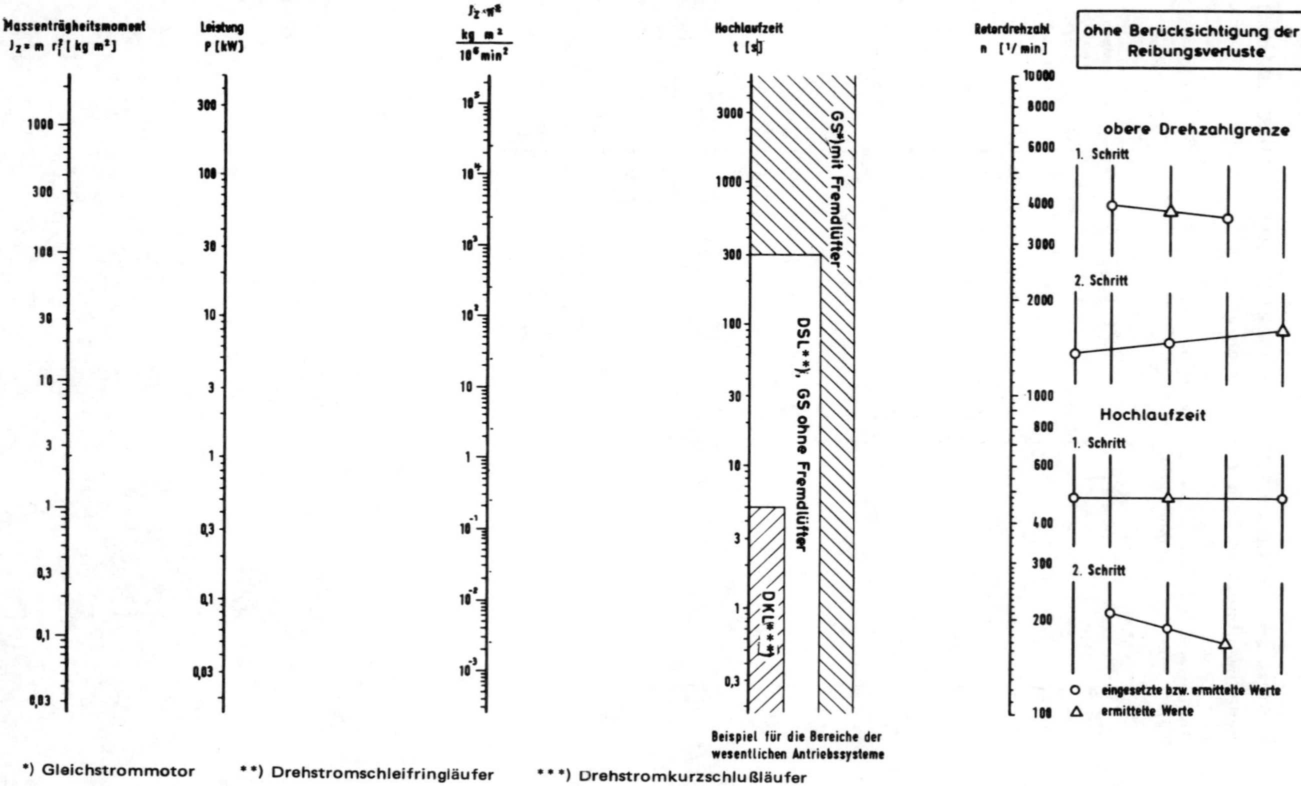

*) Gleichstrommotor **) Drehstromschleifringläufer ***) Drehstromkurzschlußläufer

Tabelle 26. Nomogramm zur Ermittlung der erforderlichen Antriebsleistung beim Auswuchten von Ventilatoren (Annahme: $P \sim n^3$).

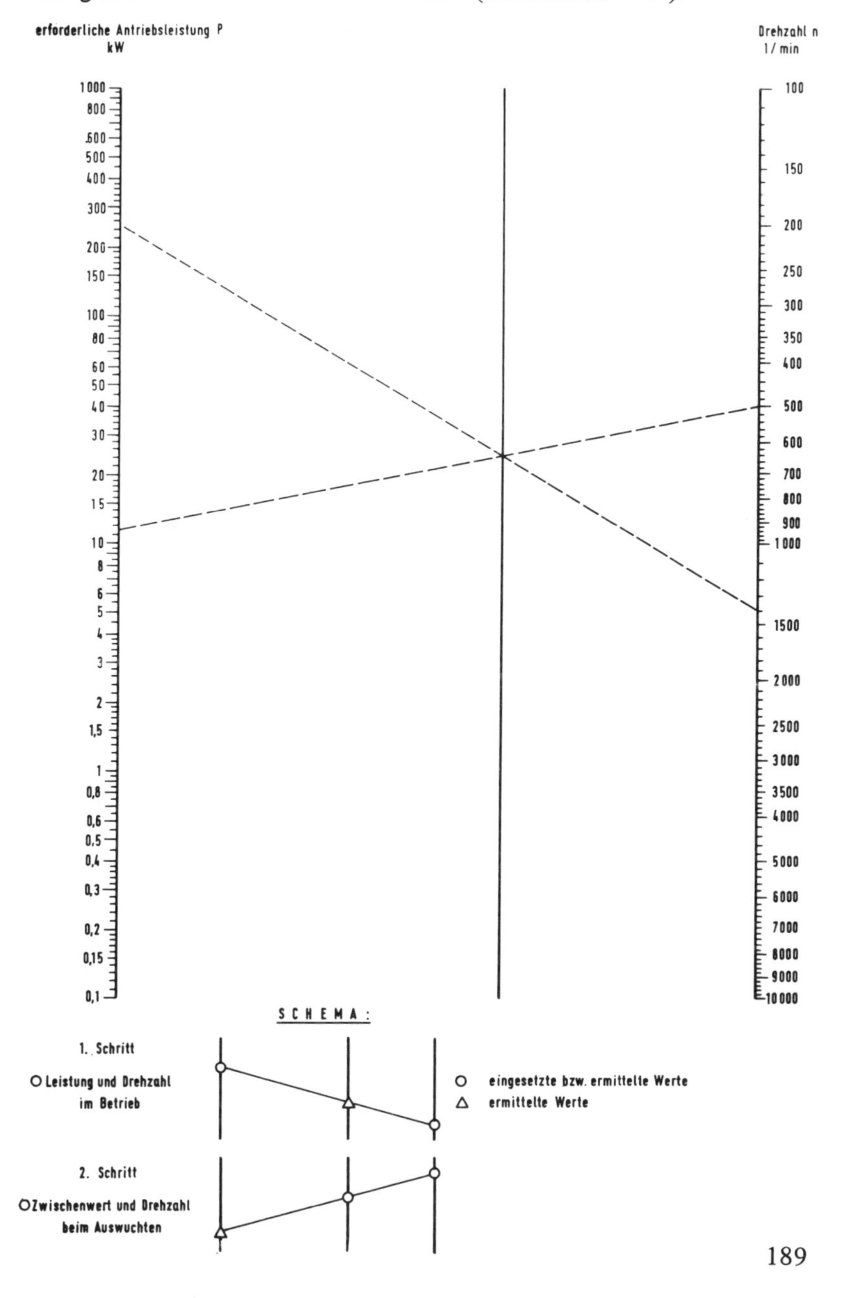

Tabelle 27. Nomogramm zur Ermittlung kritischer Drehzahlen von Wellen.

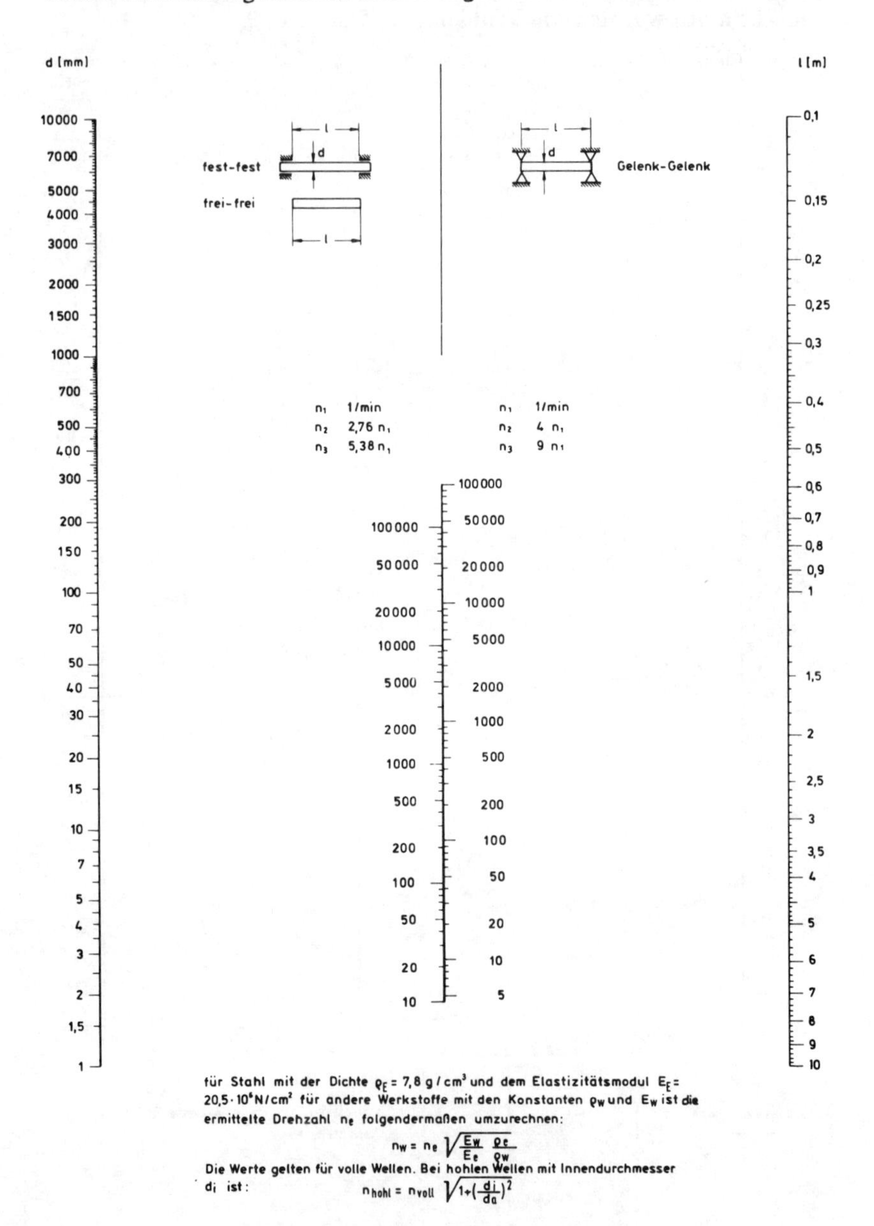

d [mm]
l [m]
fest-fest
frei-frei
Gelenk-Gelenk
n1 1/min
n2 2,76 n1
n3 5,38 n1
n1 1/min
n2 4 n1
n3 9 n1
für Stahl mit der Dichte $\varrho_E = 7{,}8\ g/cm^3$ und dem Elastizitätsmodul $E_E = 20{,}5 \cdot 10^6\ N/cm^2$ für andere Werkstoffe mit den Konstanten ϱ_W und E_W ist die ermittelte Drehzahl n_E folgendermaßen umzurechnen:
$n_W = n_E \sqrt{\frac{E_W}{E_E}\,\frac{\varrho_E}{\varrho_W}}$
Die Werte gelten für volle Wellen. Bei hohlen Wellen mit Innendurchmesser d_i ist:
$n_{hohl} = n_{voll} \sqrt{1+\left(\frac{d_i}{d_a}\right)^2}$

Tabelle 28. Einige typische Fälle zur Berechnung der Unwucht aus geometrischen Fehlern (Scheibe gleicher Dicke).

a)

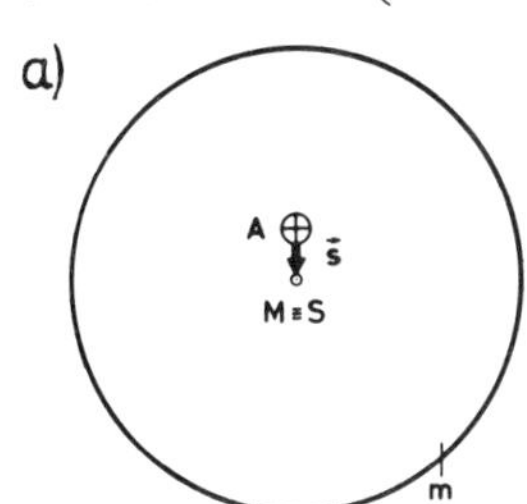

Vollscheibe, exzentrisch zur Schaftachse

A Schaftachse
M Mittelpunkt der Scheibe
S Schwerpunkt
$\vec{s}$ Exzentrizität des Mittelpunktes
m Masse der Scheibe

$$\boxed{\vec{U} = \vec{s}\ m}$$

$\vec{e} = \vec{s}$ Schwerpunktexzentrizität (von der Schaftachse)

b)

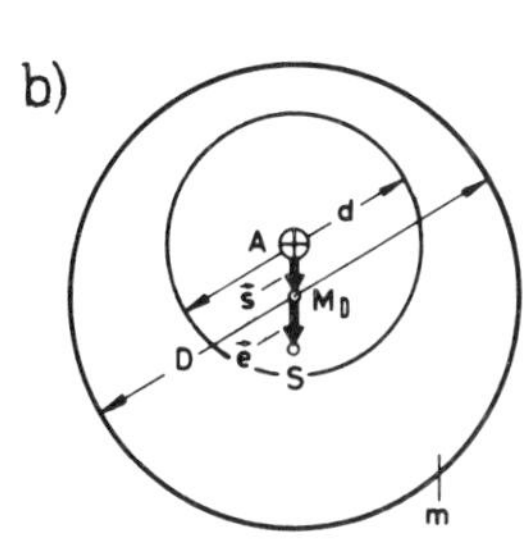

Lochscheibe, Bohrung konzentrisch, Außendurchmesser exzentrisch zur Schaftachse

D Außendurchmesser
d Bohrungsdurchmesser
M_D Mittelpunkt des Außendurchmessers

$$\boxed{\vec{U} = \vec{s}\ m \frac{D^2}{D^2-d^2}}$$

$\vec{e} = \vec{s}\ \frac{D^2}{D^2-d^2}$ = Schwerpunktexzentrizität

c)

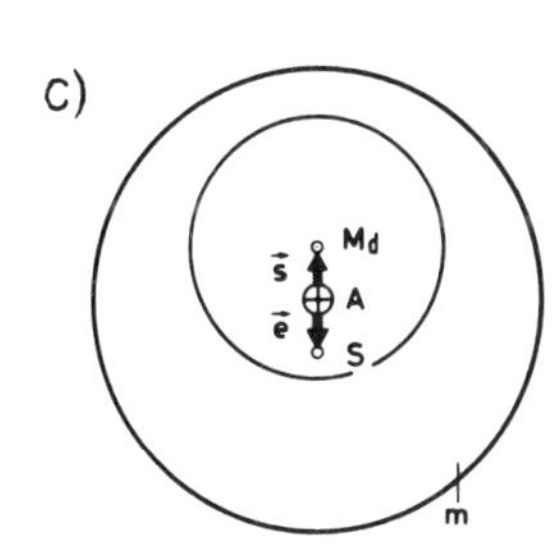

Lochscheibe, Bohrung exzentrisch Außendurchmesser konzentrisch zur Schaftachse

M_d Mittelpunkt der Bohrung

$$\boxed{\vec{U} = -\vec{s}\ m \frac{d^2}{D^2-d^2}}$$

$\vec{e} = -\vec{s}\ \frac{d^2}{D^2-d^2}$ = Schwerpunktexzentrizität

d)

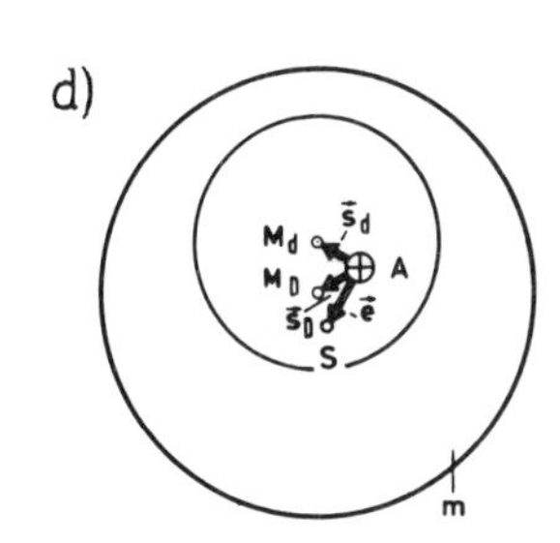

Lochscheibe Bohrung exzentrisch um $\vec{s}_d$ Außendurchmesser um $\vec{s}_D$ zur Schaftachse

$$\boxed{\vec{U} = \vec{s}_D\ m \frac{D^2}{D^2-d^2} - \vec{s}_d\ m \frac{d^2}{D^2-d^2}}$$

(Vektorsumme)

Schwerpunktexzentrizität:

$$\vec{e} = \vec{s}_D\ \frac{D^2}{D^2-d^2} - \vec{s}_d\ \frac{d^2}{D^2-d^2}$$

Tabelle 29. Massen für Rundstahl von 1 bis 10 mm Dmr. mit der Dichte $\rho = 7{,}85\ g/cm^3$.

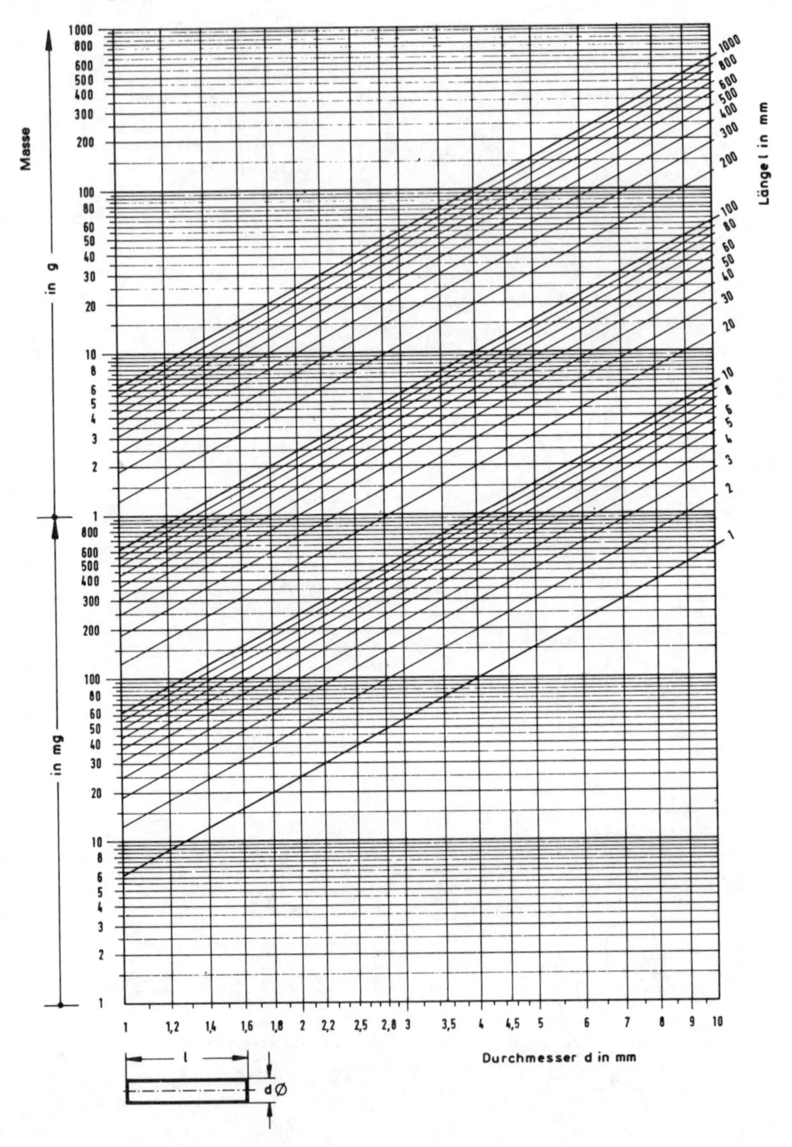

Tabelle 30. Massen für Rundstahl von 10 bis 100 mm Dmr. mit der Dichte $\rho = 7{,}85\ g/cm^3$.

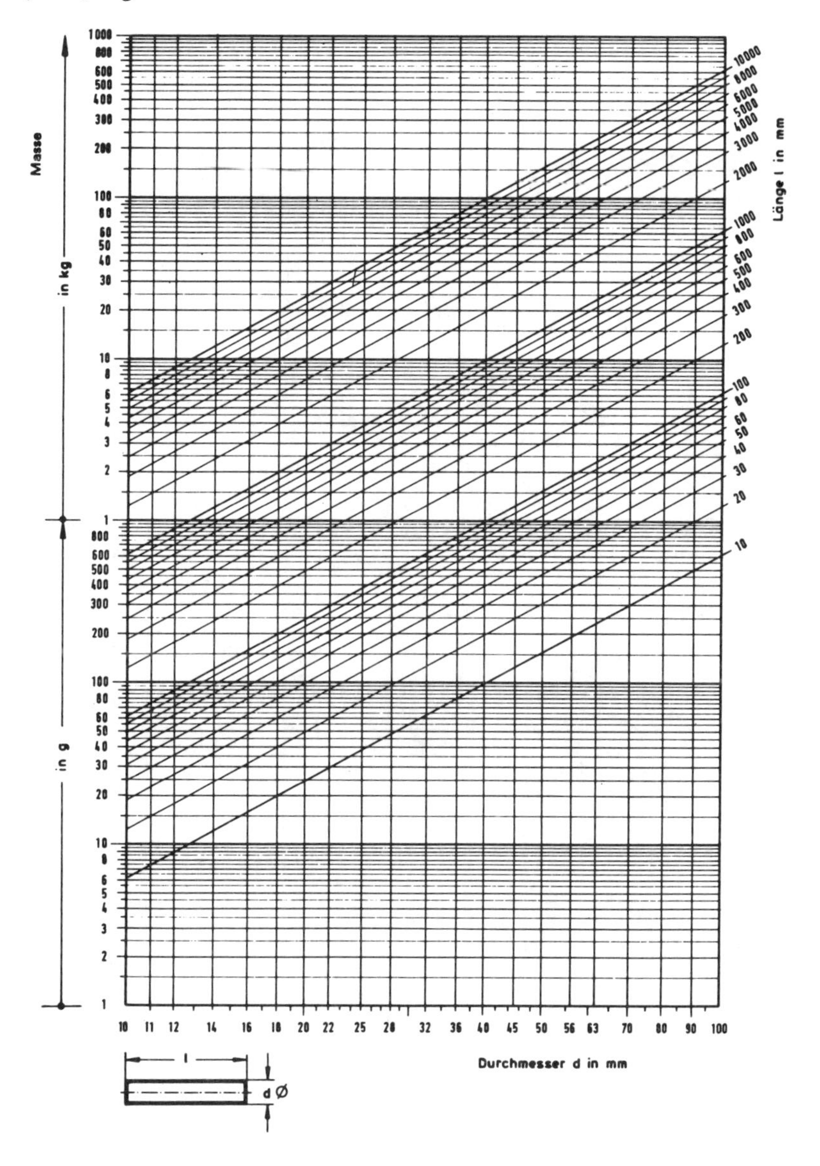

Tabelle 31. Massen für Flachstahl mit der Dichte $\rho = 7{,}85\ \text{g/cm}^3$.

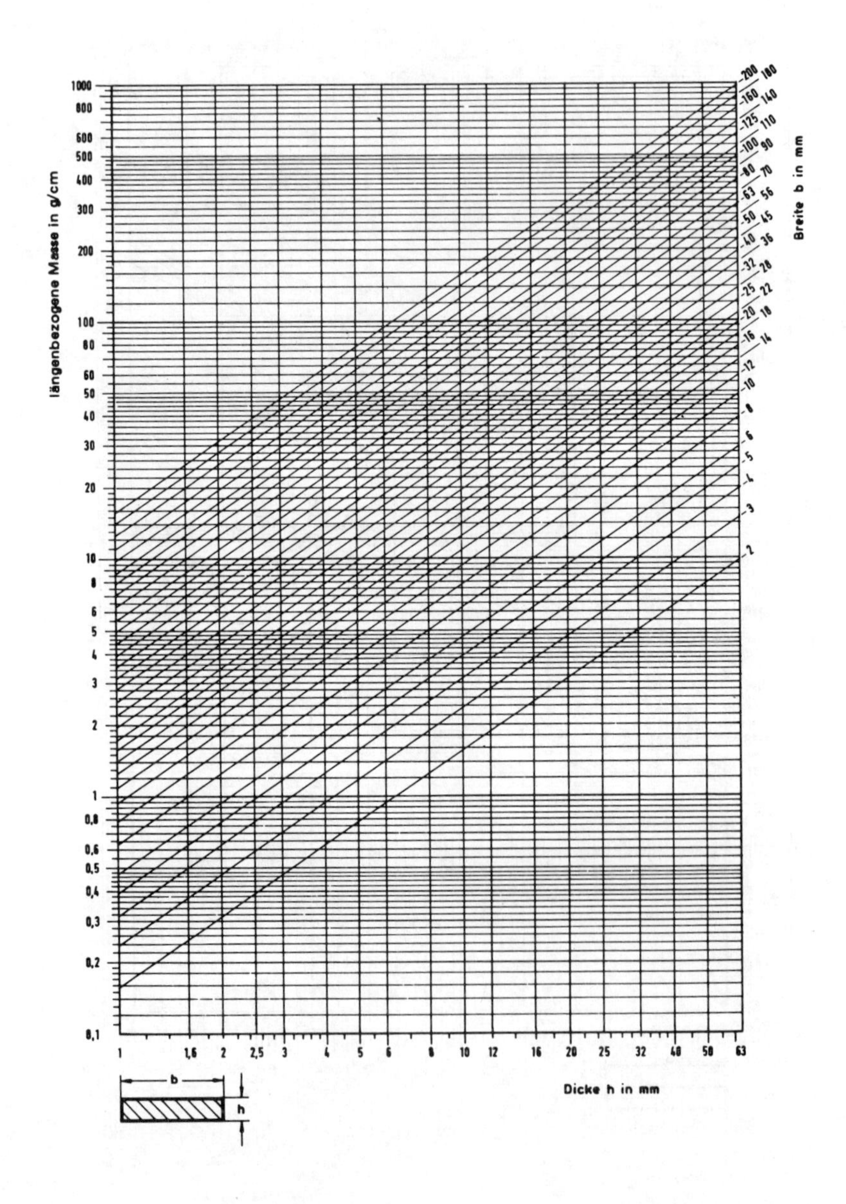

Tabelle 32. Massen für den Bohrkegel von 0,1 bis 40 mm Bohrtiefe, für Stahl mit der Dichte $\rho = 7{,}85\ \mathrm{g/cm^3}$.

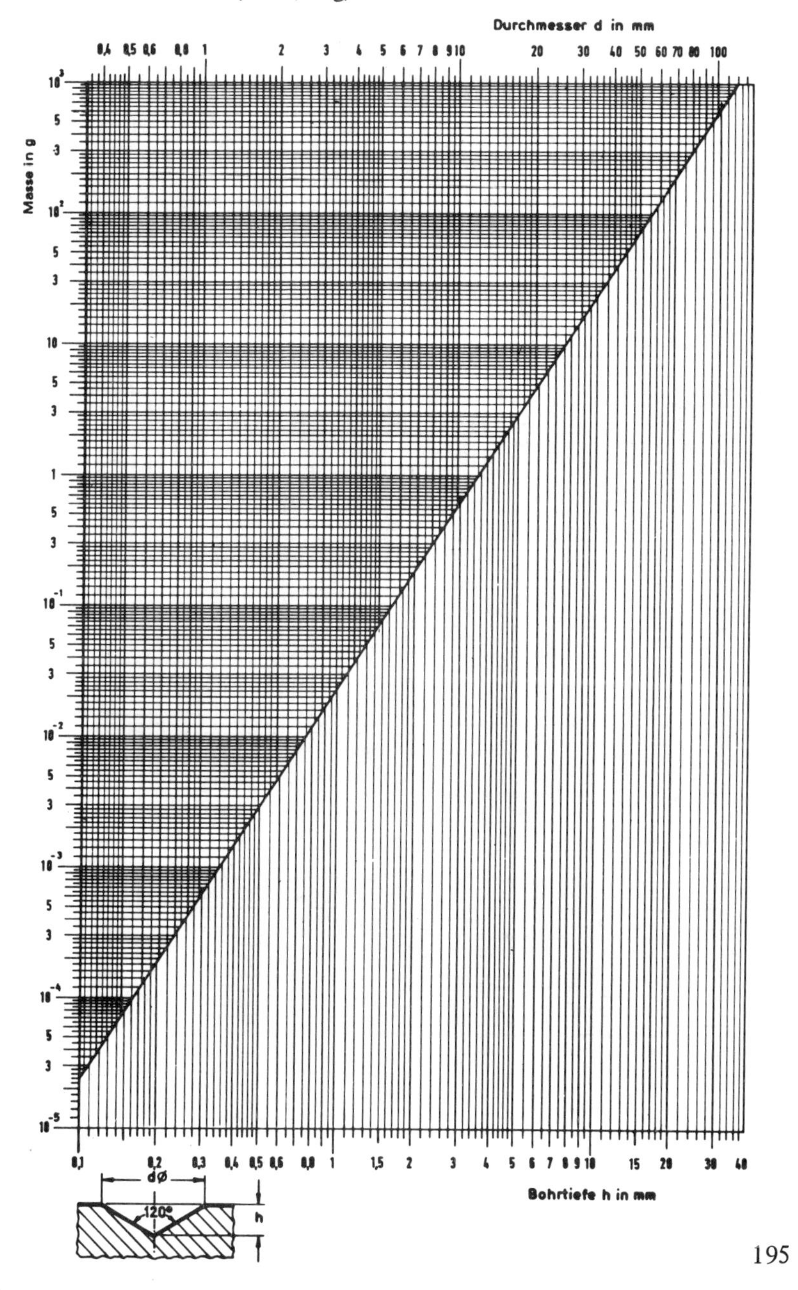

Tabelle 33. Massen für Bohrdurchmesser von 0,5 bis 1,5 mm, für Stahl mit der Dichte $\rho = 7{,}85\ g/cm^3$.

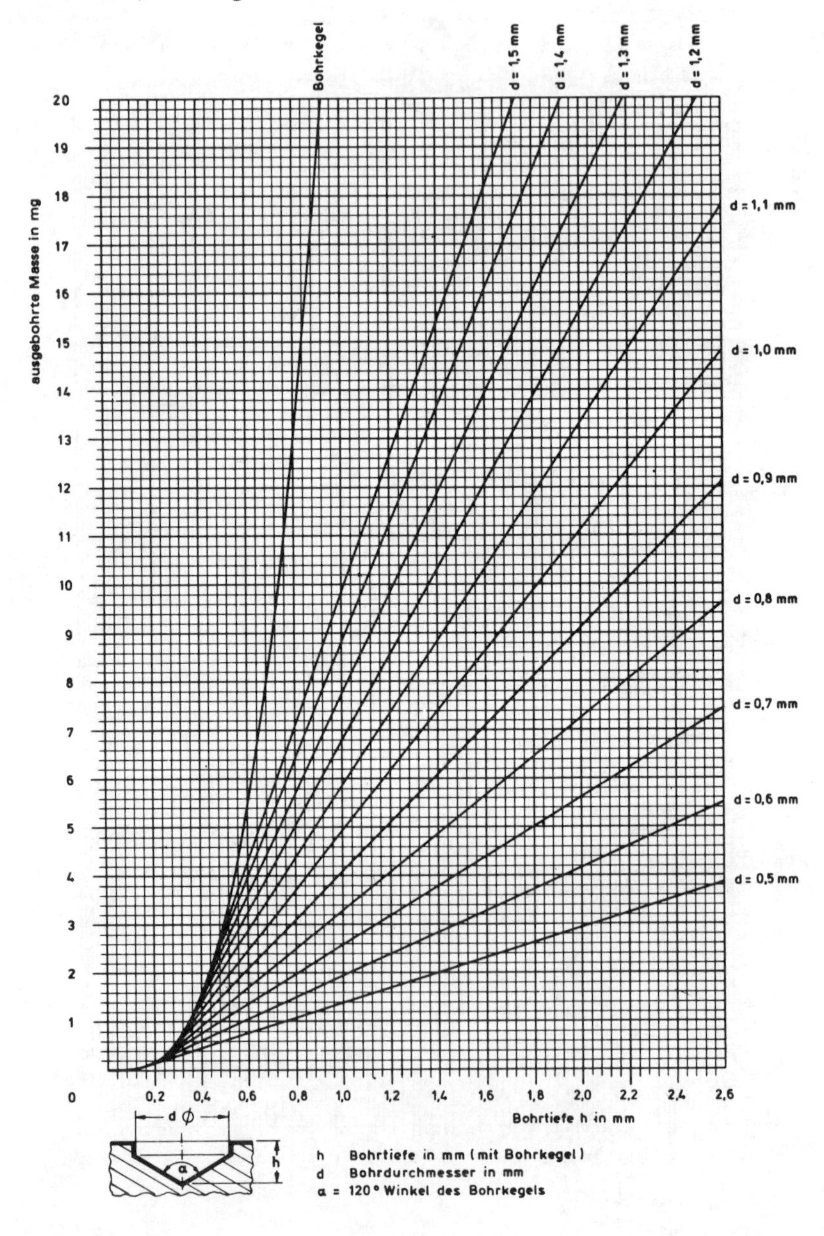

Tabelle 34. Massen für Bohrdurchmesser von 1 bis 5 mm, für Stahl mit der Dichte $\rho = 7{,}85\ g/cm^3$.

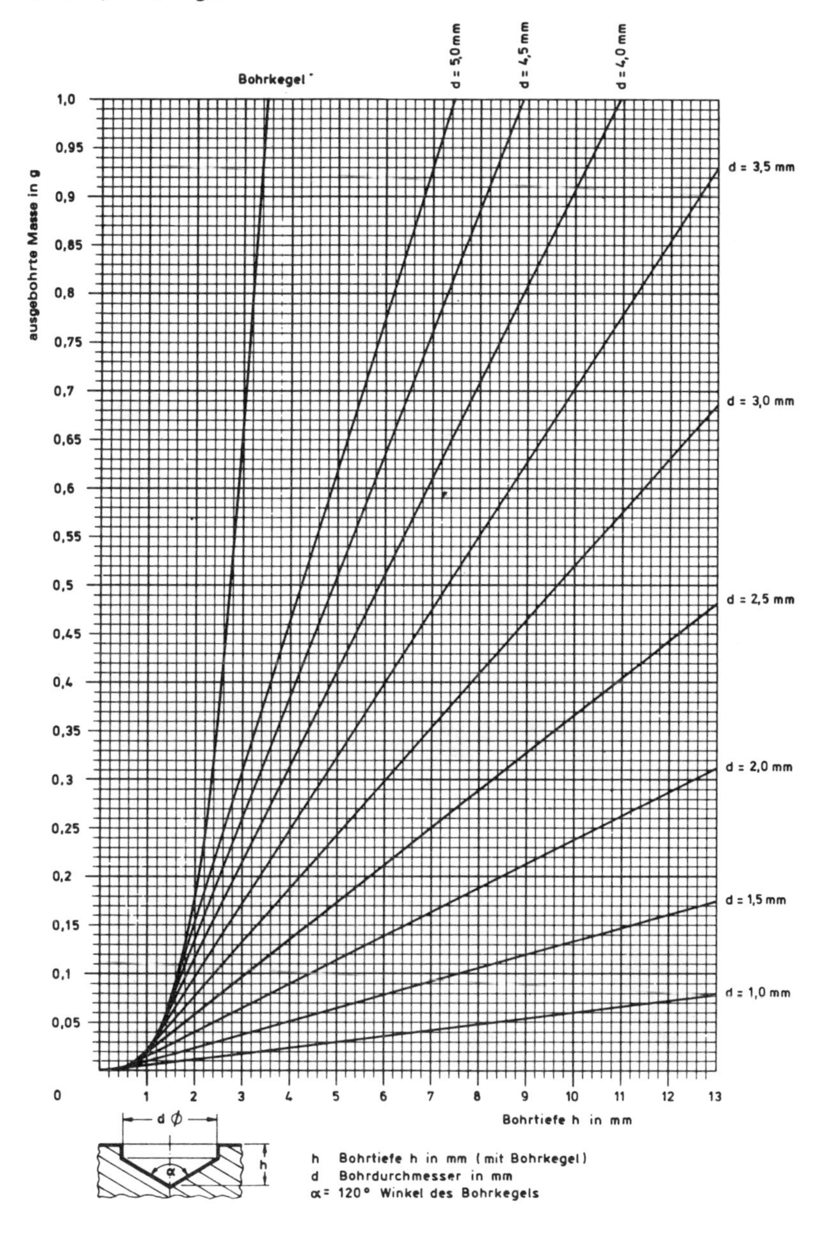

Tabelle 35. Massen für Bohrdurchmesser von 5,5 bis 10 mm, für Stahl mit der Dichte $\rho = 7{,}85\ \mathrm{g/cm^3}$.

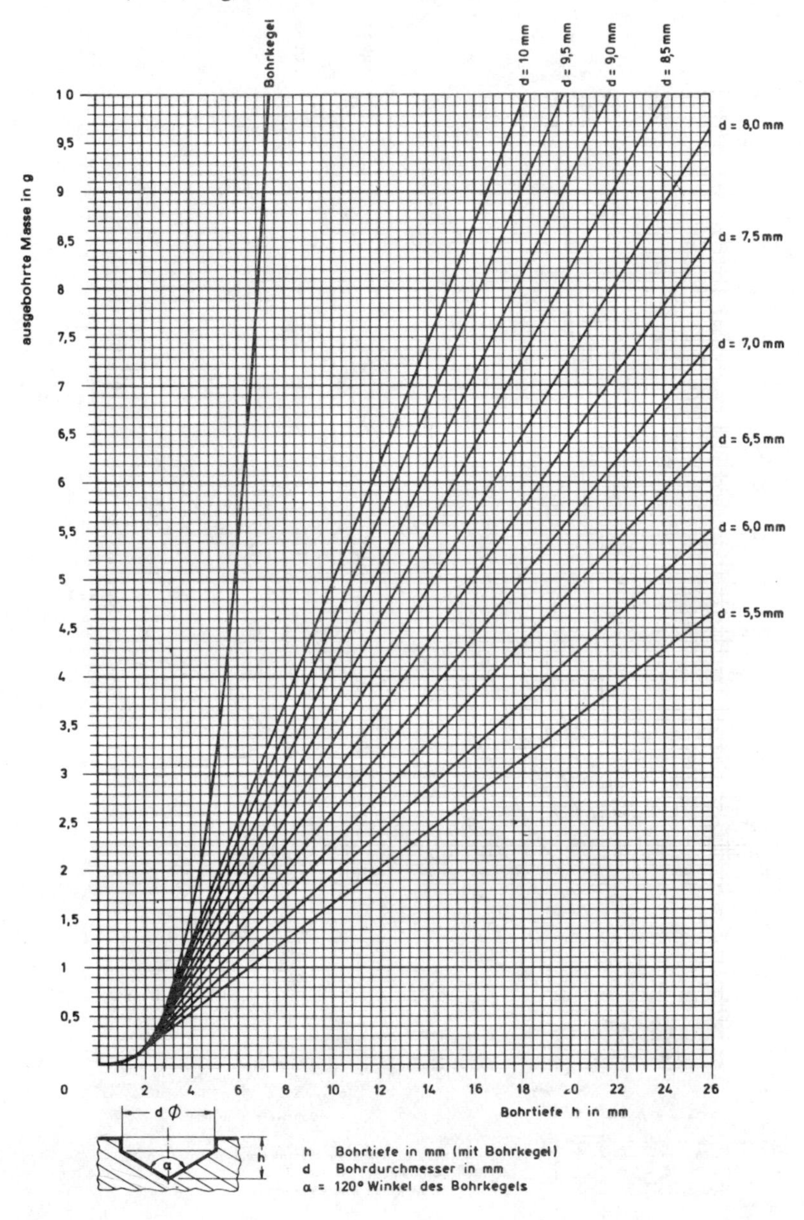

Tabelle 36. Massen für Bohrdurchmesser von 5 bis 50 mm und große Bohrtiefe, für Stahl mit der Dichte $\rho = 7{,}85\ g/cm^3$.

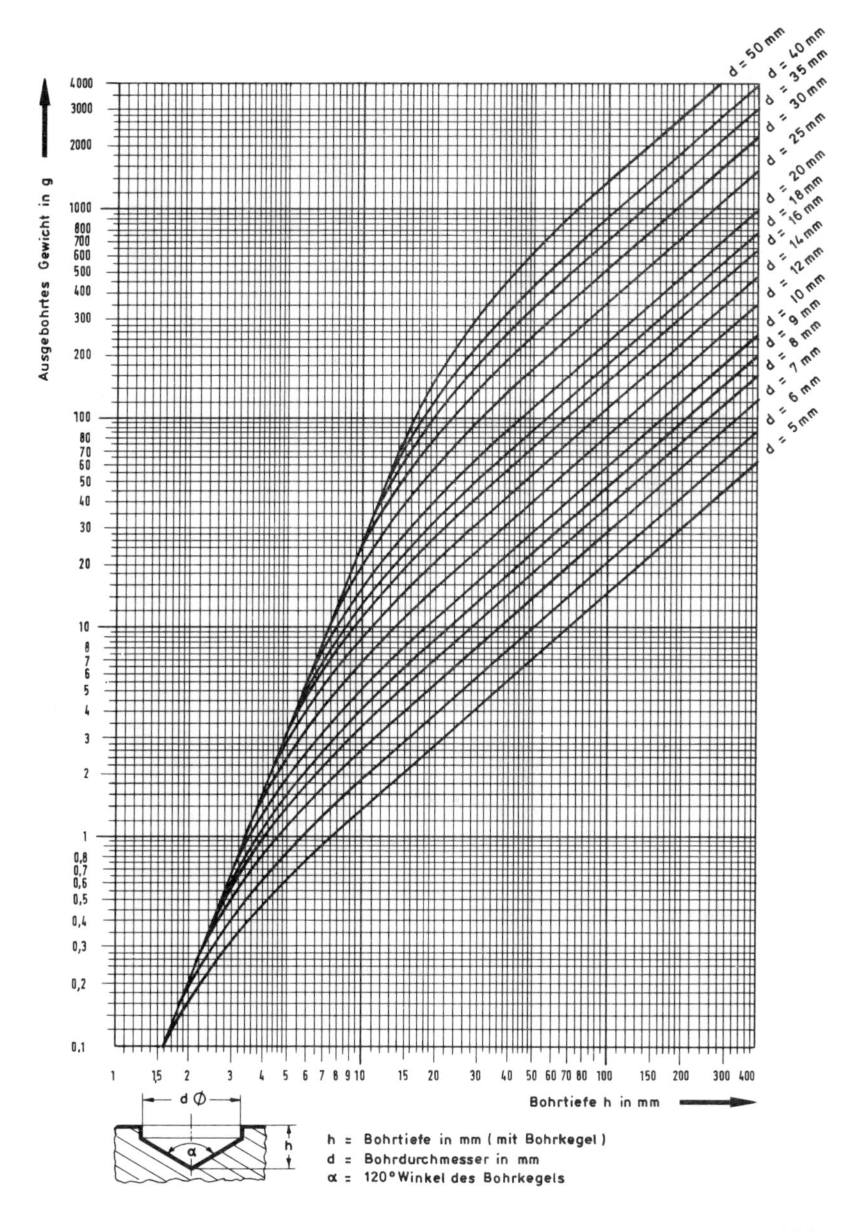

Tabelle 37. Beispiel einer Bohrtafel für den Ausgleich der Unwucht durch eine Anzahl Vollbohrungen und eine Teilbohrung.

Bohrdurchmesser 6 mm, für Aluminium mit der Dichte $\rho = 2{,}7\ \mathrm{g/cm^3}$.

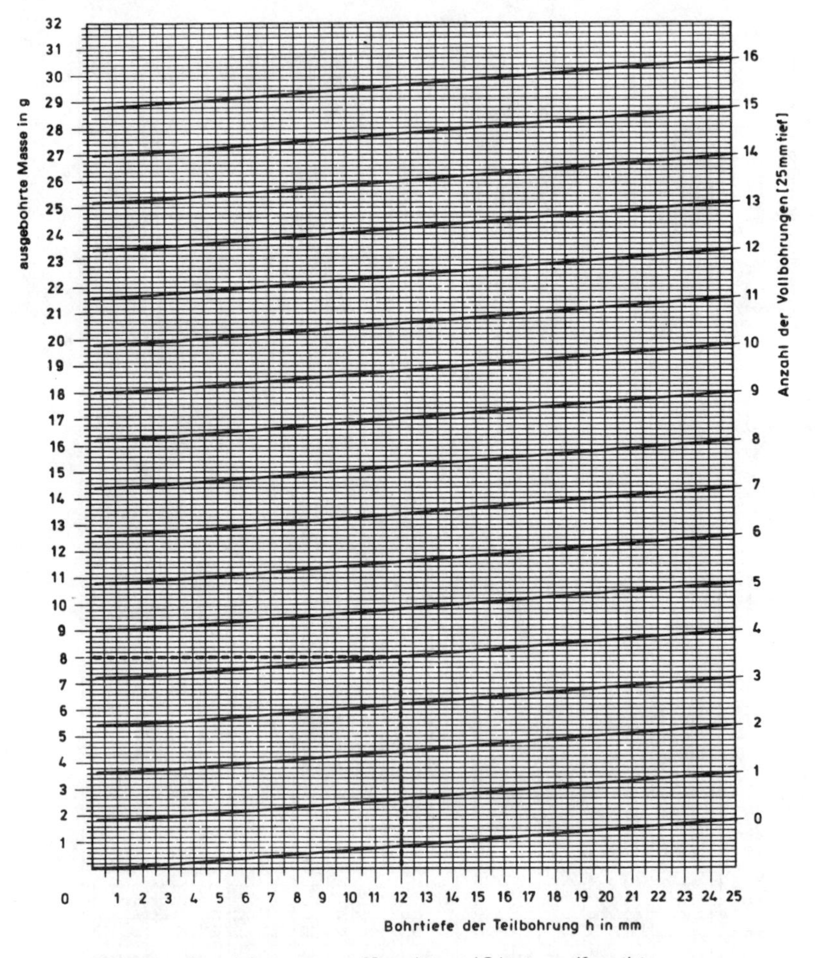

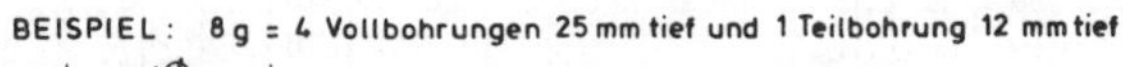

BEISPIEL: 8 g = 4 Vollbohrungen 25 mm tief und 1 Teilbohrung 12 mm tief

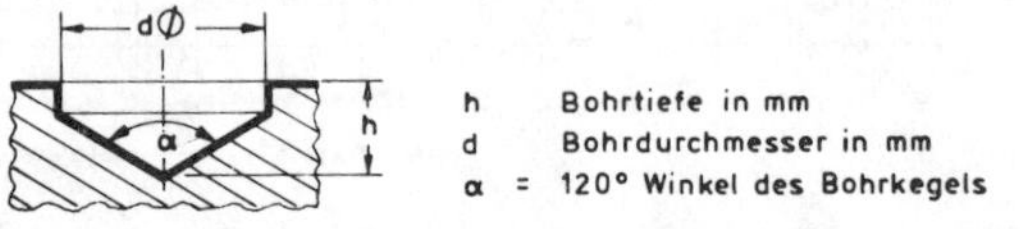

Tabelle 38. Diagramm zur Ermittlung des wirksamen Radius und der wirksamen Unwucht bei radialem Ausgleich durch Bohren.

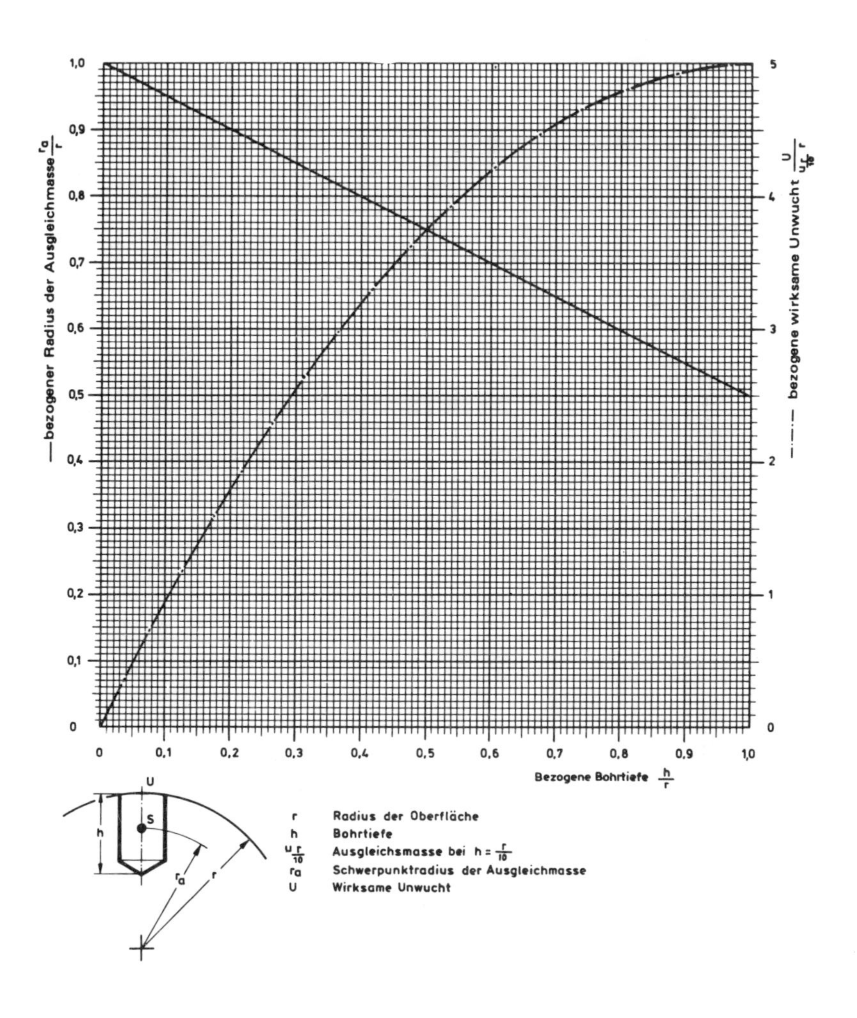

Tabelle 39. Diagramm zur Ermittlung des Schwerpunktradius und der wirksamen Unwucht bei Ausgleich über einen größeren Teil des Umfangs.

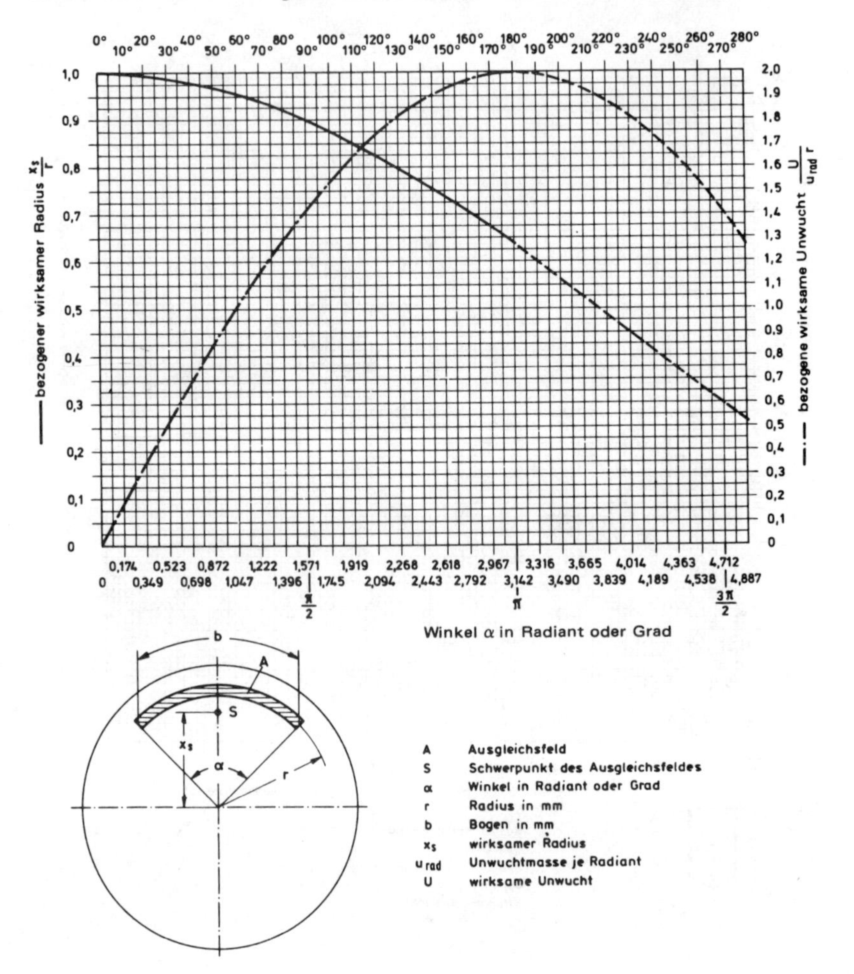

Tabellle 40. Diagramm zur Ermittlung der wirksamen Unwucht von zwei um den Winkel α gespreizten Unwuchten.

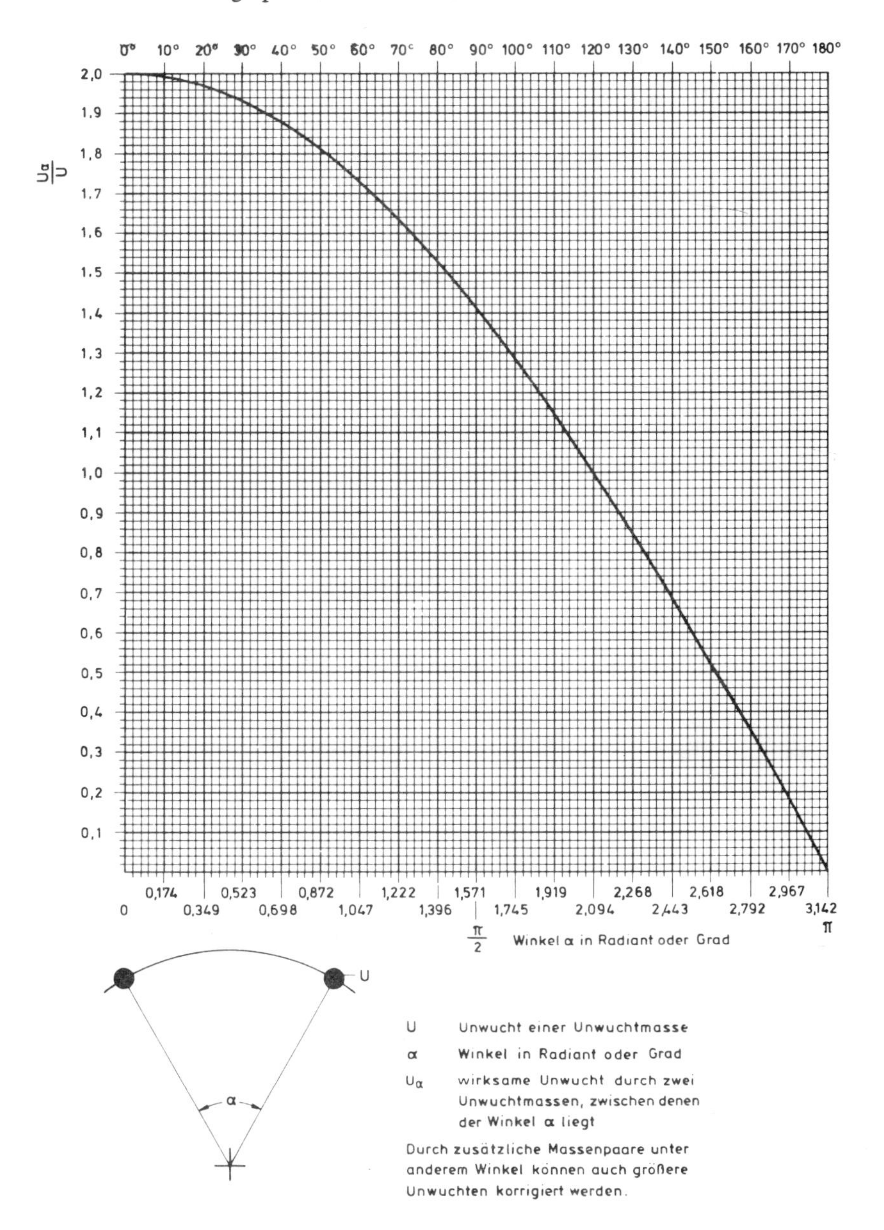

Tabelle 41. Nomogramm zum Umrechnen der Ausgleichmassen von Stahl mit der Dichte $\rho = 7{,}85$ g/cm^3 auf andere Werkstoffe (bei gleichem Volumen).

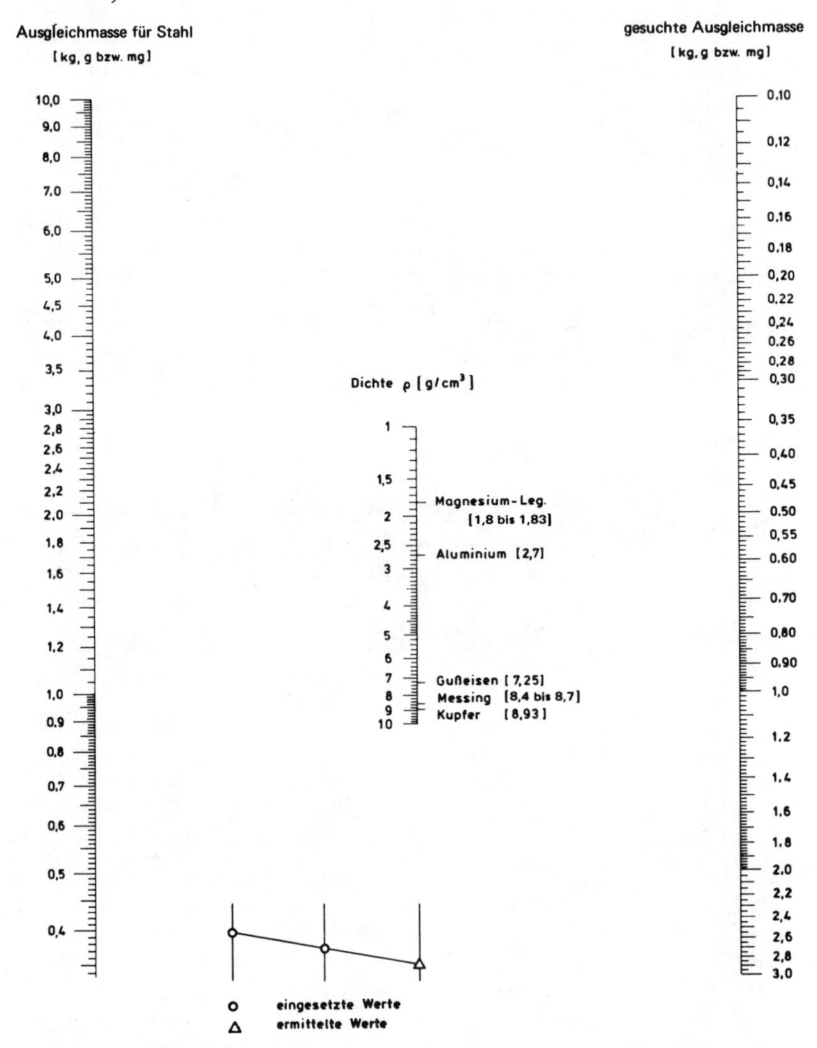

6. Schrifttum

[1] VDI 2056: Beurteilungsmaßstäbe für mechanische Schwingungen von Maschinen. Ausg. Okt. 1964.

[2] DIN 45665: Schwingstärke von rotierenden elektrischen Maschinen der Baugrößen 80 bis 315. Meßverfahren und Grenzwerte. Ausg. Juli 1968. Heute: DIN ISO 2373: Mechanische Schwingungen von umlaufenden elektrischen Maschinen mit Achshöhen von 80 bis 400 mm. Ausg. Juni 1980.

[3] DIN 45666: Schwingstärkemeßgeräte. Anforderungen. Ausg. Febr. 1967. Siehe auch: ISO 2954. Ausg. 1975.

[4] VDI 2060: Beurteilungsmaßstäbe für den Auswuchtzustand rotierender starrer Körper. Ausg. Okt. 1966.

[5] ISO 2372: Mechanical vibration of machines with operating speeds from 10 to 200 rev/s – Basis for specifying evaluation standards. Ausg. 1974.

[6] ISO 1940: Balance quality of rotating rigid bodies. Ausg. 1973.

[7] ISO 1925: Balancing – Vocabulary. Ausg. 1974.

[8] ISO 2953: Balancing machines – Description and evaluation. Ausg. 1975.

[9] ISO 5406: The mechanical balancing of flexible rotors. Ausg. 1980.

[10] ISO 2371: Field balancing equipment. Description and evaluation. Ausg. 1974.

[11] ISO 1000: SI units and recommendations for the use of their multiples and of certain other units. Ausg. 1973.

[12] DIN 1301: Einheiten. Teil 1: Einheitennamen, Einheitenzeichen, Ausgabe Oktober 1978. Teil 2: Allgemein angewendete Teile und Vielfache. Ausg. Feb. 1978. Teil 3: Umrechnungen für nicht mehr anzuwendende Einheiten. Ausg. Okt. 1979.

[13] DIN 1304: Allgemeine Formelzeichen. Ausg. Febr. 1978.

[14] DIN 1305: Masse, Kraft, Gewichtskraft, Gewicht, Last. Begriffe. Ausg. Mai 1977.

[15] *Schönfeld, H.:* Häufigkeitsverteilung der Unwucht in Großserien gefertigter Werkstücke. Automobilindustrie (1973) Nr. 2, S. 61/72.

[16] *El-Hadi, I.:* Zusammenstellung, kritische Untersuchung und Weiterentwicklung der Verfahren zum Auswuchten betriebsmäßig aufgestellter Maschinen mit starren und mit elastischen Läufern. Diss. TH Darmstadt, D 17.

Weiteres Schrifttum

[17] VDI 2057: Beurteilung der Einwirkung mechanischer Schwingungen auf den Menschen. Ausg. 79.

[18] VDI 2059: Wellenschwingungen von Turbosätzen. Blatt 1 bis 6, Ausg. 79.

[19] DIN 5497: Mechanik starrer Körper. Formelzeichen. Ausg. Dez. 1968.

[20] ISO 2373: Mechanical vibration of certain rotating electrical machinery with shaft heights between 80 and 400 mm – Measurement and evaluation of the vibration severity. Ausg. 1974.

[21] ISO 2041: Vibration and shock – Vocabulary. Ausg. 1975.

[22] DIN 1303: Schreibweise von Tensoren (Vektoren). Ausg. Aug. 1959.

[23] DIN 1311: Schwingungslehre. Blatt 1: Kinematische Begriffe. Ausg. Feb. 1974. Blatt 2: Einfache Schwinger. Ausg. Dez. 1974. Blatt 3: Schwingungssysteme mit endlich vielen Freiheitsgraden. Ausg. Dez. 1974. Blatt 4: Schwingende Kontinua, Wellen. Ausg. Febr. 1974.

[24] DIN 45661: Schwingungsmeßgeräte. Begriffe, Kenngrößen, Störgrößen.

[25] *Federn, K.:* Auswuchttechnik. Band 1: Allgemeine Grundlagen, Meßverfahren und Richtlinien. Berlin: Springer-Verl. 1977.

[26] *Klotter:* Technische Schwingungslehre. 1. Band: Einfache Schwinger. Teil A: Lineare Schwingungen. Berlin: Springer-Verl. 1978.

[27] *Gasch/Pfützner:* Rotordynamik. Eine Einführung. Berlin: Springer-Verl. 1975.

[28] *Federn, K.:* Grundlagen einer systematischen Schwingungsentstörung wellenelastischer Rotoren. VDI-Berichte Nr. 24, S. 9/25. Düsseldorf 1957.

7. Sachwortverzeichnis

E

F

G

H

K

L

M

N

P

R

S

T

U

V

W

Z